献礼百年校庆 ⊖ "薪传" 书系

Celebrating the centennial anniversary
of Nanchang University

邓年生 著

新媒体视频监管体制创新

REGULATORY SYSTEM
INNOVATION IN

NEW
MEDIA
VIDEO

社会科学文献出版社
SOCIAL SCIENCES ACADEMIC PRESS (CHINA)

内容摘要

从国内外监管理论可以看出，代表国家意志的政府监管既是监管的初始含义，也是后来监管含义外延后的核心要义。政府监管是政府组织依据法律的明确规定，对市场主体的经济活动及其所产生的社会问题而采取的干预和控制行为。政府监管体制创新的关键是处理好政府与市场的关系。在中国的市场经济改革和中国加入世界贸易组织的进程中，互联网产业的快速发展促成新媒体视频产业由传统媒体直办直管模式向管办分离的市场经济模式转型。随着网络视频流量从聚合分享的视频网站不断向算法推荐短视频平台和社交媒体转移，政府监管也历经了以广电为主的监管向网信办主导的监管体制的转变。

政府这一术语从广义上讲是指由国家建立并代表国家对社会进行管理的组织，包括国家的立法、行政和司法机关等所有公权力机关；从狭义上讲是掌管国家行政事务的国家行政机关的统称。事实上，各国政府通过制定政府规制，广泛而深入地干预和影响经济。由于单一的政府监管存在诸多局限，现代监管主体逐步由政府部门扩展到企业和行业组织以及非政府组织等第三方，在监管方式上也逐渐增加经济激励型和协商合作型。

首先，本书从监管主体和监管客体两个方面展开结构分析，并在此基础上构建新媒体视频市场监管基本模型。我国行政监管主体包括国家互联网信息办公室、国家广播电视总局、国家新闻出版署、国家电影局、文化和旅游部等政府机构；各级法院、检察院和公安部门划为法治监管部门；财政、税务、价格、金融等部门对视频市场的经济激励与调控具有重要作用。政府机构改革与职能调整往往呼应产业市场环境的变化。从监管客体看，主要包括广电传媒、新媒体平台、视频网站、报刊融媒、影视机构、自媒体等不同类型的市场参与者，互联网传播科技在很大程度上改变了它们在市场格局中的地位与影响。

其次，从新媒体视频行政监管、法治监管、经济性监管、行业监管等方面分别进行阐述。行政监管方面，各国政府部门不仅享有行政权，还享有相当大的立法权和司法权。不仅依法制定行政规章和产业政策，还履行标准制定、行政许可、行政执法、行政处罚等职能。我国政府部门针对互联网新媒体领域出现的新情况新问题不断完善行政监管规制；采取事前许可审批、事中过程监管、事后执法检查等方式，形成一些有特色的行政监管机制，如随机抽查机制、联合执法机制、网警公开巡查机制等。

法治监管方面，我国是对新媒体视频依法监管最早的国家之一，相关法律法规建设和实施保障取得显著进步。在互联网信息内容、知识产权、网络安全、个人信息等方面不断完善法律规范以及相关的司法解释；同时积极稳妥推进司法保障体制机制改革，探索出一些具有创新性的司法保障工作机制，如"行刑衔接"机制、网络在线审理机制、审判"三合一"机制、裁判文书公开机制等，把互联网新媒体法治推进到一个新阶段。

经济性监管方面，各国政府通过制定国民经济计划、产业扶持计划，或通过财政税收、货币金融手段、项目审批等方式来实现其产业发展目标。为提高产业竞争力，推进广播影视和网络视听产业高质量发展，我国积极推进国有传媒机构转企改制，允许影视文化传媒上市公司跨地区、跨行业、跨所有制并购重组，以实现产业集群化发展。同时创新"搭船出海"模式，鼓励影视文化企业"走出去"，参与海外影视文化产业投资并购。

行业监管方面，现代监管扩展到企业、行业组织以及非政府组织等第三方。在互联网平台经济中，平台企业在实际运营中担当了市场监管者的角色，通过平台内容把关机制、服务协议约束机制、内容审核外包机制、网络平台反腐机制等发挥作用。行业组织在完善行业自治规范、拓展社会管理服务、促进知识产权保护、提升行业自治能力等方面承担重要的监管与服务功能。

最后，基于国际视野对新媒体视频监管进行分析。重点考察西方发达国家行政监管、法治监管、行业监管等方面的举措与做法。行政监管包括机构改革、所有权监管放松以及产业促进与保护；法治监管包括网络非法信息管制、严格保护数字版权、依法保护个人信息（隐私）、立法监管智能信息；行业监管包括行业自律规范和自律机制建设。

目　录

绪　论

我国互联网视频信息传播在短短的 20 多年中，历经了从无到有，从小到大，从弱到强的迅速崛起。从技术业态来看，先后涌现娱乐游戏网站、新闻资讯网站、广播电视台网站和视频门户网站。随着社交媒体技术赋权用户，流量迅速转移到移动端的社交媒体、移动直播和短视频平台等新媒体；随着媒介新技术、新业态的迅速发展以及经济市场化、法治化、全球化的推进，新媒体视频产业不断发展壮大。

20 世纪 80 年代，美国、日本等发达国家信息网络技术迅速发展，出现了各种网络新媒体应用。我国在 90 年代初全国性互联网建成后，网络媒体也迅速发展，新浪、搜狐、腾讯、网易等一批门户网站纷纷崛起。在 2005 年至 2007 年，我国涌现一批视频门户网站如 56 网、酷 6 网、优酷、土豆、PPTV、PPS 视频、AcFun 弹幕视频网等。2007 年年底国家广电总局首次颁布《互联网视听节目服务管理规定》，将视频网站等新兴业态纳入法治管理。2009 年前后国内 3G 手机推广普及，微博、微信等社交媒体迅速发展。2013 年前后国内 4G 智能手机开始普及，互联网加速向移动端发展，今日头条、各种移动直播和短视频平台顺势崛起。智能电视、电脑、智能手机以及其他智能接受终端等组成的多样化的视频传播格局形成。而且随着手机智能化、存储容量的增加和信息内容的丰富，以算法推荐为标配的社交、资讯、短视频等移动客户端成为大众接收信息的第一来源。

根据中国互联网络信息中心发布的《第 45 次〈中国互联网络发展状况统计报告〉》，截至 2020 年 3 月，我国网民规模为 9.04 亿人，互联网普及率达 64.5%。新媒体视频用户规模达 8.5 亿人，较 2018 年年底增长

1.25 亿人，占网民整体的 94.0%；其中短视频用户规模达 7.73 亿人，占网民整体的 85.5%。① 以算法推荐技术为核心的短视频平台用户增速很快，网络视频类内容生产专业度、垂直度、融合度不断提升，互联网信息视频化发展不断加速。

与此相应的是，我国互联网新媒体视频行业监管，从国家顶层设计、政府监管组织架构到渐进式监管策略，不断调整、创新与完善。从中共十六届四中全会首次提出对互联网要 "通过法律规范、行政监管、行业自律、技术保障相结合来建设新的管理体制"，到中共十八届四中全会强调全面推进依法治国，"全面推进科学立法、严格执法、公正司法、全民守法进程"，我们可以厘清新媒体视频领域全面依法治理的监管体系逐步完善的过程。国家通过顶层设计、监管体制改革以及互联网新媒体视频治理法律规制的不断完善，建立了贯穿互联网视频运行各个环节、不同业态的行政许可与监管责任体系，从而实现了对互联网开放多元视频信息传播的有效管控。

第一节　研究问题与概念界定

一　研究问题

我们既可以从西方理论、文献中发现问题，用中国案例和现象检验西方已有理论和模型，也可以扎根于中国快速发展变化的本土实践、现象，从中寻找有价值的研究问题。

本课题的研究对象为新媒体视频政府监管体制。这里的新媒体主要指视频网站、网络电视台、手机台、社交电视、社交网站等互联网视频信息内容（服务）提供商，也涉及产业链的上游和下游。监管体制主要涉及处理好政府部门与市场主体之间的关系，调整与协调党委和政府、中央与地方以及政府各部门的职能，包括行政、立法层面以及技术、道德层面的管制，也涉及新媒体视频服务机构的内部管理等。

---

① 中国互联网络信息中心：《第 45 次〈中国互联网络发展状况统计报告〉》，http：//www.
cnnic.net.cn/hlwfzyj/hlwxzbg/hlwtjbg/202004/P020200428596599037028.pdf。

体制是根本的组织制度，是特定社会制度下社会组织对资源进行配置、管理的制度安排和结构方式。视频信息传播涉及电信、广电、互联网等多个部门，而体制变革与创新对新媒体视频产业跨越式发展以及整个产业结构重构至关重要。

二　概念界定

1. 新媒体与新媒体视频

随着信息传播技术的发展，新媒体的概念经历了一定的演变，在不同阶段它往往与特定的流行信息传播技术紧密关联。新媒体概念最早出现于20世纪60年代，信息传播技术领先的美国最早使用了新媒体这一术语。1967年美国哥伦比亚广播公司技术研究所所长戈尔德马克使用了新媒体这一概念，但他用其来指涉电子媒体中的创新应用。直到80年代计算机技术获得大发展，与互联网信息技术相关的新媒体概念才广泛传播。90年代初新媒体甚至泛指电脑和通信系统的联结系统。[1]

国内学者对新媒体概念的内涵和外延进行长期的跟踪与探讨，如冯昭奎、明安香[2]、熊澄宇[3]、崔保国[4]、蒋亚平[5]、匡文波、宫承波、喻国明[6]、廖祥忠、蒋宏、徐剑、曹春丽、黄芙蓉、田秀秀、何华征、张敏、来沅晖、周茂君等众多学者对此概念先后进行界定和辨析，分别从信息技术、传播特征、媒介业务等视角进行定义，或强调信息技术在新媒体演变中的作用，或强调新媒体的传播特征或传播模式，或强调新媒体业态的实际应用。这些不同时期的概念界定可以让我们从不同角度把握新媒体的本质特征、媒介形态和应用语境。

清华大学彭兰教授在"全国科学技术名词审定委员会·新闻学与传播学名词审定分委员会特约专栏"中对新媒体的定义是："新媒体"主要指

① 林青华：《日美新媒体争夺战》，《南风窗》1991年第6期。
② 明安香：《下一代新闻传播新技术和新媒介的前景》，《新闻战线》1991年第8期。
③ 熊澄宇：《3G与新媒体发展》，《新闻前哨》2009年第9期。
④ 崔保国：《媒介变革的冲击》，《新闻与传播研究》1999年第4期。
⑤ 蒋亚平：《中国新媒体形势分析》，《中国记者》2000年第10期。
⑥ 喻国明：《解读新媒体的几个关键词》，《广告大观》（媒介版）2006年第5期。

基于数字技术、网络技术及其他现代信息技术或通信技术，具有互动性、融合性的媒介形态和平台。在现阶段，新媒体主要包括网络媒体、手机媒体及两者融合形成的移动互联网，还有其他具有互动性的数字媒体形式。同时，"新媒体"也常常指主要基于上述媒介从事新闻与其他信息服务的机构。① 这个界定不仅明确了新媒体的基本内涵，还指明了主要特征、传播介质、媒体形态和使用情境。

新媒体视频涉及三个概念：一是新媒体视频信息内容；二是新媒体视频收视、存储终端；三是新媒体视频网站、网络电视台、交互式网络电视、视频搜索或集纳播出软件以及手机视频应用软件等不同业态，既包括通过公共互联网开展视频直播或点播服务，也包括通过专网及定向传播的视听节目服务。新媒体视频也被称为网络视频，是指基于互联网技术发展起来，由视频运营商提供，可以在线、离线播放的音视频文件。不同服务商运营不同类型的视频网站，包括视频分享类网站、视频直播类网站、视频门户类网站、广播电视视频网站、流媒体网站以及视频搜索类网站。② 随着互联网技术与物联网技术的发展，各种视听新业务发展迅速，新媒体视频指涉的概念内涵和外延仍在不断演变。本研究中的"新媒体视频"信息服务，主要指通过互联网站、应用程序等网络平台，向社会公众提供视频信息制作、发布、存储、链接、传播等的服务。

国家对网络视频信息服务实施分类许可制度。根据《互联网视听节目服务业务分类目录（试行）》，网络视听节目服务业务细分为四大类17个小类：第一类主要指广播电台、电视台形态的互联网视听节目服务，包括时政类视听新闻节目首发、自办专业频道播出等；第二类互联网视听节目服务包括时政类视听新闻节目转载，文艺、娱乐、科技、财经、体育、教育等专业类视听节目的制作播出，网络剧的制作播出等；第三类互联网视听节目服务包括聚合网上视听节目、转发网民上传视听节目；第四类主要指互联网视听节目转播类，包括转播广播电视节目频道、转播互联网视听

① 彭兰：《"新媒体"概念界定的三条线索》，《新闻与传播研究》2016年第3期。
② 张啸、毛欢、吴航行等：《我国网络视频媒体产业竞争及战略分析》，《中国新通信》2018年第15期。

节目频道、转播网上实况直播等。① 网络视频信息服务业务还包括通过专网、虚拟专网或者互联网等向公众定向提供广播电视节目服务，包括以交互式网络电视、互联网电视、专网手机电视等形式从事内容提供、集成播控、传输分发等。此外，近年来快速发展的互联网直播服务、短视频平台也是新兴的网络视频信息服务业务。随着传统媒体与新媒体融合的深入发展，传统报刊媒体通过自有平台或依托其他网络平台，开设视频频道或机构账号，制作、转载视频节目，不断推动全媒体转型。

2. 监管与治理

学术界普遍认为政府对现代市场的监管活动始于 1887 年，以美国管理铁路的州际商务委员会成立为标志。② 随着美国《谢尔曼反垄断法》《肉类制品检验法案》《联邦储备法案》等一系列法案的通过和相关监管机构的成立，到 20 世纪 20 年代，现代监管型国家出现了。长期以来，监管是政治学、行政学、法学、犯罪学、社会学、经济学乃至整个社会科学领域最富有争议的概念之一。不同学科对 regulation 译法有差异，政府管理部门和行政学家多称之为"监管"，意在强调政府的监督作用而非直接行政命令；经济学家往往称之为"管制"，突出其对自由市场经济运行的影响；法学家习惯称之为"规制"，强调以法律法规作为其正当性和合法性来源。③

第二次世界大战前后，在整个政治领域，从凯恩斯到哈耶克，许多有影响力的政治经济学家都致力于监管研究。随着欧美经济的市场化、私有化，各国新的监管机构不断成立，大大拓展了全球监管实践。美国的独立监管机构是在其认识到市场失灵问题后诞生的。随着欧美政府监管范围的扩展，政府监管的局限性日益为人所知。20 世纪 80 年代到 90 年代，随着经济性监管向社会性监管拓展，重新监管和放松监管成为经济学领域乃至社会科学领域的重要话题。其中芝加哥经济学派影响与日俱增，一度推动

---

① 国家新闻出版广电总局：《国家新闻出版广电总局关于调整〈互联网视听节目服务业务分类目录（试行）〉的通告》，http://www.nrta.gov.cn/art/2017/4/7/art_113_32879.html。
② 徐鸣：《跨学科视角下西方监管理论的演变研究》，《中共南京市委党校学报》2019 年第 5 期。
③ 刘鹏：《比较公共行政视野下的监管型国家建设》，《中国人民大学学报》2009 年第 5 期。

欧洲各国和美国政府放松监管。但是 2008 年次贷危机引发的金融海啸暴露了放松监管的弊病，监管再次引发社会科学研究的兴趣。

近几十年间，国内外的监管实践时紧时松，因问题而收紧，因创新而放松，呈波浪式向前推进。国内外政府监管研究不断积累，监管理论更加丰富。但是人们对监管的概念和内涵仍未形成完全一致的认识。有学者认为，监管是当局制定规则，并辅之以监督和促进这些规则实施的机制；或者认为监管是政府机构调控经济的所有努力；也有人认为监管是社会控制的所有机制，包括无意识的和非国家的过程。不过，科林·斯科特、安东尼·奥格斯、鲍德温等英美学者普遍认为，"元监管"的基本内涵是公权部门执行者对市场经济活动实施的有意和直接的干预措施，包括有约束力的标准制定、监督检查和制裁惩罚。[①] 其中典型的概念界定如"监管是根据既定标准或以产生大致确定的结果为目的，改变他人行为的持续且集中的努力，其中可能包含标准制定、信息收集和行为改变机制"。[②] 经济合作与发展组织的定义代表一种国际性观点，认为监管是"政府及其授予监管权的所有非政府部门、自律组织所颁布的法律、法规、正式与非正式条款、行政规章等，是政府为了保证市场有效运行所做的一切"。[③] 英国学者朱莉娅·布莱克在《关于监管的批判性思考》中将监管概念的构成概括为五个方面，即"监管是什么，谁或什么通过何种方式实施监管，监管谁或什么，如何监管或通过什么机制、工具、技术等实施监管"。[④] 这个监管概念启发了本课题的研究路径。国内学者对监管的概念和内涵研究，代表性的如马英娟、刘鹏、徐鸣、张威、张浩、王丹娜、彭晓薇等。其中马英娟将监管定义为"政府行政组织为解决市场失灵问题，针对市场主体所采取的各种干预和控制手段，不仅包括许可、标准、处罚等命令控制型监管方

---

① Christel Koop, Martin C. Lodge, "What Is Regulation? An interdisciplinary concept analysis", *Regulation & Governance*, 2015, 11 (1).

② 〔英〕托尼·普罗瑟：《政府监管的新视野：英国监管机构十大样本考察》，马英娟等译，译林出版社，2020，第 14 页。

③ OECD, Regulatory Issues and Doha Development Agenda: An explanatory issues paper, 2003.

④ Julia Black, "Critical Reflections on Regulation", *Australian Journal of Legal Philosophy*, 2002 (27).

式，而且包括经济激励型和合作型监管方式"。①

现代监管型国家的核心特征就是政府不再直接干预市场，更多运用宏观政策工具进行调控。受到全球政府监管改革运动的影响，从 20 世纪 90 年代中期开始，我国监管型政府建设拉开了序幕，监管改革成为行政体制改革的重要内容。② 2013 年 11 月，《中共中央关于全面深化改革若干重大问题的决定》明确提出加强市场监管，维护市场秩序，弥补市场失灵是政府的重要职责。③ 2014 年 7 月，国务院《关于促进市场公平竞争维护市场正常秩序的若干意见》中指出"加快形成权责明确、公平公正、透明高效、法治保障的市场监管格局"。2017 年 1 月，国务院《"十三五"市场监管规划》中提出要"构建以法治为基础、企业自律和社会共治为支撑的市场监管新格局"。2020 年 3 月，中共中央、国务院《关于构建更加完善的要素市场化配置体制机制的意见》中指出"完善政府调节与监管，做到放活与管好有机结合，提升监管和服务能力"。这些党和国家的重要文件被视为我国监管体制改革的指导性文件，其中的一些提法如"企业自律""社会共治"与回应性监管理论、公共治理理论中的一些观点不谋而合。为克服单一的政府监管局限性，现代监管的概念扩展到企业和行业协会的自我监管、非政府部门的第三方监管。

在发展过程中，"治理"这一现代术语从 20 世纪 90 年代开始成为西方社会科学的流行术语，在经济学、政治学以及社会领域广泛应用。治理（governance）和统治（government）英语词根相同，但二者表意有很大区别。二者都需要运用权力、威权以维护社会秩序，但二者的主体和运行机制不同。治理的主体除政府等公共机构外，还可以指非政府机构、私人部门等；治理除了自上而下的权力运行机制外，更多运用上下互动管理机制，包括合作、协商、伙伴关系、共同目标等。随着治理的概念内涵变化，西方有关监管的概念内涵也吸收了其中的相关元素，变得丰富多元。

---

① 马英娟：《监管的概念：国际视野与中国话语》，《浙江学刊》2018 年第 4 期。
② 刘鹏：《中国监管型政府建设：一个分析框架》，《公共行政评论》2011 年第 2 期。
③ 《中共中央关于全面深化改革若干重大问题的决定》（2013 年 11 月 12 日中国共产党第十八届中央委员会第三次全体会议通过），中国共产党新闻网，http://cpc.people.com.cn/n/2013/1115/c64094-23559163.html。

21 世纪后，治理也成为中国学术界的重要话语。在中国，治理一词首先被经济学家引入，尔后被政治学家和社会学家采用，分别指政府治理或公共治理。

西方不同学科的学者对治理概念的界定也多种多样，比如作为治理理论的代表人物詹姆斯·罗西瑙从全球政治经济关系来定义治理，他认为治理是一套规则体系，"是由共同目标支持的，这个目标未必出自合法的以及正式规定的职责，而且它也并不一定需要依靠强制力量来克服挑战而使别人服从。也就是说，与统治相比，治理是一种内涵更丰富的现象"。① 詹姆斯还进一步阐述说："治理是只有被多数人接受才会生效的规则体系；而政府的政策即使受到普遍反对，仍然能够付诸实施。"② 罗茨列举了西方流行的治理的六种定义：作为国家的管理活动的治理，指的是国家削减公共开支，以最小的成本取得最大的效益；作为公司管理的治理，指的是指导、控制和监督企业运行的组织体制；作为新公共管理的治理，指的是将市场的激励机制和私人部门的管理手段引入政府的公共服务；作为善治的治理，指的是强调效率、法治、责任的公共服务体系；作为社会控制体系的治理，指的是政府与民间、公共部门和私人部门之间的合作与互动；作为自组织网络的治理，指的是建立在信任与互利基础上的社会协调网络。③

重要的国际组织对治理的界定也各不相同，如联合国开发计划署将治理定义为："治理是行使经济、政治、行政的权力和权威来管理一国所有层次上的事务。"④ 它把治理这一概念限定在国家或政府公权力运用这一狭义领域。而联合国全球治理委员会在研究报告《我们全球伙伴关系》中认

---

① 〔美〕詹姆斯·罗西瑙：《没有政府的治理——世界政治中的秩序与变革》，江西人民出版社，张胜军、刘小林译，2001，第 4~5 页。
② 〔美〕詹姆斯·罗西瑙：《没有政府的治理——世界政治中的秩序与变革》，江西人民出版社，张胜军、刘小林译，2001，第 5 页。
③ 〔英〕R. A. W. 罗茨：《新的治理》，《马克思主义与现实》1999 年第 5 期。
④ 朱德米：《网络状公共治理：合作与共治》，《华中师范大学学报》（社会科学版）2004 年第 2 期。

为治理是"各种政府或社会机构、企业管理其共同事务的诸多方式的总和"。① 显然，后者对治理的定义包括了非政府组织和社会机构、企业，其管理共同事务的方式也与政府组织不同。

国内学者对治理这一概念的界定也存在一些差异。俞可平可谓研究治理的代表性学者，他认为"治理是指官方的或民间的公共管理组织在一个既定的范围内运用公共权威维持秩序，满足公众的需要"②。他在梳理了西方关于治理的各种概念之后提出善治这一概念，认为"善治就是使公共利益最大化的社会管理过程""善治的本质特征就是政府与公民对公共生活的合作管理"③。有的学者将公共行政领域中的治理界定为公共治理，指"政府、社会组织、私人部门、国际组织等治理主体，通过协商、交谈等互动的、民主的方式共同治理公共事务的管理模式"。④ 也有学者认为公共治理指的是"为了……共同目标，公共、私人部门和非营利组织共同参与其中，相互之间形成伙伴关系，通过谈判、协商和讨价还价等政策手段来供给公共产品与服务、管理公共资源的过程"。⑤

关于监管与治理的关系，正如美国《监管与治理》在其发刊词中指出，监管早于治理，但治理是一个比监管更宽泛的术语。在英语语境中，政府（government）和治理（governance）拥有相同的词根。政府和治理都具有供给、分配和调控功能。监管可以看作关于控制事件和行为的治理，而不是供给和分配。当然监管者进行监管时，通常也会引导受监管的主体承担供给和分发的义务。⑥

3. 体制与机制

李松林、孔伟艳、鲍去病、吴伟光、张嫣竹、赵理文、周冰、张婧、范岱增、吴亚东、徐书墨、刘西平等学者均论述了制度、体制、机制见者

---

① Commission on Global Governance, *Our Global Neighborhood*: *The Report of Commission on Global Governance*, Oxford University Press, 1995.

② 俞可平：《全球治理引论》，《马克思主义与现实》2002 年第 1 期。

③ 俞可平：《治理与善治》，社会科学文献出版社，2000，第 8 页。

④ 胡正昌：《公共治理理论及其政府治理模式的转变》，《前沿》2008 年第 5 期。

⑤ 余军华、袁文艺：《公共治理：概念与内涵》，《中国行政管理》2013 年第 12 期。

⑥ John Braithwaite, Cary Coglianese, David Levi-Faur, "Can Regulation and Governance Make a Difference?" *Regulation & Governance*, 2007 (1).

的概念以其区别与联系。所谓体制是指国家机关、企事业单位的组织制度。相对于宏观的制度和微观的机制概念，体制是中观的概念，它侧重于主体或组织。体制主要是制度里所规定的主体或者人的组合方式。机制原本是指事物内部各个有机体相互的构造关系或者运行关系，扩展到社会领域指的是社会组织内部各主体间的运行、协作过程或者方式。相对于体制而言，机制更指向微观，侧重于运行或执行。也有学者认为，体制是渗透某种意识形态或价值观念，在相关领域或组织间形成的一种基本的整体关系框架。机制则是遵循和利用某些客观规律，使相关主体间关系得以维系或调整，以实现预期作用的过程。体制是静态和规范意义上的，机制是动态和实证意义上的。①

美国学者罗斯认为，制度（institution）是一个社会中的游戏规则，或者更正式一点说，是人类设计的限制，来规范人之间的相互关系。② 吴伟光认为，"制度是一套允许、鼓励或者限制人的行为的规范，对于网络新媒体技术的规治制度便是对与网络新媒体有关的参与者的自由和限制"③。也有学者指出，制度通常指社会制度，是指"建立在一定社会生产力发展水平基础上，反映该社会的价值判断和价值取向，由行为主体（国家或国家机关）所建立的调整交往活动主体之间以及社会关系的具有正式形式和强制性的规范体系"④。制度有宏观和微观两个层次，即根本制度和具体制度。

经济体制改革是全面深化改革的重点，核心问题是处理好政府和市场的关系。⑤ 落实到传媒领域，新媒体视频监管体制创新的重点也是处理好

① 李松林：《体制与机制：概念、比较及其对改革的意义——兼论与制度的关系》，《领导科学》2019 年第 6 期。
② Douglass C. North, *Institution, Institutional Change and Economic Performance*, Cambridge University Press, 1990.
③ 吴伟光：《网络新媒体的法律规治——自由与限制》，知识产权出版社，2013，《前言》第 3 页。
④ 刘西平、连旭：《中国网络问政长效机制研究——基于网络问政行为偏好的实证分析》，中国传媒大学出版社，2015，第 148 页。
⑤ 《中共中央关于全面深化改革若干重大问题的决定》（2013 年 11 月 12 日中国共产党第十八届中央委员会第三次全体会议通过），中国共产党新闻网，http://cpc.people.com.cn/n/2013/1115/c64094-23559163.html。

政府和市场主体的关系。体制和机制是改革与创新的一体两面。

第二节　研究综述

新媒体视频监管体制研究涉及不同行业，研究视角、关注重点各有千秋。新闻传播学者对国内外的互联网管理体制、传媒法律政策、视频版权问题、视频新业态的监管、行业自律、算法治理、媒介融合、视频产业生态等均有较广泛的涉猎；法学家重点关注视频内容的版权与侵权、"避风港"原则的法律效力、网络视频违法侵权、智能算法规范、个人信息保护等法律话题；经济学家关注新媒体视频产业发展与融合、价值链与商业模式、价格与垄断等话题；政治与公共管理学者关注意识形态安全、网络空间治理、传媒管制与公司治理模式、大数据与算法治理等；社会学家关注视频信息传播引发的社会问题等。新媒体视频监管体制创新研究的相关话题引发众多跨学科研究者的志趣，也备受政府职能部门关注。

一　国内研究综述

1. 新媒体视频业务监管研究

（1）视频网站的监管。新闻传播学者深入研究视频网站存在的主要问题，并提出应对策略，指出"先审后播"制度对视频网站过错认定将产生重要影响。法学学者关注"避风港"原则的法律效力，探讨视频网站版权侵权责任构成与注意义务，对利用网盘等侵害信息网络传播权等新问题进行讨论；提出使用惩罚概率和惩罚力度这两个变量衡量执法水平，通过政府、著作权人、消费者之间的博弈来寻找最优网络著作权执法水平。[1] 监管实践者认为应该从中央、地方两个层面同步建立和完善视听节目技术监管体系，对内容保护和安全监管等方面进行制度创新。[2]

（2）移动客户端视频监管。信息产业部李乃青、覃庆玲 2007 年发表

---

[1]　陈丹：《最优网络著作权执法研究》，博士学位论文，浙江大学，2012。
[2]　张伟：《三网融合下的网络视听节目安全监管技术系统建设思路》，《中国广播》2010 年第 9 期。

的《手机电视业务监管现状及影响》最早关注到国内手机电视监管。① 此后，专家提出手机视频监管过程中数据采集和处理的技术思路和总体框架，② 手机媒体监管应坚持分类监管原则，解决手机电视监管的三条思路，即打破行业壁垒、加强动态监管、转变服务职能。③ 2014 年后移动直播、短视频平台迅速发展，研究短视频的监管与治理逐渐成为热点。法学学者关注短视频平台不同主体的注意义务、短视频的著作权归属、短视频在著作权法框架下的保护、短视频平台中数字音乐版权等话题；新闻传播学者关注短视频平台存在的乱象，并提出政府、平台、用户协同治理思路。随着今日头条、抖音等平台算法推荐技术的影响扩张，个人数据、算法治理研究成为当下热点之一。智能算法作为平台公司的权力代理人，算法操纵和滥用给用户和社会带来威胁，算法权力的治理过程中须解决算法透明性、规范性和责任认定等关键问题。④ 算法存在偏见代理等歧视形态，司法审查主要有不同待遇审查、差异性影响审查等形式，政府法律规制和司法审查重在平衡数字鸿沟和抑制算法权力。⑤ 谷歌诉冈萨雷斯案、任甲玉诉百度案等表明算法时代个人数据权利保护引发关注，人脸识别、疫情健康码的应用引发个人信息泄漏担忧。大数据、算法权力在社会建构中蕴含的政治、信息安全与伦理风险不容忽视，需要多方协同共治。

2. 视频监管制度与历史演进研究

互联网视频产业迅速发展的同时，法治监管也不断完善，监管规制及其历史演进受关注。我国传媒法治建设三十年（1978—2008 年），其主旨是公民有自由、媒介归国家，核心功能是确保党管媒体，党和国家与媒体之间的关系是体制内部领导与被领导的关系。⑥ 这三十年来国家治理变迁总的方向是从一元到多元、集权到分权、人治到法治、管制政府到服务政

---

① 李乃青、覃庆玲：《手机电视业务监管现状及影响》，《通信世界》2007 年第 24 期。
② 王仝杰：《手机视频监管技术》，《广播与电视技术》2014 年第 4 期。
③ 谢新洲、杜娟：《我国手机电视监管问题研究》，《现代传播》2008 年第 2 期。
④ 段鹏：《平台经济时代算法权力问题的治理路径探索》，《东岳论丛》2020 年第 5 期。
⑤ 郑智航、徐昭曦：《大数据时代算法歧视的法律规制与司法审查——以美国法律实践为例》，《比较法研究》2019 年第 4 期。
⑥ 魏永征：《中国媒介管理法制的体系化——回顾媒介法制建设 30 年》，《国际新闻界》2008 年第 12 期。

府、党内民主到社会民主的转变。① 从集权到分权的宏观治理变迁，有效促进互联网产业发展以及监管制度的演进，激发新媒体视频产业从内容生产到集成分发、从技术更迭到版权保护等的系列创新。"互联网+"时代技术赋权和用户崛起是传媒制度演化的两大核心动力，构建平权化传媒生态是制度重构的基本路径。② 围绕关键变量"政企事利益共同体"，我国监管体制演进经历指令型体制、发展型体制和监管型体制。学者既考察分析国内外互联网新媒体产业发展及政策制度变迁，又探讨我国新媒体规制的战略目标和现实路径。

市场化、产业化改革方向激活新媒体视频产业的投资、管理、运营等具体制度改革。有的学者探讨国外传媒特殊管理股制度改革经验，阐述我国传媒出版业特殊管理股制度改革的政策演变与预期路径，提出国有出版传媒企业引入战略投资者后的特殊管理股权结构理论模型。③ 影视市场开放后，配套政策改革和国际影视文化贸易逆差引起学者关注，业界要求放宽专项资金投资限制、加强"一带一路"双边合作机制等。还有学者考察分析国内外互联网文化传媒产业投资策略、绩效、结构与模式。

3. 监管理论研究

西方监管理论分为公共利益理论、利益集团理论、监管政治理论、制度主义理论以及观念推动理论等五种理论。通过比较我们发现美国等自由放任主义国家、西欧的积极型国家、东亚和拉美等的发展型国家以及俄罗斯等指令型国家在向监管型国家转变过程中具有不同特征与发展模式。美国在原有事前监管影响评估制度的基础上，着力完善事后监管影响评估制度，要求独立监管机构提升监管绩效、降低监管制度成本。④

学者高度关注我国监管机构改革及其监管模式演进。马英娟在《政府

---

① 俞可平：《中国治理变迁30年（1978—2008）》，《吉林大学社会科学学报》2008年第3期。

② 吕尚彬、权玺：《崩溃与重构："互联网+"时代中国传媒制度演进的问题与进路》，《传媒经济与管理研究》，2016年12月。

③ 程柯：《股权结构、战略投资者与特殊管理股制度——基于国有出版传媒企业的理论模型分析》，《中国出版》2015年第23期。

④ 徐文鸣、戴昕琦：《美国监管政策改革及其借鉴》，《四川大学学报》（哲学社会科学版）2018年第4期。

监管机构研究》一书中既分析政府监管机构的目标、职能与监管形式，又对中国政府监管机构存在的问题提出改革建议。我国长期存在社会性监管赤字，主要表现为企业道德风险的集体性，社会性监管失灵的根本原因是经济建设型政府的现实定位，而加强社会性监管的路径是强调执法力度，从长期来看则要完善体制。[①] 地方政府社会性监管的力度取决于监管成本与收益之比。社会性监管主要有对抗型、协同型监管模式，我国以对抗型监管为基础吸收协同型监管优点构建监管治理体系。[②] 我国借鉴国外监管影响评估方法，构建中国特色的政府监管绩效评估框架；从回应性监管理论出发，政府与社会组织应加强多元协同监管。

4. 互联网管理体制研究

在国内互联网管理体制研究方面，童兵主编、钟瑛与刘瑛撰写的《中国互联网管理与体制创新》一书最早全面深入地剖析了我国互联网管理模式、管理法规及网站内部管理与运作，也梳理英、美、新加坡互联网管理体制的沿革与特色。学者对我国数字媒体内容监管演变和绩效建构展开了探讨。高钢的专著《中国数字媒体内容国家监管体系研究》全面剖析了中国数字媒体内容国家监管体系的现状、变革方向与优化策略。政府规制新媒体的应有目标是巩固执政地位，战略目标是提升国家形象，理想结果是构建和谐社会。在国际互联网管理制度研究方面，学者对欧美、日本、新加坡等国的互联网监管规制进行了借鉴式研究，如美国不断完善网络法律制度，政府加大网络安全技术研发投入，维护网络信息传播安全。互联网内容失范为各国政府监管提供了正当性，各国法律赋予的网络空间张力与限制不同，英美各国采取技术过滤和内容分级体现技术对抗技术的监管特点。[③] 西方国家不断完善数字出版法律制度，统一数字化出版标准，启示我国应从文化安全角度构建监管法律体系。在媒介体制与国家治理研究方面，童兵主持完成的"中外传媒体制创新"书系，分别考察了中国报刊、广播电视、网络等传媒体制及其改革成果，并对美国、英国、日本、俄罗

---

① 黄卫挺：《加强社会性监管势在必行——从食品安全谈起》，《中国物价》2011 年第 10 期。
② 杨炳霖：《对抗型与协同型监管模式之比较》，《中国行政管理》2015 年第 7 期。
③ 张化冰：《互联网内容规制的比较研究》，博士学位论文，中国社会科学院研究生院，2011。

斯、韩国传媒体制的形成、特色及沿革深入剖析。中国传媒体制改革从"事业单位企业化管理"起步,此后提出"采编与经营两分开"。由于国家、传媒、社会利益主体不同,我国应该向三分开发展,即国家传媒、公共传媒和商业传媒分开发展,进行传媒结构重建。①

5. 互联网文化研究

互联网视听传播带来更为复杂的文化现象,"赋权说"认为其给弱势群体带来发声渠道,"控制说"认为超级平台背后大金主左右网络资源分配。随着网络治理模式的引入,公共文化服务供给主体由政府及其所辖文化单位转变为政府、企业、社会组织和公民共同参与,由此带来监管理念、组织结构、决策模式以及评估标准等过程要素的变革,导致传统科层监管模式转向网络治理模式。网络文化安全问题主要表现为意识形态安全、违背社会公德、激化民族宗教矛盾和侵犯个人权利等四个方面,善治体系的建构需要重塑党政和其他治理主体的互动关系,在分权治理逻辑下这也是一个治理权力重构的过程。互联网亚文化与网络技术异质同构,其生成、消费与再生产具有鲜明意识形态特征,主流意识形态"通过参与、渗入、吸收、收编、引导和监督的方式"引导其健康发展。② 学者还具体探讨了互联网亚文化如"尬"文化的产生及其业态拓展,锦鲤文化在互联网空间的演变,抖音平台等网络"丧文化"映照青年群体社会心态的嬗变,快手等短视频平台中存在的土味文化审丑与猎奇的粉丝狂欢,等等。

二 国外研究综述

美国是全球互联网最发达、技术最先进的国家,其社交媒体和新媒体视频平台企业实力强,视频领域的研究也颇具代表性。美国先后出台《跨世纪数字版权法》《规范对等网络法》《家庭娱乐与版权法》等;英国出台《版权与相关权条例》《数字经济法》;欧盟出台《新视听媒体服务指令》等。理论界对新媒体监管体制的相关研究主要集中于全球媒介监管体

---

① 钱广贵:《中国传媒体制改革研究:从两分开到三分开》,博士学位论文,武汉大学,2009。
② 柴冬冬:《论新媒介情境中的互联网亚文化生产及其意识形态构建》,《四川戏剧》2019年第 2 期。

制、数字媒体监管与治理、隐私权和算法治理以及相关的世界电信产业管理体制改革等方面。

1. 版权和非法内容管制研究

牙曼·阿克德里兹在《互联网内容管制：英国政府与互联网内容控制》中阐述了英国互联网监管状况，指出各国政府及国际组织监管的重点是非常规内容，如儿童色情内容与儿童接触色情内容等。① 欧婧·克姆②、沃尔芙、莫里卡等学者探讨了视频版权问题、视频内容的管制以及对未成年人的保护等。

2. 新媒体规制研究

世界传媒经济学术会议创始人罗伯特·皮卡特认为，在中欧，媒体业的发展在一定程度上和中国很相似，规制变革也是在一步步放开市场，哪些放开，哪些保留，各国情况也不一样。③ 克里斯·克里奇在《电子媒体的法律与管制》一书中对美国广播电视业的管制变迁做了详尽阐述，剖析了新技术及互联网发展带来的融合问题、产权问题和知识产权保护问题。④ 大卫·沃特曼分析了有线电视网带来的教训后，认为非歧视规则在规制网络内容供应商纵向一体化整合方面更有效。牙曼·阿克德里兹认为由于法律效力的有限性和缺乏国际协商，一些欧洲国家出台政策阻止接入被认定为非法的互联网内容或网站，没有法定管辖权的机构、公司和个人这样做严重影响言论自由权。盖比·斯伯尼分析了美国和欧盟监管机构应对网络安全的方式，并与以色列的做法进行了比较。

3. 监管理论研究

国外政府监管及其改革研究主要来自经济学、政治学、法学以及管理学等学者。关于监管概念和范畴，朱莉娅·布莱克把监管视为比治理更狭

---

① Yamam Akdemiz, "Internet Content Regulation: UK government and the control of internet content", *Computer Law & Security Report*, 2001, 17 (5): 303-317.

② Eugene C. Kim, "You Tube: Testing the safe harbors of digital copyright law", https://gould.usc.edu/nhy/students/orgs/ilj/assets/docs/17-1%20Kim.pdf.

③ 詹新慧：《与世界传媒经济大师对话——访世界传媒经济学术会议创始人罗伯特·皮卡特》，《传媒》2005 年第 7 期。

④ 〔美〕克里斯·克里奇：《电子传媒的法律与管制》，王大为等译，人民邮电出版社，2009。

隘的概念;① 克麦格雷格认为监管主体主要指公共机构,不包括私人部门,监管客体仅限私人活动。有学者提出智慧监管、回应性监管、自我监管、合作监管、后设监管等概念。托尼·普罗瑟考察了英国通信监管办公室等十个监管机构,将监管分为最大限度地提升经济效率的监管、保护人权的监管、促进社会稳定和社会包容的监管以及提供审议场所的监管四种。②

西方学者先后提出公共利益理论、利益集团理论、监管政治理论、制度主义理论等不同监管理论。斯塔芬·布雷耶、罗格·绪尔曼等认为政府监管能够纠正市场失灵,维护社会公共利益。③ 乔治·施蒂格勒、佩尔兹曼等学者则认为,经济监管的核心使命就是发现政府监管过程中的受益者或受害者、政府监管形式及其对社会资源分配的影响;政府监管机构也有生命周期,到后期往往被相关市场利益集团所俘获。④ 与公共利益观点不同,威尔森、利伯坎布、史迪夫·沃戈尔等学者认为国家在监管过程中享有自主性和独立性;除了公众和利益集团外,政治家、技术专家等对监管有着重要影响。⑤ 汉彻和墨朗认为市场经济中政府的角色是裁判员而非运动员,监管方式应由直接干预转向宏观政策调控。⑥ 马奇、沃鲁克等认为政府监管变革与正式的制度安排、组织结构以及非正式的文化观念、历史传统有密切联系。有学者突出观念因素,认为 20 世纪 80 年代以来的政府监管改革运动由知识阶层思想观念改变所推动。

西方学者不仅对监管机构、规章制度感兴趣,对特定国家特定产品或领域的监管方式、监管绩效等也进行了深入研究,如赫夫兰将监管分为经

---

① Julia Black, "Critical Reflections on Regulation", *Australian Journal of Legal Philosophy*, Vol. 27, (2002): 25.
② 〔英〕托尼·普罗瑟:《政府监管的新视野——英国监管机构十大样本考察》,马英娟、张浩译,译林出版社,2020。
③ 〔英〕约翰·伊特韦尔:《新帕尔格雷夫经济学大辞典》,陈岱、孙主编译,经济科学出版社,1996,第 129 页。
④ 淦晓磊、张群:《基于"公共利益监管理论"两个假设修正提出的政府监管有效性理论——一个文献综述》,《经济研究导刊》2009 年第 4 期。
⑤ Steven K. Vogel, *Freer Markets, More Rules: Regulatory reform in advanced countries*, Cornell University Press, 1996.
⑥ Michael Moram, "Review Article: Understanding the regulatory state", *British Journal of Politiaul Science*, 2002 (32), p. 411.

济性监管、社会性监管和辅助性监管;① 伯恩斯坦关注独立委员会的监管绩效;伊曼·安纳布塔维、斯蒂文·施瓦茨则关注美国相关法律的事后监管;② 克里斯拖福·克内尔等学者研究了欧洲不同国家的监管特点和模型;约翰·亚伯拉罕研究了欧洲药品等特定行业的监管。美国《监管与治理》杂志集中了相关研究的新成果。

4. 媒介体制研究

弗雷德里克·西伯特、西奥多·彼得森、威尔伯·施拉姆等人合著的《传媒的四种理论》是早期最知名的相关著作,总结了全球四种不同的媒介监管体制,即威权主义理论、自由主义理论、社会责任理论、苏维埃共产主义理论。③ 丹尼尔·哈林、保罗·曼奇尼先后合著的《比较媒介体制——媒介与政治的三种模式》《超越西方世界的比较媒介体制》认为国家力量在塑造媒介体制中具有决定性作用,国家干预差异明显;基于媒介市场、政治平行性、新闻事业专业化和国家的角色等解释变量,提出三种媒介体制模式,即极化多元主义模式、民主法团主义模式、自由主义模式。④

5. 智能算法治理研究

学者们对其中的一些重要议题如正当程序、透明度、隐私、歧视、责任和问责等进行了探讨。西特伦认为算法决策的不透明和缺乏监督正以不同方式挑战个人的正当程序权利。⑤ 山德罗·基姆反对利用算法来预测个人犯罪,但鼓励以算法作为诊断工具来查找司法判决中存在的差异、偏见和其他缺陷。⑥ 凯瑞·科里亚尼斯等人认为法律并不要求算法"完全透

---

① Florence A. Heffron, *The Administrative Regulatory Process*, Longman, 1983, pp. 349-358.

② 〔美〕伊曼·安纳布塔维、斯蒂文·施瓦茨、许多奇·桂俪宁:《事后监管:法律如何应对金融市场失灵》,《交大法学》2016 年第 1 期。

③ 〔美〕弗雷德里克·S. 西伯特、西奥多·彼得森、威尔伯·施拉姆:《传媒的四种理论》,戴鑫译,中国人民大学出版社,2008。

④ 〔美〕丹尼尔·C. 哈林、〔意〕保罗·曼奇尼:《比较媒介体制——媒介与政治的三种模式》,陈娟、展江译,中国人民大学出版社,2012。

⑤ Danielle K. Citron, "The Scored Society: Due process for automated predictions", *Washington Law Review*, 2014, 89 (1).

⑥ Sandra G. Mayson, "Bias in, Bias out", *The Yale Law Journal*, 2019 (7).

明"，他们分析了"鱼缸式的透明度"和"合理的透明度"等透明度类型。[1] 杰克·巴尔金认为平台科技公司应当承担作为"信息受托人"的责任，对用户和客户的信息及其准确性负责，除了保护用户的权利外，还应当保护其隐私。[2] 在智能算法信息社会，尽管美国宪法第一修正案保护个人免受国家审查，但国家作为抗衡力量，应当采取有效措施保护个人言论自由免受脸书、推特等平台公司的侵犯。巴萨伊建议采用量化的科学方法来确定智能算法的自动化水平与其导致的法律责任之间的关系。塔特提出新设一个集权式的行政机关，以制定指南、标准，用非常专业的技术能力去审查"某些复杂、危险的算法"。杰斯特和拉特泽用实证方法论证算法筛选对现有社会秩序的影响，从而推断算法将加剧个体碎片化、商品化、不平等和去疆界化。[3]

三　研究述评

国内外学者从新媒体视频产业发展的不同国情及各自学科基础出发，对政府监管理论、互联网文化及其治理、新媒体视频新业态的监管与治理、互联网新媒体视频监管相关政策创新与演变及其体制改革等有关话题进行了宝贵的探索，提出了一些颇有见地的策略建议，为本课题研究奠定了分析框架和逻辑思路。

由于客观上政府监管法律规制及体制改革要滞后于互联网视频行业发展，加上移动端算法推荐短视频等新业态还在迅速发展中，因此许多研究往往从应急视角以个案和动态跟踪或者解决具体问题为主，宏观上系统性地对视频监管体制创新进行研究比较欠缺。有些研究成果要么过于笼统概括，把新媒体视频监管体制简单地放在互联网管理体制改革这个话题中一笔带过，要么过于锁细单一。这些单向度的研究显得支离破碎，未能就我国新媒体视频监管体制创新具体回答 who（谁来监管）、what（监管什么）、

---

① Cary Cogliance, David Lehr, "Regulating by Robot: Administratine decision making in the machine-learning era," *Georgetown Law Journal*, 2017, 105 (5).

② Jack M. Balkin, Information Fiduciaries and the First Amendment, 2015, 49 UCDL Rev.

③ N. Just, M. Latzer, "Governance by Algorithms: Reality construction by algorithmic selection on the internet", *Media Culture & Society*, 2017 (2).

how（如何监管）等重要问题。随着当下迅速发展的视频业态和传播结构的改变，视频监管体制创新研究可以为政府管理者对新媒体视频的有效监管提供策略与学理支撑。

第三节　选题意义和研究方法

一　选题意义

1. 选题的应用价值

本课题研究旨在加强党和政府对我国新媒体视频发展格局的调控、舆论引导和有效监管。（1）可以不断深化人们对党管媒体的理解，规范电信视频内容监管，丰富监管新媒体视频的途径、办法，完善新媒体视频监管体制，形成有利于激发新媒体视频产业健康发展的体制环境。（2）通过综合分析比较，行政许可、行政处罚、价格、财政、税收、金融、标准化等经济性规制手段的合理使用，优化新媒体视频产业发展格局，扶持国有（控股）新媒体视频网站做大做强。（3）有益于加强党和政府对新媒体视频信息传播的有效监管，促进政府规制、行业自律的发展与完善，进一步"净化"与"美化"新媒体视频信息传播。

2. 选题的理论价值

本课题研究具有一定的宏观视角，又有多行业、多学科交叉的特点，理论价值体现为以下几点。（1）新闻传播学方面，有益于深化我们对互联网新媒体视频信息传播规律的认识，进一步总结和完善政府管理体制。互联网视频网站、社交媒体视频信息传播、手机视频传播的快速发展与社会主义主流价值观建设关系日益密切，研究其内容传播生态与存在的问题，然后进行有效监管是新闻传播学研究的应有之义务。（2）法学、经济学等方面，通过对互联网视频领域相关行政、司法案件及法律规范的贯彻执行情况扫描，探讨得失，进一步推动互联网新媒体信息传播法治建设，促进新媒体/融媒体产业经济外部性研究。新媒体视频信息传播中非法内容管制等问题需要从法学视野找到监管依据；国有控股的传媒向全媒体转型过程中所有权与经营权分开、电信与广电的新媒体发展混合所有制经济、新媒体视频产业链价值增值等问题需要从经济学视野探讨有效路径。

二、研究方法

1. 文献分析法

本书主要研究对象是大量的相关文献、政策文件和统计数据。文献分析法是研究中的重要方法之一。文献分析法指"搜集、鉴别、整理文献，并通过对文献的研究，形成对事实的科学认识的方法"。[①] 有专家指出，在社会科学研究中文献分析法是最基本的研究方法。

面对互联网时代多种数据库中浩如烟海的中外文献，如何搜集最重要的相关研究文献？中共十六届四中全会提出的互联网要"通过法律规范、行政监管、行业自律、技术保障相结合来建设新的管理体制"，为我国互联网新媒体视频领域的监管体制创新提供了研究框架，以此建立搜索轴标，通过对大量文献资料、政策文件和案例文本的搜集、整理、分析，给出解释、观点和结论。

2. 个案研究法

这是对某一特定个体、单位、现象或主题的研究，它对单一的研究对象进行深入而具体分析，也称个案调查。个案研究强调广泛收集有关资料，详细了解、整理和分析特定研究对象的来龙去脉、内外因素及其相互关系，以形成对特定问题或现象的深入认识。个案研究最初在法律研究中广泛应用，个案是包含法律行为的一项事件或一组事件，研究者从这种研究中了解有关案件的法律原理和实践，用以指导司法实践。

本书通过对国内外相关政策法令与行政、司法案件的搜集整理，对互联网新媒体视频相关政策法令和行业规范如《欧盟一般数据保护条例》、美国电影分级制度及其在互联网影视市场的延伸、中国《网络视听节目内容审核通则》等相关规则进行分析，探讨其出台的背景、意义与影响。对国内外市场主体违法违规案例如快播案及其处罚结果，美国国会对脸书、推特、谷歌等开展的听证会等案例进行梳理分析，生动展现各国一些具体的监管规制，及其所带来的结果和影响。

---

① 陈世华：《北美传播政治经济学研究》，社会科学文献出版社，2017，第 25 页。

3. 深度访谈法

这是常用的一种资料收集方法，指访问者与受访者之间以一种单独的、个人的互动方式进行面对面交谈，达到意见交换和构建意义的目的。[①]定量访谈中访谈结构紧密、问题预先设计并且完成标准化；质性访谈开放、无明显结构，往往是一种现象学的经验陈述。[②] 在访谈过程中，调查员以揭示被访者对某一问题的动机、信念、态度、观点和看法为目的。深度访谈法适合于了解复杂而抽象的问题，一般包括确认访谈主题及问题、确认被访对象、联系和预约被访者、现场或书面访问、访问后的整理等流程。

本书写作过程中作者通过在线视频、邮件、委托采访以及面谈交流等形式，对国内外互联网视频行业管理者、从业者、使用者和相关研究者进行访问，了解用户职业、互联网视频使用环境与日常使用社交媒体平台动机、浏览视频内容偏好等，探讨新媒体企业或机构的内容审核机制、内容管理制度及其合规风险案例等。在此过程中，作者还了解了政府管理部门对视频市场存在问题的看法及相关法令政策贯彻执行的效果，与研究者共同交流算法审核存在的问题、对新近政府政策的评价等，从而从多个视角理解与发现多元监管与治理的价值。

4. 质性研究法

质性研究，又称质化研究或质的研究。它是以研究者本人作为研究工具，在自然情境下采用多种资料收集方法，对社会现象进行整体性探究，主要使用归纳法分析资料和形成理论，通过与研究对象互动对其行为和意义建构获得解释性理解的一种活动。[③] 质性研究是相对于量化研究而言的，也是社会科学研究的基础方法。质性研究的理论基础包括现象学、解释学、逻辑学、建构主义等理论流派。与定量研究主要以数据、模式、图形等来表达不同，质性研究多以文字描述为主，依据大量历史事实、生活体验、观察访谈、实践经验材料，运用历史比较、逻辑推理、特征归纳等方

---

① 《深度访谈法》，《中国护理管理》2019 年第 5 期。

② 曾锦、邓艳红：《质性研究中深度访谈的研究》，《濮阳职业技术学院学报》2013 年第 2 期。

③ 陈向明：《质的研究方法与社会科学研究》，教育科学出版社，2000，第 12 页。

式，从而获得对研究对象的解释性理解。

本书运用质性研究方法，结合现象学观察、文献分析、人物访谈等其他方法，对我国互联网新媒体视频领域监管的体制模型、历史演变、原则特征、运行机制等进行归纳推理，在历史事实、文件资料、社会现象、实践经验的基础上得出一种解释性结论。

5. 历史研究法

互联网时代，各国的政策法案更加公开透明，面对浩如烟海的数字文献资料，历史研究法仍然是一种很有价值的方法。历史研究法运用过往文件资料，按照历史发展的时间顺序对过往事件进行研究，亦称纵向研究法。通过历史研究整理、分析、破译、评判大量史实，梳理历史事件的来龙去脉，以系统的方法分析过往制度、政策、法令产生的历史环境，理解其变迁的历史动因，提供理解现实问题的观照。历史研究法也可以通过对历史文物、文献资料等的深入研究，用当代视野和理论去阐述、分析和解释过去，揭示当下关键问题的实质或对未来进行逻辑推演。

本书对我国互联网新媒体视频监管体制的历史演变进行梳理，借助各种文献资料和数据，将我国互联网视频业态诞生以来的政府监管粗略地划分为三个历史阶段，每个历史阶段在简要回顾互联网新媒体视频新技术、新业态及其社会影响等的基础上，以我国互联网视频行政监管机构改革与法律规范建设为主线，探讨监管体制演变历程及其原则特征，有助于我们理解当下监管体制的架构模型及其运行机制。

第一章 新媒体视频监管结构

亚当·斯密和凯恩斯分别提出"无形的手"与"有形的手"两个重要概念。其中"无形的手"指的是市场机制自主调节;"有形的手"指的是政府对经济发展的干预调控。发展社会主义市场经济,二者缺一不可。政府监管就是一只"有形的手"。

监管是一个多元而复杂的概念,由于监管方秉持的理念、所处的国情的不同而有不同维度的内涵和外延。英国学者鲍德温、斯科特和胡德将学界的代表性观点概括为三种:监管是当局的规则制定,辅之以监督和促进这些规则实施的机制;监管是政府机构导控经济的所有努力;监管是社会控制的所有机制,包括无意识的和非国家的过程。[①] 在市场经济体制下,就其本质而言,监管是政府行政组织依据法律的明确规定,对市场主体的经济活动及其所产生的社会问题采取的干预和控制行为。政府采取的监管方式包括许可、处罚等控制型监管,以及优惠、奖励等激励型监管和警示、约谈等合作型监管。英国学者朱莉娅·布莱克借鉴传播学 5W 理论,将监管概念的构成要素概括为五个方面:监管是什么,以及监管主体、监管客体、监管工具、监管机制等。[②]

[①] R. Baldwin, C. Scott and C. Hood, *A Reader on Regulation*, Oxford University Press, 1998, pp. 2-4.

[②] Julia Black, "Critical Reflections on Regulation", *Australian Journal of Legal Philosophy*, 2002 (27).

第一节　视频监管体制演进

我国互联网新媒体视频监管体制的演进逻辑，既与政治治理逻辑和传统的媒介管理体制密不可分，也与互联网新媒体技术为用户赋权带来的溢出效应及其在传媒格局中的地位不断上升密切相关。

一　监管体制的历史脉络

体制变革的关键是处理好政府与市场的关系。体制在以经济建设为中心和加入世界贸易组织的国内外环境共同作用下，逐渐由直办直管的计划经济模式向管办分离的市场经济模式转型。除新闻、视听节目传播等少数领域需特许经营外，互联网增值业务完全对社会资本开放。视频网站、社交媒体快速发展，传播力和影响力迅速扩大。新媒体视频传播技术和业态不断发展，按照先发展后治理的逻辑，监管机构不断调适，逐步实现法治。

1. 体制监管的阶段划分

（1）诞生初期的政府松监管阶段（20 世纪 90 年代末—2006 年）。我国互联网新媒体是以一种市场自发行为作为起步的。20 世纪 90 年代中期，与国际互联网浪潮相呼应，一批留学生带回互联网技术和国际风险投资创办网站。1997 到 1998 年，网易、搜狐、新浪等综合互联网门户网站先后创立；人民网、央视网、新华网等媒体网站也开始运营。2000 年上述三大商业门户网站在美国纳斯达克上市，掀起国内互联网发展第一波高潮。受互联网带宽及视频传输技术的限制，在专业视频门户网站兴起以前，互联网新媒体视频服务主要通过搜索、聚合、链接下载软件获取，只是综合网站的业务分支。2005 年我国网络视频用户有 3200 万人，2006 年迅速增加到 6300 万人；2006 年网络视频收入达 5 亿元人民币。[①] 为吸引眼球，视频网站中盗版、色情等影视作品大量传播，引发了监管部门的重视。当时，广播电视台、报刊等媒体在新闻信息传播中占据主导地位，国

---

① 钟颖：《中国诞生"学术视频"网站的可能性》，《青年记者》2007 年第 14 期。

有文化传媒领域市场化改革逐渐推进。新闻传媒中具有经营性质的业务被剥离出来实施企业管理，广告、印刷、发行、传输网络行业以及电影制片厂、影剧院、电视剧制作单位等转制为企业。党报党刊、电台、电视台、通讯社、重点新闻网站、时政类报刊等，仍然"实行事业体制，由国家重点扶持"。①

与互联网早期发展相似，我国网络监管也呈现出阶段性特征。多数时候，网络被看作一种媒体。第一代互联网对传统媒体的特许经营权力是一种冲击。② 针对市场快速发展中出现的突出问题，政府相关部门应急制定了一系列管理规范。1999 年 10 月，国家广播电影电视总局发布《关于加强通过信息网络向公众传播广播电影电视类节目管理的通告》，2000 年 4 月，颁布《信息网络传播广播电影电视类节目监督管理暂行办法》，2003 年 1 月颁布《互联网等信息网络传播视听节目管理办法》。监管政令从最初的"通知"到"暂行办法"再到"管理办法"，可以看出监管制度的法治化进程加快。2004 年 7 月修订的《互联网等信息网络传播视听节目管理办法》，首次明确"外商独资、中外合资、中外合作机构，不得从事信息网络传播视听节目业务"。《互联网等信息网络传播视听节目管理办法》中明确禁止"非法链接、集成境外广播电视节目以及境外网站传播的视听节目"③；对外商投资和内容传播进行了限制，对此后的网络管理产生了重要影响。这些规范性文件明确了国家广播电影电视总局为互联网视听节目的主管部门，规定视听节目服务实行许可管理即必须持有"信息网络传播视听节目许可证"。国家广播电影电视总局对视听节目按以下四个类别实行分类管理：新闻类、影视剧类、娱乐类和专业类。2000 年 4 月，国务院新闻办网络新闻管理局成立，随后地方相关机构也相继成立，此举被业界视为网络新闻传播管理体系基本形成的标志。国务院新闻办公室、信息产业部在 2000 年共同发布《互联网站从事登载新闻业务管理暂行规定》，2005 年又颁布《互联网新闻信息服务管理规定》，这两份政

---

① 中共中央、国务院：《关于深化文化体制改革的若干意见》（中发〔2005〕14 号）。
② 彭兰：《汇聚与分权：变革中的互联网》，《青年记者》2005 年第 3 期。
③ 《互联网等信息网络传播视听节目管理办法》（2004 年国家广播电影电视总局令第 39 号），国家网信网，http://www.cac.gov.cn/2004-08/01/c_1112728747.htm。

策文件明确了互联网新闻信息服务主管机构为国务院新闻办公室，同时指明了分类管理原则，国家对传统媒体网站和商业媒体网站刊载新闻业务分类管理。

我国还出台了《互联网信息服务管理办法》、《著作权法》（2001年修订）、《互联网出版管理暂行规定》、《互联网文化管理暂行规定》、《非经营性互联网信息服务备案管理办法》、《信息网络传播权保护条例》等法律法规。其中《互联网信息服务管理办法》规定："国家对经营性互联网信息服务实行许可制度，对非经营性互联网信息服务实行备案制度。"① 备案制度等宽松准入政策，促进了商业网站迅速发展和技术进步，市场竞争为专业视频网站的兴起奠定了基础。《信息网络传播权保护条例》首次明确引入国际通行的"避风港"规则，为我国加入WCT和WPPT铺平了道路，同时为我们解决现实生活中的一系列法律纠纷提供了必要的法律指导。② 条例至今在新媒体视频新业态的版权保护中仍然发挥重要作用。这一时期我国互联网管理沿袭传统的媒介管理思想，坚持政府主导型管理，同时坚持发展与管控并行不悖。③ 互联网早期监管沿习传统的媒介分业管理路径，把网络视听、网络新闻、网络游戏、网络出版等不同业务分属不同部门监管，调整管理机构和监管职能，坚持在发展中治理。

中共十六届四中全会通过《中共中央关于加强党的执政能力建设的决定》，中央首次提出对互联网要"通过法律规范、行政监管、行业自律、技术保障相结合来建设新的管理体制"，这一高屋建瓴的顶层设计为我国互联网管理的体制改革指明了方向，此后我国的互联网管理一直围绕这四个方面系统展开完善。对于互联网新媒体视频的监管，从集权的统一监管和分权的专门化监管角度来说，其中主导性监管部门无论是在制定规范还是在指导行业自律等方面均发挥了重要作用。

---

① 《互联网信息服务管理办法》（中华人民共和国国务院令第292号），中央人民政府网站，http：//www.gov.cn/gongbao/content/2000/content_60531.htm。
② 郭寿康、万勇：《〈信息网络传播权保护条例〉评介》，《电子知识产权》2006年第10期。
③ 钟瑛、刘瑛：《中国互联网管理与体制创新》，南方日报出版社，2006，第21~23页。

（2）以广电为主的法治轻监管阶段（2007—2013 年）。

2006 年被称为中国网络视频发展元年，在此前后，我国专业视频网站出现一波大发展。2004 年到 2007 年乐视网、56 视频、土豆网、PPLive（PP 视频）、优酷、酷 6 网、第一视频、PPS 视频等一大批聚合、分享视频网站纷纷兴起，竞逐激烈，许多视频网站得到海外风险创投资本加持，其中一些平台先后在国内外资本市场上市。传统广播电视台的影视传播和广告收入占比开始下降；长视频门户网站逐渐跻身影视剧播放的主渠道。随着监管部门依法打击影视盗版侵权以及影视作品版权价格的快速上涨，视频网站被迫开始独立制作影视剧与网络节目。历经融资、版权争夺与并购等产业竞逐，到 2013 年国内 400 多家视频网站分化明显，流量加速向品牌集中，优酷土豆、爱奇艺、腾讯视频、搜狐视频和乐视网等长视频网站影响力位居前列。同时，视频网站开始整合手机、电视等传播平台。随着智能手机应用推广，视频移动端开始迅猛发展。到 2013 年年底，爱奇艺视频网站手机移动端的流量第一次超过 PC 端。视频网站与移动端开始激烈争夺用户。

商业视频网站的兴起给新媒体视频专业化、法治化监管带来了挑战。2007 年出台的《互联网视听节目服务管理规定》要求从事互联网视听节目服务必须取得《信息网络传播视听节目许可证》或履行备案手续，并第一次明确要求市场主体必须为"国有独资或国有控股单位"。这一资质条件限制与广电标准相似，影响社会资本的市场准入。同时首次明确个人用户分享视频的限制："互联网视听节目服务单位不得允许个人上载时政类视听新闻节目"[1]。因为视听服务和网络新闻信息服务具有特殊性，是"涉及国家意识形态宣导问题的特殊服务"[2]。行政立法既要促进产业发展，又要加强内容管制；鼓励国资投入视听产业，并且更多指向内容规范。2010 年国家广播电影电视总局发布《互联网视听节目服务业务分类目录（试行）》，把相关服务业务分为四大类十七小类，包括广播电视台形态的互

---

① 《互联网视听节目服务管理规定》（国家广播电影电视总局、信息产业部第 56 号令），中央人民政府网站，http://www.gov.cn/flfg/2007-12/29/content_847230.htm。
② 周辉：《揭开网络视频新规的"面纱"——对〈互联网视听节目服务管理规定〉的整体性评价》，《网络法律评论》2010 年第 1 期。

联网视听节目服务和互联网视听节目转播服务，以及时政类视听新闻节目转载服务、影视动画片类视听节目的汇集播出服务、聚合网上视听节目的服务等。① 实施不同资质分类许可管理，禁止市场主体超范围经营。此外，相关法律法规还有《全国人民代表大会常务委员会关于加强网络信息保护的决定》《电视剧内容管理规定》《互联网信息服务管理办法》《电信和互联网用户个人信息保护规定》《信息网络传播权保护条例》等。这一系列法律法规的出台、修订和完善，为新媒体视频领域的法治监管铺平了道路。

视频网站的推广对传统广播电视台构成同业竞争，"线上线下同一标准"的内容监管政策开始落实。广电、电信、互联网"三网融合"加快，以广电主导的互联网视听内容把关标准趋于统一。广电融合监管技术也日益成熟，国家广电总局监管中心2011年9月成立，整合了广播电视监测、安全播出调度、视听节目监管等职能，加强对全网视频内容的技术管控。各省级交互式网络电视监管平台、互联网电视集成播控平台等监管平台渐次建成。政策管理成为网络视频监管和内容治理的重要手段，合乎中国政治治理的历史逻辑，又与网络视频领域意识形态管控的弹性要求相适应。这一时期，广电主导的政府监管部门不断加强网络视听传播领域的治理，大力整顿视频传播市场秩序，如名噪一时的"BT中国联盟"被责令关闭；天线视频涉嫌侵犯著作权，六名责任人被追究刑事责任。据统计，2009年政府部门查处并关闭了400多家违法违规传播视听节目的网站。依法从严监管促进了网络视听行业加强自律。

尽管法律法规对外资准入有明确限制，但由于立法上存在漏洞，"外资通过对公司结构复杂而巧妙的设计，可以绕开国内相关法律法规及政策的障碍，这样既能保证在实际上控制国内互联网，又能避开我国法律及政策的有效监管"②。2011年8月，《商务部实施外国投资者并购境内企业安全审查制度的规定》颁布，要求对外国投资互联网科技企业等行为实施

---

① 《广电总局关于发布〈互联网视听节目服务业务分类目录（试行）〉的通告》，中央人民政府网站，http://www.gov.cn/zwgk/2010-04/01/content_1571237.htm。

② 曹磊：《中国互联网外资控制调查报告》，中国B2B研究中心，2009年6月。

"实质审查""外国投资者不得以任何方式实质规避并购安全审查，包括但不限于代持、信托、多层次再投资、租赁、贷款、协议控制、境外交易等方式。"① 但是，已经开放的互联网视频市场，因简单化地重新实现国资控制的监管思路，在后来的产业治理实践中被混合所有制特殊管理股制度改革代替。

（3）网信办主导的法治强监管阶段（2014 年至今）。

新媒体移动端视频业态的迅猛发展及其在传媒格局中重要地位的提升，为政府监管体制改革带来挑战，注入动力。2013 年，我国 4G 智能手机逐渐普及；到 2016 年，微博、微信、今日头条、抖音等"两微一端"成为大众信息第一来源。社交媒体平台优势尽显，智能算法的出现使短视频信息生产和分发方式发生重大转变，社交平台成为信息流、视频流的重要基础设施。算法和社交行为日益影响视频流向，到 2017 年年底，智能算法分发已经占到整个社会性信息分发的 70%，其份额远超人工编辑审定后的分发数量。② 信息传播视频化的同时，视频传播平台化、智能化特征明显。市场经济是法治经济，市场主体的重大转变要求法治创新。

监管机构及其职能调整成为新时期监管体制的重大变化。国家网信办 2011 年成立之初挂靠在国务院新闻办公室。2014 年中央网络安全和信息化领导小组成立，国家网信办与中央网信办合署办公，中央网信办主任由中宣部副部长兼任，领导重心发生转变。2018 年国务院机构改革后，国家计算机网络与信息安全管理中心划入中央网信办，中央网信办（国家网信办）在中共中央网络安全和信息化委员会的领导下相对独立运行。经过一系列机构调整，"中央网信办（国家网信办）就成了互联网日常管理工作的最高主管机构，它直接向中央网络安全和信息化领导小组负责。这一领导体制的建立标志着中国互联网的管理模式真正从'多头管理'转向了

---

① 《商务部实施外国投资者并购境内企业安全审查制度的规定》（商务部公告 2011 年第 53 号），商务部网站，http://www.mofcom.gov.cn/article/swfg/swfgbl/gfxwj/201304/20130400106443.shtml。

② 范大祺、孙琳：《在网络空间全球治理中赢得国际话语权》，中国社会科学网，http://www.cssn.cn/zzx/yc_zzx/201911/t20191101_5024859.shtml？COLLCC＝3066884558＆。

'统筹管理'"。① 把分散的监管权力进行适当集中的管理体制改革，既是互联网业务融合监管的需要，也是不同媒介专业化管理体制的延续，在一定程度上克服了多头交叉监管的弱点。

中共十八届四中全会确立了全面依法治国的基本方略，为新媒体视频领域全面依法治理提供了行动指南。加强互联网视频市场的法治管理，主要从外部进行，通过强化立法规范和行政许可制来实现对互联网信息内容的有效管理。② 据不完全统计，2014 年以来我国涉及互联网领域的法律法规、部门规章、司法解释以及地方性法规多达 200 多部，覆盖网络运营、域名管理、互联网信息服务、互联网文化产品、电子游戏、电子商务、网络出版、安全评估、个人信息保护、上网服务营业场所及从业人员管理等各方面，"这使得中国成为世界上在该领域立法最多的国家"，③ 也为互联网新媒体视频领域的法治监管奠定坚实基础。其中，国家网信办相关立法 30 余部，涉及即时通信工具公众信息服务、互联网新闻信息服务、互联网直播服务、信息搜索服务、应用程序信息服务、用户公众账号信息服务、微博客信息服务、儿童个人信息保护、网络音视频信息服务等领域。这些法律规范基本覆盖了各类互联网新增服务，对资质条件、内容管理和平台责任做出了明确规定。通过法律规范，视频业务类型的行政许可管理体系不断完善，层级化的内容管理和主体责任不断压实。同时，新媒体视频内容监管规制及其自律规范日益精细化，有关网络直播、音视频信息服务、应用程序管理等法律规范中明确禁止相关服务提供者和使用者传播危害国家安全、破坏社会稳定、扰乱社会秩序、侵犯他人合法权益、涉及淫秽色情等的内容。中国网络视听节目服务协会也先后发布网络视听节目、网络短视频、网络综艺节目等内容标准或审核细则，引导新媒体视频平台完善内容审核制度，承担市场主体责任。

---

① 唐海华：《挑战与回应：中国互联网传播管理体制的机理探析》，《江苏行政学院学报》2016 年第 3 期。

② 刘俊、徐颢哲：《网络"整治"背后的权力机构：互联网管理 20 年变迁》，《南方周末》2014 年 3 月 20 日。

③ 李永刚：《我们的防火墙：网络时代的表达与监管》，广西师范大学出版社，2009，第 75 页。

总之,借助于国家顶层设计、机构调整以及互联网新媒体视频治理相关的一系列法律规制的不断完善,较为完善的治理体系逐渐形成,从而实现对互联网多元、自由、开放传播的有效控制。其关键在于以行政许可制为抓手,以互联网服务提供商和内容提供商落实并承担二级监管责任为重点,实现网络信息传播的分级分层监管。

2. 监管制度的变革创新

在我国互联网新媒体视频领域,政府监管制度的最大变化就是放松市场准入,在产业发展中向法治监管转型。

(1) 视频增量市场向社会资本开放。我国互联网建设初期,与国内文化传媒市场化改革相契合互激励。以报纸为代表的传媒出版业开启编辑与经营两分开,允许经营性业务市场化。相对而言,互联网信息产业是一个新兴增量市场,一开始就驶向市场化发展道路。为了引进国际互联网新技术和管理经验,政府鼓励社会资本参与发展。国际资本也抓住中国改革开放和加入世贸组织的有利时机,试图打开中国互联网市场,通过各种途径参与投资我国互联网企业。在世纪之交全球互联网大发展的浪潮中,网易、搜狐、新浪等一大批互联网站先后创立并迅速在国内外资本市场公开上市。互联网产业兴起之初,国家监管政策相对宽松。《互联网信息服务管理办法》《互联网等信息网络传播视听节目管理办法》《互联网文化管理暂行规定》等规范性文件对相关资质条件进行了明确规定,允许社会资本进入互联网视听节目链接或集成、影视作品点播、音视频新闻转播、体育比赛直播、文艺表演等领域;加上政府先发展后管理的粗放型管理政策,各类互联网站获得大发展。据统计,到2006年我国备案登记的网站1万多家,90%以上网站仍未备案,而且网站数量每天以200家的速度激增。[①]

随着商业门户网站竞争的加剧,我国实施电影、电视剧和广播电视节目制播分离制度改革,以上市公司为代表的互联网产业纵横整合、拆分裂变加快。新浪网、腾讯网、搜狐、凤凰网等商业门户,从着力打造视频栏目和频道,到衍生出独立的新浪视频、腾讯视频、搜狐视频、凤

---

① 钟瑛、刘瑛:《中国互联网管理与体制创新》,南方日报出版社,2006,第26页。

凰视频等网站。随之兴起的商业视频网站还有乐视网、56网、酷6网、优酷、土豆、第一视频、PPTV、PPS视频等。民营电影、电视剧、电视节目制作机构的进入改变了国有影视企业的单一产业结构。随着我国影视产业市场化改革加快，有资本市场背景的互联网公司不断发展，迫使报刊、广播电视台等传统媒体向市场化融媒体战略转型。此后，腾讯、新浪、字节跳动等互联网公司还推出微信、微博、抖音等深受用户喜爱的媒体平台。通过技术为用户赋权，互联网新媒体视频业态更加丰富，传播格局进一步改变。但是，时至今日互联网新闻信息服务仍然实行采编业务和经营业务分开，"非公有资本不得介入互联网新闻信息采编业务"①。

（2）传媒领域市场化改革稳步推进。政府制度创新是传媒产业发展壮大的重要推动力量。从20世纪90年代流行的"事业单位企业化管理"到21世纪初我国正式加入世界贸易组织，从新闻出版传媒领域的转企改制、制播分离、国内外公开上市到跨所有制兼并重组、探索特殊管理股制度等，我国文化传媒领域的市场化、公司化、产业化发展的制度创新始终稳步推进。2013年11月中共十八届三中全会通过的《中共中央关于全面深化改革若干重大问题的决定》中首次提出"发展混合所有制经济"以及"探索实行特殊管理股制度"，明确要求继续推进国有经营性文化单位转企改制，加快公司制、股份制改造；对按规定转制的重要国有传媒企业探索实行特殊管理股制度；推动文化企业跨地区、跨行业、跨所有制兼并重组，提高文化产业规模化、集约化、专业化水平。② 2015年9月，中共中央办公厅、国务院办公厅印发《关于推动国有文化企业把社会效益放在首位、实现社会效益和经济效益相统一的指导意见》，意见指出："按规定已经转企的出版社、非时政类报刊出版单位、新闻网站等，实行国有独资或国有文化企业控股下的国有多元。在坚持出版权、播出权特许经营前提

---

① 《互联网新闻信息服务管理规定》（国家互联网信息办公室令第1号），中国网信网，http：//www.cac.gov.cn/2017-05/02/c_1120902760.htm。

② 《中共中央关于全面深化改革若干重大问题的决定》（2013年11月12日中国共产党第十八届中央委员会第三次全体会议通过），国务院新闻办公室网站，http：//www.scio.gov.cn/zxbd/nd/2013/document/1374228/1374228.htm。

下，探索制作和出版、制作和播出分开。""在新闻出版传媒领域探索实行特殊管理股制度。"① 2017 年 1 月，中共中央办公厅、国务院办公厅印发《关于促进移动互联网健康有序发展的意见》，要求"在互联网新闻信息服务、网络出版服务、信息网络传播视听节目服务等领域开展特殊管理股试点"。② 本着先易后难原则，传媒领域的特殊管理股制度率先在一点资讯、北京铁血科技公司等新媒体科技公司进行试点，那些具有国际影响的大型社交媒体平台暂未实施。有学者认为，国家对新媒体平台推行特殊管理股制度，"很大程度上是因为网络平台的传播力十分强大，而目前政府在该领域的管控较为薄弱，因此有必要引入特殊管理股制度，加强互联网信息内容管理"③。

报刊、广电等传统媒体即使在集团化、公司化改造以后，其传统业务对社会资本仍然存在许多禁区。据统计，我国已成立 200 多支文化产业发展基金，但这些具有社会资本背景的基金在投资传媒企业时往往会涉及意识形态和金融双重敏感领域，会受到相关政策和监管等方面的严格限制。④

科技迅速发展，新媒体视频增值服务的新业态不断出现，传统媒体与互联网科技企业的合作、合资不断深入，有力推动了传媒领域的混合所有制改革。例如人民网与腾讯等共同成立人民视听科技有限公司，2018 年 3 月推出"人民视频"客户端；2015 年 10 月，四川日报报业集团与阿里巴巴联合投资，推出互联网产品"封面新闻"。据统计，到 2015 年年底，腾讯以投资、合作、参股等方式，直接或间接地拥有超过 30 家省级传媒集团的股份。国家新闻出版广电总局共颁发 7 家互联网电视牌照，互联网公司纷纷与牌照方合作合资。未来电视由

---

① 《关于推动国有文化企业把社会效益放在首位、实现社会效益和经济效益相统一的指导意见》，中共中央办公厅、国务院办公厅 2015 年 9 月印发，人民网 - 人民日报，http://theory.people.com.cn/n/2015/0915/c40531-27584430.html。

② 中共中央办公厅、国务院办公厅印发《关于促进移动互联网健康有序发展的意见》，中央人民政府网站，http://www.gov.cn/zhengce/2017-01/15/content_5160060.htm。

③ 方卿、王一鸣：《政策演变与预期路径：出版传媒业特殊管理股制度探讨》，《科技与出版》2017 年第 8 期。

④ 张涵：《中外影视产品跨国贸易逆差现象研究》，《教育传媒研究》2016 年第 1 期。

中国网络电视台、腾讯、中国数字图书馆联合创立，央广银河由中央人民广播电台、江苏广播电视总台、爱奇艺合资运营，阿里投资了华数传媒，等等。

（3）政府直办直管向依法治理转型。互联网市场化发展机制及其舆论传媒属性的凸显，以及互联网信息传播技术创新，从而迫使传统媒体向融媒体转型。报刊、广播电视台、电影等传统文化传媒出版单位的市场化、公司化和股份制改革日益深化。政府由办向管转型，传媒公共服务甚至出现外包购买模式。"按照政企分开、政事分开原则，推动政府部门由办文化向管文化转变""建立党委和政府监管国有文化资产的管理机构，实行管人管事管资产管导向相统一"。①

微博、微信、抖音、快手等迅速成长的新媒体平台，以超越传统媒体的用户数量和信息内容生态，成为大众第一信源。内嵌的各种互联网视频技术具有低门槛和去中心化的传播特点，大大降低了视频使用和传播门槛，使普通企业、机构和个体都可以利用这些基础设施进行信息传播，如开辟专属频道或公共账号，各种互联网垂直类视频日益丰富。在新的互联网信息传播格局中，国有传媒具有新闻信息采编和首发优势，而网络新媒体平台具有明显内容分发优势，导致国有传媒对信息内容的终极把关受到挑战。对此，计划经济时代的直办直管模式逐渐向依法治理模式转变，在完善存量监管的同时，主要加强增量监管。对互联网视频服务的监管转向以外部法律管控为主，通过强化法律规范和行政许可制度实施对互联网视频服务的有效监管。目前，对于互联网视频信息服务，我国形成了以《民法典》和《著作权法》为基础，涵盖资质管理、业务审查、质量管理、版权保护、个人信息保护等多方面比较完善的法律规范体系，基本上形成依法许可、监管与治理的总体格局。在互联网视频新型内容业态的治理进程中，法治体系也将日益成熟完备。

---

① 《中共中央关于全面深化改革若干重大问题的决定》（2013 年 11 月 12 日中国共产党第十八届中央委员会第三次全体会议通过），国务院新闻办公室网站，http://www.scio.gov.cn/zxbd/nd/2013/document/1374228/1374228_9.htm。

二 体制监管的战略路径

1. 体制监管的重要原则

互联网新媒体视频市场化发展过程中出现多元化市场主体，甚至一些垄断性平台在新的传播格局中占有重要地位。市场监管和治理主体也朝着多元化发展，但在体制监管和法律规制的发展变迁进程中，我国始终坚持如下三个基本原则。

（1）社会主义意识形态的网络安全。习近平同志在党的十九大报告中强调牢牢掌握意识形态工作领导权，"意识形态决定文化前进方向和发展道路。必须推进马克思主义中国化时代化大众化，建设具有强大凝聚力和引领力的社会主义意识形态，使全体人民在理想信念、价值理念、道德观念上紧紧团结在一起"[①]。随着互联网尤其是移动互联网成为舆论主渠道、主阵地、主战场，涵盖互联网社交媒体、各类视频平台的信息传播媒介成为意识形态管控的重要领域。因此，维护社会主义意识形态安全的关键一环是培育积极健康、向上向善的网络文化。

值得警惕的是，特朗普上台后，美国国家安全战略发生重大转变，把中国视为竞争敌手，视为一个威胁，由此带来一系列政治、经济、外交政策的变化。美国国务院政策规划办公室主任凯伦·斯金纳（Kiron Skinner）2019 年 4 月 29 日在一个安全论坛上抛出"对华文明冲突论"和"意识形态斗争论"，认为中美博弈"是一场与一种完全不同的文明和不同的意识形态的斗争，这是美国以前从未经历过的""用我们理解世界的方式去看待他们认识世界的方式是一个巨大的错误"。[②] 由此可见，美国不仅要与中国在经济、外交等方面展开竞争，而且明确要在意识形态上展开竞争。

（2）党管媒体的领导原则。这是对于互联网传媒领域全面加强党的领

---

① 习近平：《决胜全面建成小康社会 夺取新时代中国特色社会主义伟大胜利——在中国共产党第十九次全国代表大会上的报告》（2017 年 10 月 18 日），人民出版社，2017，第41 页。

② 严岳：《亨廷顿不解亚洲文明，斯金纳更不懂中国文化——美国"对华文明冲突论"折射战略焦虑》，《南方周末》2019 年 6 月 6 日。

导的贯彻落实。党政双重组织架构以及党委统一领导下的重大决策,可以确保上层政治意志的贯彻执行。甚至在民营和混合所有制社交媒体企业、短视频平台企业中也在逐步建立起基层党组织。党中央以及政府管理部门多次重申和阐述了"党管媒体"这一重要原则。习近平总书记强调:"要坚持党管媒体原则,严格落实政治家办报要求,确保新闻宣传工作的领导权始终掌握在对党忠诚可靠的人手中。"① "加强和改善党对新闻舆论工作的领导,是新闻舆论工作顺利健康发展的根本保证。"② "加强和改进党的领导,重在管导向、管阵地、管队伍。坚持全方位导向管理,覆盖所有媒体空间、所有传播载体,让主旋律正能量主导舆论。"③ 尽管新媒体视频监管和治理的主体向多元化发展,但是党和政府仍然是互联网治理的核心力量,党管媒体原则以各种形式嵌入各级政府相关决策体系。"在西方国家,政府通常是公共治理的最重要主体。与此不同,中国的公共治理结构是一种'以党领政'的治理结构。"④

(3)网络视听服务禁止外商投资。我国对互联网国际信道实施统一管理。在互联网服务投资方面,根据《外商投资准入特别管理措施(负面清单)》,限制外商投资的领域主要有卫星电视广播地面接收设施及关键件生产,互联网新闻信息服务、网络出版服务、网络视听节目服务、互联网公众发布信息服务等;禁止投资新闻机构包括通讯社;禁止投资广播电视节目制作经营公司;禁止投资电影制作公司、发行公司、院线公司以及电影引进业务等。⑤ 这些投资限制几乎涵盖网络视听服务全产业链,基本禁止外资进入我国新闻出版传媒领域。互联网发展初期谷歌在中国从事搜索业务,撤出中国之后再也没有重返。

---

① 曹智、栾建强、李宣良:《习近平视察解放军报社时强调 坚持军报姓党坚持强军为本坚持创新为要 为实现中国梦强军梦提供思想舆论支持》,新华网,http://www.xinhuanet.com/politics/2015-12/26/c_1117588434.htm。

② 《习近平谈治国理政》(第二卷),外文出版社,2017,第334页。

③ 本书编写组:《习近平新闻思想讲义》,人民出版社、学习出版社,2018,第72页。

④ 俞可平:《中国治理变迁30年(1978-2008)》,《吉林大学社会科学学报》2008年第3期。

⑤ 《国家发展改革委、商务部发布2020年版外商投资准入负面清单》,商务部网站,http://www.mofcom.gov.cn/article/ae/ai/202006/20200602977244.shtml。

近年来美国以所谓国家安全为由对中国的互联网公司全面围堵和封禁。美国甚至提出"清洁网络"计划,包括清洁运营商、清洁应用商店、清洁应用程序、清洁云端和清洁电缆,从而全面升级对中国互联网公司的制裁。美国先后将中国移动、中国电信、奇虎360等公司和机构列入受制裁的实体清单。2020年7月,美国众议院又通过法案禁止联邦政府官员在政府设备上下载TikTok。在美国新冷战思维政治选边的压力下,印度等一些国家也开始限制或禁用TikTok等多款中国移动客户端。

2. 体制监管的战略路径

(1)先发展后管理的渐进式监管。"每当引进新的技术发明,就会产生全新的服务环境,社会经验随即就实现大规模的重新组合。"① 政府监管常常滞后于新兴行业的发展实践。纵观中外新闻传播历史,总是先有传播新技术引领的社会实践,然后在政府与相关利益方的协同治理下产生新的制度规则,使新传播技术和业态符合社会治理主导方的秩序。"'稳定压倒一切'是中国治理变革的一条基本原则,这就决定了中国的治理改革也必定遵循'渐进改革'或'增量改革'的途径。"② 对于新媒体视频新技术、新业态的监管,我国提出要"创新监管理念和方式,实行包容审慎监管","对一时看不准的,设置一定的'观察期'",给予一定的政策容忍度和适当的试错空间,营造包容有序的发展环境。③ 政府一方面鼓励高新技术的开发,以促进新兴产业的发展成熟;同时又承担市场失灵的治理职能,不断调整或重塑新技术服务的制度环境。

政府在不断完善存量监管的同时,创新对视频新兴业态的增量监管。例如对于近年来先后出现的微博、微信、抖音等具有视频内容传播功能的社交媒体平台,主管部门分别出台了即时通信工具公众信息服务、微博客信息服务、应用程序信息服务等特定类别的管理制度,还针对网络短视频、网络综艺节目、未成年人节目、网络谈话类节目、电商直播等相关视

① 〔加〕哈罗德·伊尼斯:《帝国与传播》,何道宽译,中国传媒大学出版社,2015,第22页。

② 俞可平:《中国治理变迁30年(1978-2008)》,《吉林大学社会科学学报》2008年第3期。

③ 孔德超:《探索科学有效的数据治理之路》,《经济日报》2020年7月15日。

频业态加强法治管理，为互联网视频业务的监管和治理指明了方向，也为平台发展提供了足够的空间。

（2）条块体制下的分权与集权监管。我国传媒业沿袭了分业监管路径，对于不同时期诞生的报刊、电影、广播电视、互联网等不同媒介，主要实施分业监管。在全球监管型国家建设互动与借鉴学习进程中，我国行政组织结合条块结构特点，创新了联合执法机制、网警巡查机制、异地抽查机制等监管方式。但是，当前现行体制中条块与党政双重组织架构，有可能导致"不同政府部门间多重不一的目标和利益之间的互动、竞争和妥协"①。政府分权监管模式与互联网信息融合发展存在矛盾，导致政府管理仍然存在政出多门、政策不一致以及重复执法等问题。

政府在专业监管、分权监管的基础上，在各级党委的统一领导下，辅以适当集权的监管方式，以便集中力量解决突出问题。针对互联网新媒体视频重点领域的监管，在中共中央网络安全和信息化委员会统一领导下，以国家网信办牵头，工信、公安、文旅、新闻出版、广电、电影等相关部门协同配合，创新部际联席会议、信息共享等机制，形成对重大突出问题的集中联合治理。各级网信委、"扫黄打非"办等成为常设议事协调机构。

（3）标准同一下的实质性分层监管。随着视频网站、移动直播、短视频等新媒体领域新技术、新业态的兴起，国家广电总局多次强调，网络视听节目要实行"线上线下同一标准"，即电视台不能播出的内容，视频网站也不能播出。在客户个人电脑（PC）端，视频流量集中的格局已经显现，腾讯视频、爱奇艺、优酷、芒果 TV 等平台播出流量占视频流量八成以上，成为影视剧播放的主渠道，也是原创网络剧、网络电影和网络综艺的重要播放渠道。无论是在线播出的电影、电视剧、广播电视台节目，还是网络电影、网络剧、网络综艺等其他类型的长视频，监管部门通过立法完善了事前审批、审查或备案制度。相对于社交媒体短视频而言，视频网站的长视频数量相对有限，播出平台流量集中，加上监管审查前移，因

---

① 周雪光:《中国国家治理的制度逻辑》，生活·读书·新知三联书店，2017，第 344 页。

此，这些长视频的内容审查监管程序和标准比短视频等其他业态严格得多；甚至这些制作和播出机构的资质也依法经过了事前审批。

网络新媒体视频类型多样，但突出问题和监管焦点已经从长视频向算法推荐的短视频转移，也可以说是从存量市场监管向增量市场监管不断转型。对于社交媒体、移动直播、短视频平台等新兴视频业态，存在大量用户生产的视频质量不一；加上其传播模式由传统的大众传播向分众传播或群体传播转型，算法、社交参与内容分发，这一领域成为监管的重点和难点。中央明确提出"分类管理"的原则。① 根据互联网信息服务平台的信用等级和风险类型，实施差异化分级分类监管，对风险较低、信用较好的适当减少检查频次，对风险较高、信用较差的加大检查力度。② 特别是针对目前流行的各类直播带货营销，国家网信办协同有关部门，对主播账号实施分级分类管理，将直播行业内容导向、打赏金额、主播带货资格与主播账号信用等级挂钩，健全直播账号信用评价体系和激励机制。

第二节　视频监管政府机构

监管机构，主要是指政府为解决和矫正市场失灵而设立的一种特殊行政组织。它具有一定的独立性，通过依法制定相关规范和标准，对市场主体的经济活动及其产生的社会问题进行调节和控制，必要时还可以通过准司法的行政程序予以强制执行。因此，政府监管机构具备一定的独立性、专业性，同时具有一定的准立法权、准司法权和行政权。就我国目前已经形成的多元化新媒体视频市场主体的监管而言，基本上"仍应以政府监管为中心，聚焦微观层面的经济活动及其产生的社会问题，在完善命令控制型监管方式的同时，注重经济激励、柔性引导和公私合作"。③

当监管对象或环境发生重大变化时，政府部门的组织结构势必应做出相应的调整。从目前的机构设置看，中央网信办主任兼任国家网信办主

---

① 中共中央办公厅、国务院办公厅印发《关于促进移动互联网健康有序发展的意见》，中央人民政府网站，http://www.gov.cn/zhengce/2017-01/15/content_5160060.htm。
② 《国务院办公厅关于促进平台经济规范健康发展的指导意见》（国办发〔2019〕38 号）。
③ 马英娟：《监管的概念：国际视野与中国话语》，《浙江学刊》2018 年第 4 期。

任；国家网信办经国务院授权负责互联网内容监管执法，并负责指导、协调、督促有关部门的监管执法，实际上已成为我国互联网日常监管的最高机构。承担政府监管职能的其他各部门基本上按照"谁主管谁监管""谁审批谁监管"的原则展开工作。

一 政府监管的机构改革

邓小平同志指出："在一定意义上，机构改革是一场革命。但这是一场对于机构、体制的革命。"[①] 习近平总书记强调："深化机构改革是一场系统性、整体性、重构性的变革。"[②] 我国的机构改革从最初"明确各部门及其所属机构的任务和职责范围"，到后来完善各部门"权力清单"制度。在集权或分权的不断调整配置过程中，根据市场失灵或增量市场突出问题或社会治理的需要，重新设立或调整政府部门，明确职责职权，创新权力运行机制。

我国网络信息服务实行网络与业务主管部门双重监管，涉及新闻、出版、教育、医疗保健、药品等特定行业信息服务的，还应由主管部门审核同意。例如《互联网信息服务管理办法》第五条规定："从事新闻、出版、教育、医疗保健、药品和医疗器械等互联网信息服务，依照法律、行政法规以及国家有关规定须经有关主管部门审核同意的，在申请经营许可或者履行备案手续前，应当依法经有关主管部门审核同意。" 2018年政府机构改革后，国家新闻出版署（国家版权局）、国家电影局划入中宣部直接管理，从组织结构上凸显党对新闻出版以及电影工作的集中统一领导。目前，我国有20多个政府部门不同程度参与互联网行业监管，这些监管机构对新媒体视频采取的监管方式、手段、机制各不相同，它们各司其职又相互配合。我国的监管体制在发挥专业部门优势的同时，形成在党的集中统一领导下齐抓共管的全方位监管体系。

1. 国家互联网信息办公室（中共中央网络安全和信息化委员会办公室）

2018年3月，根据深化党和国家机构改革方案，为加强党中央对涉及

---

① 《中华人民共和国国务院公报》1982年第6期。

② 习近平：《关于深化党和国家机构改革决定稿和方案稿的说明》，共产党员网，http://news.12371.cn/2018/04/11/ARTI1523454152698258.shtml。

党和国家事业全局的重大工作的集中统一领导，强化决策和统筹协调，中共中央网络安全和信息化领导小组改为中共中央网络安全和信息化委员会，办事机构为中共中央网络安全和信息化委员会办公室，简称中央网信办。同时，优化中央网信办职责，把国家计算机网络与信息安全管理中心从工业和信息化部划归中央网信办管理。工业和信息化部仍负责协调电信网、互联网、专用通信网的建设，组织、指导通信行业技术创新和技术进步，对国家计算机网络与信息安全管理中心基础设施建设、技术创新提供保障。①

国家互联网信息办公室（简称国家网信办）与中共中央网络安全和信息化委员会办公室（简称中央网信办）是"两块牌子、一套人马、合署办公"。根据《国务院关于授权国家互联网信息办公室负责互联网信息内容管理工作的通知》，国家网信办负责全国互联网信息内容管理以及相应的监督管理执法。

国家网信办成立于 2011 年 5 月，当时我国已是名副其实的网络大国。截至 2011 年 6 月底，我国网民人数达 4.85 亿人，互联网普及率为 36.2%，超过世界平均水平。到 2013 年年底，全国网民人数突破 6 亿人，国内域名总数 1844 万个，网站近 400 万家。但相关法制滞后以及监管相对薄弱，网络安全形势严峻而复杂，迫切需要加强网络信息内容的集中统一监管。

国家网信办的职责包括：落实互联网信息传播方针政策，推动互联网信息传播法制建设，指导、协调和督促有关部门加强互联网信息内容和安全管理，负责网络新闻及其他相关业务的审批和监管，指导、协调有关部门做好网络视听、网络出版等网络文化阵地建设，负责重点新闻网站的规划建设，组织、协调网上宣传工作，依法查处违法违规网站等。2011 年国家网信办并没有独立出来，而是在国务院新闻办公室加挂国家互联网信息办公室牌子。2014 年 2 月，中共中央网络安全和信息化领导小组成立，中共中央总书记、国家主席习近平担任领导小组组长，成员单位包括中央政法委、中央军委、中宣部、中共中央办公厅、国务院新闻办、中国人民银行、财政部、工信部、国家新闻出版广电总局、文化部等，这表明网络安

---

① 《中共中央印发〈深化党和国家机构改革方案〉》，《思想政治工作研究》2018 年第 4 期。

全和信息化工作上升到国家战略高度，体现党中央的统一领导和顶层设计。中央网信办是中共中央网络安全和信息化领导小组的办事机构，由国家网信办承担具体职责。中央网信办主任兼任国家网信办主任，往往由中宣部副部长兼任。

国家计算机网络与信息安全管理中心（或称国家计算机网络应急技术处理协调中心，简称国家互联网应急中心），为非政府非营利性组织，是我国网络安全应急体系的核心机构，在全国各省区市设有分支机构。主要职责是开展网络安全事件的预防、发现、预警和协调处置，维护和保障公共互联网和重要信息系统的安全运行。通过机构调整，将国家计算机网络与信息安全管理中心划入中央网信办管理，进一步突出在中共中央网络安全和信息化委员会直接领导下的国家网络安全保障职能。

2. 中共中央宣传部（国家新闻出版署、国家电影局）

2018 年 3 月，根据深化党和国家机构改革方案，为加强党对新闻舆论工作的集中统一领导，更好发挥电影在宣传思想和文化娱乐方面的特殊重要作用，中共中央宣传部统一管理新闻出版和电影工作。原国家新闻出版广电总局的新闻出版管理职责和电影管理职责划入中宣部。中宣部对外加挂国家新闻出版署、国家版权局和国家电影局牌子。在此次机构改革中，原国家新闻出版广电总局重新调整。

调整后，中宣部关于电影的主要职责是：管理电影行政事务，指导监管电影制片、发行、放映工作，组织对电影内容进行审查，指导协调全国性重大电影活动，承担对外合作制片、输入输出影片的国际合作交流等。中宣部关于新闻出版的主要职责是：贯彻落实党的宣传工作方针，拟订新闻出版业的管理政策并督促落实，管理新闻出版行政事务，统筹规划和指导协调新闻出版事业、产业发展，监督管理出版物内容和质量，监督管理印刷业，管理著作权，管理出版物进口等。机构改革后，原新闻出版总署的业务工作分成六块并入出版局、印刷发行局、传媒监管局、反非法反违禁局、版权管理局、进出口管理局，这些部门作为内设局直接由中宣部管理。从行政管理来看，原隶属国家新闻出版广电总局的国家新闻出版署、国家版权局、国家电影局，由国务院隶属机构变成了党中央隶属机构，变成党直接领导和管理，管理方式和管理机制也随之发生变化。

国家电影局由中宣部直接管理，中宣部副部长兼任国家电影局局长，行政级别和行政地位得到加强。结合 2017 年正式实施的《电影产业促进法》，不难看出，电影产业发展和管理提升到一个新的高度。从行政上可以减少或杜绝电影审查政出多门的现象，有利于提高行政效率。从历史沿革看，政府对电影的管理职能多次调整。1986 年 1 月国家成立广播电影电视部，电影管理职能由文化部电影局划转到广播电影电视部，但地方的电影管理职能并没有相应划转。1996 年地方电影制片管理职能划归广电部门，但发行放映的管理职能还是没有划转，因此在一定时期内，地方上形成由文化部门管理电影发行放映、广电部门管理电影制片的双重管理体制。1998 年 3 月，广播电影电视部调整为国家广播电影电视总局，并一直延续。

国家新闻出版署（国家版权局）在历史沿革上隶属国务院领导。中华人民共和国成立之初组建了新闻总署和出版总署，几年后在国家机构改革中先后撤销。出版工作领导体制几经变化，改由文化部领导。1985 年 7 月文化部新设国家版权局，同时文化部原出版局改称国家出版局，国家出版局和国家版权局"一个机构、两块牌子"合署办公。① 1987 年 1 月国家设立直属国务院的新闻出版署，负责全国新闻出版事业的管理，撤销国家出版局，保留国家版权局，仍合署办公。② 2001 年新闻出版署更名为新闻出版总署，升格为正部级机构，此后新闻出版总署这个名称一直沿用。2013 年新闻出版总署和国家广电总局的职责整合，组建国家新闻出版广电总局，加挂国家版权局牌子。

2018 年组建中央广播电视总台。整合中央电视台、中央人民广播电台、中国国际广播电台，组建中央广播电视总台，作为国务院直属事业单位，归口中央宣传部领导。撤销中央电视台、中央人民广播电台、中国国际广播电台建制。对内保留原呼号，对外统一呼号为"中国之声"。

2018 年 3 月，党中央决定机构改革，由中宣部统一管理新闻出版和

---

① 中华人民共和国国家版权局历史沿革见国家版权局网站，http://www.ncac.gov.cn/chinacopyright/channels/476.html。
② 《国务院关于成立新闻出版署的通知》（国发〔1987〕3 号），中央人民政府网站，http://www.gov.cn/zhengce/content/2011-03-25/content_7997.htm。

"扫黄打非"工作。全国"扫黄打非"工作小组办公室和省级"扫黄打非"办公室也相应调整。

3. 国家广播电视总局

根据深化党和国家机构改革方案，2018年组建国家广播电视总局。为加强党对新闻舆论工作的集中统一领导，加强对重要宣传阵地的管理，牢牢掌握意识形态工作领导权，充分发挥广播电视媒体作为党的喉舌作用，在国家新闻出版广电总局广播电视管理职责的基础上组建国家广播电视总局，作为国务院直属机构。主要职责是：贯彻党的宣传方针政策，拟订广播电视管理的政策措施并督促落实，统筹规划和指导协调广播电视事业、产业发展，推进广播电视领域的体制机制改革，监督管理、审查广播电视与网络视听节目内容和质量，负责广播电视节目的进口、收录和管理，协调推动广播电视领域走出去工作等。不再保留国家新闻出版广电总局。

国家广播电视总局内设机构由原来的22个缩减至13个。原国家新闻出版广电总局内设新闻报刊司、出版管理司、版权管理司、电影局、电视剧司、印刷发行司、传媒机构管理司、网络视听节目管理司、数字出版司、政策法制司和反非法和违禁出版物司（全国"扫黄打非"工作小组办公室）等内设机构。调整后，国家广播电视总局内设传媒机构管理司、网络视听节目管理司、电视剧司、政策法规司、媒体融合发展司、安全传输保障司、国际合作司等13个内设机构。

国家广播电视总局的前身是1949年6月成立的中国广播事业管理处，上级主管单位是中央宣传部；1949年中华人民共和国成立初改组为广播事业局，主管单位变更为新闻总署。1952年中央广播事业局改由政务院文教委员会主管；自1954年至1966年，广播事业局由国务院和中宣部双重领导，其中技术、行政业务由国务院二办领导，宣传业务由中宣部领导。1967年至1976年，中央广播事业局列为中央直属部门；1977年至1981年，中央广播事业局又划归国务院领导，宣传业务则归中宣部领导。① 1982年5月，国务院机构改革中裁减部门同时决定成立广

---

① 广播电视机构沿革见 http://www.nrta.gov.cn/col/col2046/index.html。

播电视部，"原中央广播事业局属事业单位，行政和事业的界限不清。而广播电视部是真正意义上的行政管理机关"①。1986 年广播电视部与文化部电影局职能合并为广播电影电视部，此后 32 年，对电影的管理一直归口广电部门。1998 年 3 月，广播电影电视部改为国家广播电影电视总局，为国务院直属机构。2013 年 3 月，国家广播电影电视总局与国家新闻出版总署职能合并，成立国家新闻出版广电总局。2018 年 3 月，重新组建国家广播电视总局。

国家广电总局多次发文强调"广播与电视、上星频道与地面频道、网上与网下要坚持统筹管理、统一标准""网络视听节目要坚持与广播电视节目同一标准、同一尺度，把好政治关、价值关、审美关，实行统筹管理"②。在机构改革方案中，把"网络视听节目"的监管与"广播电视"并列，明确列为国家广电总局的重要职能，统一监管广播电视节目和网络视听节目。国家广播电影电视总局新增的内设机构媒体融合发展司突出广电行业的媒体融合建设。

4. 文化和旅游部

2018 年 3 月，国家旅游局和文化部职责合并，成立文化和旅游部，不再单独保留文化部和国家旅游局。文化和旅游部内设机构有政策法规司、国际交流与合作局、艺术司、非物质文化遗产司、公共文化司、产业发展司、资源开发司、市场管理司、文化市场综合执法监督局等。从内设机构看，原文化部的内设机构得到保留，国家旅游局重组较大，但整体上更加突出公共职能机构的合并和重要并行机构的重组，如新设立的产业发展司侧重于促进文化、旅游以及其他相关产业的融合发展。

文化和旅游部主要职责包括：统筹规划文化事业、文化产业和旅游业发展，推进文化和旅游融合发展；指导、管理文艺事业；负责非物质文化遗产保护；组织实施文化和旅游资源普查、挖掘、保护和利用工作；统筹推进基本公共文化服务标准化、均等化，实施文化惠民工程；对文化和旅

---

① 黄金良：《新中国广播电视行政管理体制的演变》，《声屏世界》2009 年第 12 期。
② 国家广播电视总局：《国家广播电视总局关于进一步加强广播电视和网络视听文艺节目管理的通知（2018）》，广电总局网站，http://www.nrta.gov.cn/art/2018/11/9/art_113_39686.html。

游市场经营进行行业监管，推进文化和旅游行业信用体系建设，依法规范文化和旅游市场；指导全国文化市场综合执法，组织查处全国性、跨区域文化、文物、出版、广播电视、电影、旅游等市场的违法行为，维护市场秩序等。

2018年深化行政执法体制改革，整合组建文化市场综合执法队伍。将旅游市场执法职责和队伍整合划入文化市场综合执法队伍，统一行使文化、文物、出版、广播电视、电影、旅游市场行政执法职责，由文化和旅游部指导。

在1982年的国务院机构改革中，国家出版局、外文出版发行局、文物事业管理局、对外文化联络委员会合并至文化部。1986年文化部电影局划为广播电影电视部管理，此后直到2018年，对电影的管理一直归属于广电总局。1985年文化部新设国家版权局，与国家出版局保持"一个机构、两块牌子"的模式；1987年撤销国家出版局，设立直属国务院的新闻出版署，保留国家版权局。

5. 公安部网络安全保卫局

根据《全国人民代表大会常务委员会关于维护互联网安全的决定》《网络安全法》《反恐怖主义法》《互联网信息服务管理办法》等法律法规，利用互联网实施违法行为，构成犯罪的，依照刑法有关规定追究刑事责任。公安部的主要职责中，包含公共信息网络的安全监管，维护社会治安秩序，防范和打击恐怖活动，制止和侦查违法犯罪等。公安机关在打击网络侵权、淫秽色情、网络敲诈、网络暴恐等网络犯罪活动中发挥重要作用。

公安部1998年组建公共信息网络安全监察局，2008年更名为网络安全保卫局。其主要职责包括公共信息网络安全的监督管理，公共信息违反相关网络传播法规情况的监督与处置，组织实施网络信息安全等级保护，监督检查计算机信息系统安全专用产品销售活动，网络信息安全事件的应急处置，查处危害计算机信息系统安全的违法犯罪等。特别是，中美在打击网络犯罪方面建立了高级别联合对话机制，两国执法机构在网络传播儿童色情、商业窃密、网络诈骗、利用技术和通信组织策划和实施恐怖活动等案件中协查合作。①

根据《公安机关互联网安全监督检查规定》，公安机关根据网络安全防范需要和网络安全风险隐患，对互联网服务提供者和联网使用单位履行法律、行政法规规定的网络安全义务情况进行监督检查。公安机关建立了全国网警公开巡查执法机制，统一标识为"网警巡查执法"的微博、微信、抖音和百度贴吧账号上线；通过完善网上巡查执法、警示教育、犯罪预防、打击控制等机制，网警从幕后走向前台，依法、公开、主动管理。深圳市公安局还建立了全国首家网络派出所，主要受理、查办非接触性网络诈骗案件，开展网络基层管理和网络舆情监管等。网络派出所的出现使网警走出虚拟世界，成为接处警的实体。

综上所述，国家互联网信息办公室、国家新闻出版署、国家版权局、国家电影局、国家广播电视总局、文化和旅游部、公安部等政府监管机构，对我国新媒体视频产业链尤其是内容传播的监管具有直接影响。由于我国实行网络与行业主管部门双重监管体系，除上述重要机构外，工业和信息化部、教育部、国家市场监督管理总局、最高人民法院、最高人民检察院等立法、司法、行政机构对视频相关业务也承担相应的监管和治理职责。

二 机构调整的动力特征

法国哲学家阿尔都塞提出意识形态国家机器这一概念，揭示了意识形态的本质。随着数字信息时代的到来，网络信息也成为意识形态国家机器的一部分。意识形态国家机器与暴力国家机器不同，它是"以意识形态的方式独特地发挥作用，渗透在社会生活的方方面面，无处不在，具有强大的主导性和主体性，规约和塑造着每一个社会个体"。② 随着信息传播渠道由传统媒体向互联网新媒体的转变，加强互联网新媒体意识形态安全监管变得重要而迫切。

---

① 王旭东：《砥砺前行 做无形世界的守护者——改革开放以来网络安全保卫工作巡礼》，《人民公安报》2018年12月2日。
② 李丽：《论阿尔都塞的意识形态理论》，《世界哲学》2018年第2期。

随着制约视频直播技术瓶颈的突破，视频网站、网络直播、视频搜索、移动直播、短视频等各种视频传播平台快速崛起，这些商业网络平台的出现不仅冲击原有的新闻资讯传播体系，而且对政府监管提出新的挑战。政府积极引导视频产业做大做强的同时，不断调整、创新新媒体视频监管体制机制。

1. 政府监管倾向扁平化决策

随着媒体融合的加速，以及大型的跨媒体、全媒体集团的不断发展，出现了全程媒体、全息媒体、全员媒体、全效媒体等"四全"媒体，新媒体格局和传播方式发生深刻变化。传统的政府部门交叉与层级管理模式，因远离市场管理对象，传递的管理信息容易失真走样，在信息技术的辅助下，逐渐向扁平化管理模式转移。扁平化管理理论可以追溯到新制度经济学，这一理论率先应用于企业管理，后来引入政府管理。扁平化政府管理是指通过转变或调整政府职能，减少管理环节，扩大管理幅度，提高行政效率；通过管理体制创新，构建新型科学、高效、灵活的监管体制，落实党管媒体的原则。扁平化管理通过适当的权责上收与统筹，直面管理对象，创新决策协调机制，实现"四全"媒体时代的网络安全管理目标。

（1）加强党对新闻舆论的直接管理。其中最突出、最显著的变化就是将国家新闻出版署（国家版权局）和国家电影局从原国家新闻出版广电总局划入中宣部直接管理，中宣部对外加挂国家新闻出版署（国家版权局）和国家电影局牌子。由中宣部统一管理新闻出版工作和电影工作，这是党加强对新闻舆论的直接领导、更好发挥电影在宣传思想和文化娱乐方面的特殊重要作用而进行的重要机构改革之一。与此同时，全国"扫黄打非"工作小组办公室划入中宣部管理，新组建的中央广播电视总台也归口中宣部领导。从机构设置来说，"新闻出版"和"电影"划入中宣部直管后，这两块业务的组织领导和行政管理进一步加强。从内容监管上看，对于新闻出版和电影的审查直接贯彻党管媒体原则，势必更加严格高效。

随着我国网络传媒的融合发展与深化改革，新闻出版、广播电视电影逐渐向数字化转型，网络传播、智能传播正在改变传统的传播格局。新闻传媒市场上经营与管理的分离，导致传统的条块分割的政府管理模式与数字化时代所对应的扁平化管理模式存在冲突。扁平化管理要求管理机构降低纵向层级而加强横向延伸，尽量贴近管理对象。"加强和改进党的领导，重在管导向、管阵地、管队伍。坚持全方位导向管理，覆盖所有媒体空间、所有传播载体，让主旋律正能量主导舆论。坚持全方位阵地管理，既要管好传统媒体，也要管好互联网等新媒体。坚持全方位队伍管理，既要管好体制内的，也要管好体制外的。"① 这次机构改革与职能调整强调新闻出版和电影的政治功能，注重更好地统筹协调事业和产业发展。

（2）完善党对网络监管的决策协调机制。扁平化管理的另一个体现是加强政府管理平行机构间的横向沟通协调，借助党委领导下的议事协调机制，扩大管理幅度，以低成本、高效率实现管理目标。政府机构体系和国家治理体系子系统繁多，构成复杂，没有一个强有力的领导核心，就无法完成国家网络安全与信息化治理这项系统而重大的工程。机构改革完善了党和国家对网络安全管理的领导体制机制，明确了党的领导核心地位。2018 年，中共中央网络安全和信息化领导小组升格为中共中央网络安全和信息化委员会，负责相关领域重大工作的顶层设计、统筹协调与推进落实。网络安全为党和国家重大工作之一，需要通过优化以加强党的领导。此次机构改革，"领导小组"上升为"委员会"，体现机构设置的长期性和稳定性。

省级以下的党和政府机构设置，与中央保持一致。2018 年 10 月，根据江西省省级机构改革方案，将省委网络安全和信息化领导小组调整为省委网络安全和信息化委员会，直接作为省委的议事协调机构。同时相应地组建省委网络安全和信息化委员会办公室，为办事机构，对外加挂省互联网信息办公室牌子。省委宣传部加挂省精神文明建设指导委员会办公室、省新闻出版局（省版权局）、省电影局牌子。② 中共江西省委宣传部内设机构包括新闻处、传媒监管处、出版印刷发行处（古籍整理出版规划办公

① 王国庆等：《习近平新闻思想讲义》，人民出版社、学习出版社，2018，第 72 页。
② 《中共江西省委办公厅 江西省人民政府办公厅关于印发〈江西省机构改革实施方案〉的通知》，江西省人民政府网站，http://www.jiangxi.gov.cn/art/2018/11/2/art_4988_1506938.html? xxgkhide=1。

室）、版权管理处、电影处、反非法反违禁处（省"扫黄打非"办公室）、文资监管处等。

全国"扫黄打非"办公室全称为全国"扫黄打非"工作小组办公室，隶属于中共中央宣传思想工作领导小组，由中宣部、中央政法委、中央网信办、国家广电总局、文化和旅游部等 26 个部门组成，组长由中宣部部长担任，成员由组成部门副部级分管领导担任。全国"扫黄打非"工作小组办公室原来设在国家新闻出版广电总局，现设在中宣部。①"扫黄打非"工作的领导进一步加强。

总之，为落实"党管媒体"的方针，应对"四全媒体"的数字化环境，政府自身的管理权变、机构改革和职能调整也应该是一个动态过程。政府管理其"长远的目标就是要建立'小政府、大社会、大市场'的管理模式"。②

2. 监管重点转向新视频业态

网络不仅是传统电视节目、电视剧、电影的重要传播渠道，而且自身不断开拓出新的视频产品和业态，随着网络自制综艺、网络剧、网络大电影、微电影、网络直播、短视频、虚拟现实等各类网络视频业态的迅速发展和传播，网络视频成为用户的消费热点。与此同时，政府对网络视频的监管也在与时俱进。政府通过机构改革，不断增强网络监管力量，并加强相关法律规制的制定或修订，把监管的重点转向相对薄弱的新媒体视频。

（1）视频传播依法监管强化。中国是最早对网络信息服务行业进行立法监管的国家之一。随着经济和文化体制改革的不断深入，新媒体监管体制逐步转向适应市场经济的依法监管体制。目前，形成了以《著作权法》为基础，涵盖资质许可、内容审查、网络安全、版权管理等方面的一系列比较完善的法律规范体系。例如有关新媒体视听内容传播的规定，我国《互联网视听节目服务管理规定》明确了禁止视听节目传播的内容，包括反对宪法、危害国家安全、泄露国家秘密、破坏民族团结、宣扬邪教迷信

---

① 中国扫黄打非网，http://www.shdf.gov.cn/shdf/contents/749/236131.html。

② 罗兰：《大部制改革没有"完成时"》，《人民日报》（海外版）2013 年 3 月 11 日，第 5 版。

以及渲染色情、赌博、恐怖活动等法律法规禁止的其他内容。[①]《电影产业促进法》《电视剧内容管理规定》《广播电视节目制作经营管理规定》《互联网信息服务管理办法》等法律规范中都有禁止传播的相关视听内容的表述。

根据法律规定，通过公共互联网或是交互式网络电视（IPTV）、互联网电视（OTT）等专网传播网络视听节目，须取得信息网络传播视听节目许可证，该许可证由国家广电行政部门根据相关业务类别分类核发。比如从事网络剧、微电影等网络视听节目播出（点播、分享）服务的机构，要健全节目内容编审管理制度，并依法取得信息网络传播视听节目许可证；从事生产制作并在本网站播出的网络剧、微电影等业务的互联网视听节目服务单位，还要获得广播电视节目制作经营许可证。

（2）线上线下监管标准同一。无论是视频网站、移动视频客户端、交互式网络电视（IPTV）、互联网电视（OTT）、专网手机电视，还是微博、微信中开辟的视频点播或直播业务，这些都是传统电视在新媒体领域的延伸，属于新闻舆论和思想文化平台，是党和国家重要的执政资源。它们通过中国电信、中国移动、中国联通以及广电网等四大基础电信网络传输，但在行业管理上，主要归口国家广电行政部门管理，遵守广播电视的系列法律规制。

网络视听产业管理遵循传媒属性，线上线下监管趋同，日益按照传统影视传媒的监管标准，对新媒体视频不同产品、不同业态加强监管，尤其是遵循统一的导向要求和内容标准。国家新闻出版广电总局 2017 年 5 月发布《关于进一步加强网络视听节目创作播出管理的通知》，强调线上和线下标准相同，即网络视听节目与广播电视节目按同一标准、同一尺度进行把关和审查。未通过审查的电视剧、电影，不得作为网络剧、网络电影上网播出。不允许在广播电视播出的节目，同样不允许在互联网播出。禁止在互联网传播的节目，也不得在广播电视播出。不得在互联网、广播电视等平台传播所谓"完整版"、"未删节版"及"被删片断"等节目。2017

---

① 国家新闻出版广电总局：《互联网视听节目服务管理规定》（2015 年修订），中国扫黄打非网，http://www.shdf.gov.cn/shdf/contents/707/397327.html。

年 9 月，国家新闻出版广电总局等部门联合下发《关于支持电视剧繁荣发展若干政策的通知》，强调网络剧和电视剧的管理标准统一。要求按照媒体融合的思路，对电视剧、网络剧实行同一标准进行管理；对重点网络剧创作规划实行备案管理，加强节目上线前的内容把关，强化播出平台网站的主体责任。规范网上播出影视剧行为，未取得行政主管部门颁发许可证的影视剧一律不得上网播放。

国家网信办、国家广电总局等政府主管部门要求各平台严格履行主体责任，加强智能审核和人工审核。各类视听节目服务网站的自制上传内容，无论是泛娱乐节目或直播，还是用户上传视频内容等，不再是监管"真空"。由中国网络视听节目服务协会发布的《网络短视频平台管理规范》和《网络短视频内容审核标准细则》体现出这种严监管趋势，要求实行先审后播制度。

对于网络播放境外影视剧，必须依法取得电影片公映许可证或电视剧发行许可证，每年境外剧的引进数量、内容也有相应的监管要求。自爱奇艺率先提出网络大电影的概念和标准，网络大电影迅速发展，仅 2016 年网络大电影全网上线超过 2000 部。网络大电影虽被称为"电影"，但一开始并没有按院线电影标准进行内容审核，很长一段时间网络大电影在审查方面只是作为视频节目，由视频网站自审，执行的是比院线电影更加宽松的内容标准，引发不少非议。随着《电影产业促进法》及其相关配套管理办法的出台，网络大电影与院线电影的内容标准和审查标准也在趋于统一。

第三节　视频监管市场结构

自 20 世纪 90 年代社会主义市场化改革提速以及国有文化传媒机构转企改制以来，在互联网文化传媒领域，市场化、商业化发展成为主导模式。综合门户网站、搜索引擎、新闻聚合网站、视频门户网站先后崛起，在为传统媒体带来流量和用户的同时，也不断侵蚀其基础业务模式。近年来智能手机及移动互联网技术迅猛发展，各种应用软件广泛应用，移动端视频信息传播甚至直播更加容易，社交平台为用户赋权，所谓"人人都有麦克风""无视频不新闻","两微一抖"等社交平台成为大众第一新闻信息来源,大众新媒体信息消费习惯日益养成,新媒体平台垄断竞争已经形成。报刊、广播电视等传统媒体面临着来自商业化互联网信息平台的同业竞争压力,纷纷向融媒体、全媒体进行战略转型。习近平总书记曾强调:"全媒体不断发展,出现了全程媒体、全息媒体、全员媒体、全效媒体,信息无处不在、无所不及、无人不用,导致舆论生态、媒体格局、传播方式发生深刻变化,新闻舆论工作面临新的挑战。"① 在新媒体视频产业市场,我国形成了以《人民日报》、新华社、中央广播电视总台为代表的传统媒体与综合门户网站、视频门户网站、短视频平台以及微博、微信、今日头条等科技公司多元主体主导信息传播的基本格局。

新媒体视频业务有不同的分类标准,政府在管理时主要按业态划分,有广播电视台节目、IPTV、互联网电视、小程序、移动直播、社交媒体和自媒体视频等;研究机构往往从行业竞争角度划分,其中手机应用视频被划分为即时通信、在线视频、网络直播、短视频、网络新闻和网络游戏等不同类型。随着视频流量从个人电脑向移动端转移,用户消费时长集中体现了当下新媒体视频类型的激烈竞争。就我国网络视听市场而言,短视频、综合视频、网络直播等消费时长占比位居前列。其中短视频使用时长增速快,2020 年已超过综合视频,位居首位,人们浏览短视频的时间是长视频的三倍。据统计,2020 年我国网络视听行业,短视频、综合视频、网络直播的市场规模分别为 2051 亿元、1190 亿元、1134 亿元人民币。②

一 传统媒体全媒体转型

国有文化传媒机构先后经历"管办分离""事业单位企业化管理",以及"转企改制"、现代公司制股份制改革、混合所有制改革等几个发展阶段,市场化改革是基本方向。根据《中央文化企业公司制改制工作实施方

---

① 新华社:《习近平主持中共中央政治局第十二次集体学习并发表重要讲话》,中央人民政府网站,http://www.gov.cn/xinwen/2019-01/25/content_5361197.htm。
② 周结:《2021 中国网络视听发展研究报告》,中国网络视听节目服务协会,2021 年 6 月。

案》《关于加快推进国有文化企业公司制股份制改革有关工作的通知》等政策要求，各级国有文化资产监管机构监管的国有文化企业2018年年底前基本完成公司制改制。加快国有文化传媒企业公司制股份制改革，在推进混合所有制改革过程中，国家对国有文化传媒企业的监管重点转向国有资本增值。

人民网、新华网、芒果超媒、万达电影、中国电影、上海电影、光线传媒、华谊兄弟、华策影视、华录百纳、博纳影业、暴风集团、阿里影业、优酷土豆、哔哩哔哩、虎牙、新浪、微博、搜狐、网易、趣头条、腾讯控股等众多文化传媒企业在国内外资本市场公开上市。根据媒至酷发布的传媒上市公司年度绩效数据报告，以130家传媒上市公司为样本，将上市公司细分为五大类别，分别为动漫游戏类39家、影视传媒类27家、新闻出版类29家、营销传媒类24家、广播电视类11家。①

1. 中央媒体全媒体架构

以《人民日报》、新华社、中央广播电视总台为代表的中央媒体，凭借政策、资源和人才优势，在传统媒体向融媒体、全媒体转型中勇于担当，在全网新闻资讯精准传播中取得了许多成功经验；在大众的新媒体信息接触中，继续发挥新闻信息内容生产与管理的强大品牌优势，不仅在新闻舆论传播格局占据核心地位，在网络视听传播领域也具有重要影响。

《人民日报》作为中国共产党中央委员会机关报，是中国第一大报，被联合国教科文组织评为世界上最具权威性和最有影响力的十大报纸之一。人民日报社还创办了《环球时报》《证券时报》《新闻战线》《人民论坛》等20多种报刊，已经实现数字化传播，在向全媒体转型过程中，打造了非常有影响力的微博、微信公众号、人民日报移动客户端以及人民日报英文客户端。《人民日报》与百度合作在客户端推出全国移动新媒体聚合平台"人民号"，旗下拥有上市公司人民网股份有限公司。《人民日报》打造的各种网络新媒体是党和国家治国理政的重要资源，在网络舆论生态中与新华社、中央广播电视总台等共同发挥着"中流砥柱"的重要作用。

---

① 周小莉、羊晚成等：《2020传媒上市公司年度效绩数据报告》，媒至酷，https://www.sohu.com/a/439651518_152615。

人民网拥有中国共产党新闻网、强国论坛、地方领导留言板、人民微博、人民网舆情监测室等品牌，还与相关机构共同主办了中国政协新闻网、中国统一战线新闻网、中国工会新闻网等专业性新闻网站。中央主流媒体不断学习与借鉴互联网新兴技术，探索与社会资本的合作模式，增强国有资本的控制力，大力向全媒体布局与转型。2017 年 2 月，"人民直播"上线，这是由人民日报社新媒体中心与新浪微博、一直播合作建设的全国移动直播平台，已有众多媒体机构、政府机构以及自媒体等入驻。2018 年 3 月，人民网与腾讯等共同成立人民视听科技有限公司，推出"人民视频"客户端。《人民日报》还率先探索在互联网科技企业实行特殊管理股制度改革，不断拓展第三方内容审核服务业务。

新华通讯社简称新华社，是中国国家通讯社，也是世界著名通讯社之一。新华社在各省（自治区、直辖市）设有分社，在境外设有一百多个分支机构，是中文媒体的重要新闻来源。新华社先后创办有《新华每日电讯》《参考消息》《经济参考报》《中国证券报》《上海证券报》《国际先驱导报》《半月谈》《瞭望》《中国记者》等 20 多种知名报刊。新华社不仅创办有国家重点新闻网站新华网，还承办中国政府网、中国平安网、中国文明网、振兴东北网等大型政府网站，打造了有影响力的微博、微信系列公众号以及新华社移动客户端，另外还创立了新华社中国经济信息社。经中央批准创办的中国新华新闻电视网 2010 年 1 月 1 日正式上星开播，电视节目信号覆盖亚太、北美、欧洲、中东、非洲等 200 多个国家和地区，2012 年 2 月在香港实现上市，简称为中国新华电视。[①] 新华社旗下上市公司新华网股份有限公司积极探索新媒体技术的场景应用，2017 年 4 月，新华网、中国经济信息社与阿里巴巴等公司共同投资成立新华智云科技有限公司，利用人工智能和大数据技术智能生成新闻短视频，其领先的技术和新闻业态引人注目。新华社已经成为横跨通讯社业务、报刊业务、手机和网络新媒体业务、电视台业务、经济金融信息服务等的综合性全媒体集团。

中央广播电视总台由中央电视台、中央人民广播电台、中国国际广播

---

① 陈恒：《"中国新华电视"打造国际传媒企业》，《光明日报》2012 年 2 月 9 日，第 10 版。

电台调整合并组建，对内保留原呼号，对外统一呼号为"中国之声"。旗下有《电视研究》、《看电视》、《中国广播》、《国际传播》、英文《信使报》等报刊，创办了央视网、央广网、国际在线等重点新闻网站以及中国网络电视台、央视新闻客户端、央视新闻移动网等新媒体平台，初步构建了多语种、多终端、全媒体、广覆盖的新媒体传播体系以及全球网络视频分发体系。中国国际电视台（中国环球电视网，英文简称 CGTN）2016 年12 月开播，包括 6 个电视频道、3 个海外分台、1 个视频通讯社（国际视通），是全球唯一使用六种联合国工作语言不间断对外传播的电视媒体。[①]中央电视台旗下的上市公司中视传媒股份有限公司，主营电影、电视剧拍摄制作，电视节目制作与销售，影视拍摄基地开发和经营，影视设备租赁和技术服务，广告代理等业务。2016 年 5 月，中国广播电视网络集团有限公司获得工业和信息化部颁发的基础电信业务经营许可证，允许在全国范围内经营互联网国内数据传送业务、国内通信设施服务业务。2019 年 6月，工业和信息化部向中国广电颁发了 5G 商用牌照。据此，广电网络将逐步加入电信、移动相关业务的竞争。

随着智能电视在家庭的普及，互联网电视开始与有线电视、交互式网络电视争夺电视用户。中国网络电视台、上海文广新闻传媒集团（百视通）、浙江电视台和杭州广播电视台合资的华数传媒、中国国际广播电台、中央人民广播电台、广东南方传媒（优朋普乐）、湖南电视台（芒果 TV）等七家机构先后获得国家广播电视总局颁发的互联网电视集成业务牌照。具有视频业务的互联网公司纷纷与互联网电视牌照方合作或联合投资，比如中国网络电视台、腾讯公司与中国数字图书馆联合创立未来电视，中央人民广播电台、江苏广播电视总台和爱奇艺共同投资运营银河互联网电视有限公司，中央人民广播电台、华人文化、腾讯、阿里巴巴等共同打造微鲸电视。

2. 地方传媒融媒体战略

传统广播电视媒体在"三网融合"过程中探索多元化发展道路。据全国广电行业统计公报，2019 年我国交互式网络电视（IPTV）用户 2.74 亿

---

① 《中国国际电视台开播》，《广电时评》2017 年第 1 期。

户，互联网电视（OTT）用户 8.21 亿户，通过互联网和电信专网观看广播电视节目成为用户的重要选择；而有线广播电视用户数降至 2.07 亿户，有线智能电视终端 2385 万户。2019 年全国广播电视行业总收入 8107 亿元人民币，同比增长 16.6%。[①]

广播电视行业在市场化改革过程中，遵循新闻媒体采编与经营分开的原则，先后完成广播电视局与广播电视台分开即管办分开，广播电视台与有线网络分离，新闻采编与电视剧、广告等经营性业务分开并探索制播分离制度，在经营性业务成立独立公司的基础上尝试在资本市场上公开上市。截至 2020 年年底，相关上市公司有十余家，包括芒果超媒、歌华有线、广电网络、江苏有线、华数传媒、天威视讯、湖北广电、吉视传媒、广西广电、贵广网络等国资控股公司，以及光线传媒、欢瑞世纪、慈文传媒、华策影视、华录百纳等民营公司。

以互联网、智能手机为代表的新兴传播科技对大众传播媒介以及传播格局的影响极为深远，传统报刊、广播电视行业面临新媒体的冲击，原来作为第一媒介的电视优势不再，取而代之的是智能手机。移动客户端、移动直播、移动短视频平台、社交媒体等新媒体业态快速崛起并逐渐成为受众信息消费的重要渠道。传统媒体与互联网、智能手机业态的融合与转型正在发生，广播电视行业也在向多屏化转型。在众多省市级地方传媒中，列入改革试点的机构实体往往最早实现数字化、网络化、移动化转型，从而在新传播格局中占据先机和优势。湖南广播电视台（湖南广播影视集团）是拥有广播、电视、电影、新媒体等业务的大型传媒集团，最早被列为广电体制改革试点单位，因此走在全国广电行业改革的前列，旗下先后拥有上市公司电广传媒和芒果超媒。1999 年 3 月，电广传媒公开上市，在全国广电行业率先市场化运作，被誉为中国传媒第一股。湖南台背靠资本市场发展迅速，先后推出一系列品牌综艺栏目。2008 年湖南台旗下快乐阳光互动娱乐传媒有限公司负责芒果 TV 平台运营；2014 年 4 月开始实施芒果独播战略，独家享有湖南广播电视台自制节目版权及其授权的影视内容

---

① 国家广播电视总局：《2019 年全国广播电视行业统计公报》，http://www.nrta.gov.cn/art/2020/7/8/art_113_52026.html。

和品牌资源的开发经营，芒果 TV 逐步形成电脑端、芒果手机电视、互联网电视、IPTV、移动客户端等诸多传播渠道融合，与其他视频网站直接竞争。2015 年和 2016 年，芒果 TV 先后完成两轮共 20 亿元的融资。芒果 TV 国际版移动客户端于 2018 年 3 月上线。2018 年 7 月，芒果 TV、芒果互娱、天娱传媒、芒果影视、芒果娱乐等五家公司整体注入快乐购，芒果 TV 是此次重大资产重组中的核心资产，快乐购物股份有限公司变更为芒果超媒股份有限公司，上市公司主营业务由媒体零售拓展至新媒体平台运营、新媒体互动娱乐内容制作和媒体零售全产业链，成为 A 股市场传统媒体与新兴媒体融合发展的国有控股的新型传媒集团。

上海文广新闻传媒集团隶属于上海文化广播影视集团，是一家跨广播、电视、报刊、网络的多媒体集团，2001 年由上海电视台、上海有线电视台、东方电视台、上海人民广播电台、上海东方广播电台等单位重组而成。上海东方传媒集团有限公司（英文简称 SMG）由上海文广新闻传媒集团在 2009 年重组而成，是国家推进广播电视制播分离改革试点单位，旗下子公司包括百视通、东方宽频、第一财经等。2012 年 3 月，百视通战略投资风行网络有限公司和北京风行在线技术有限公司。2014 年 11 月，上海文化广播影视集团旗下的东方明珠与百视通这两家上市公司重组合并，组成新的东方明珠新媒体股份有限公司。

天津市国有传媒在全国率先实现广电与日报集团之间的跨界大整合，2018 年 11 月，天津日报社（天津日报报业集团）、今晚报社（今晚传媒集团）、天津广播电视台合并组建天津海河传媒中心，为市属事业单位。合并之后，原来三家单位不再保留。原天津日报报业集团拥有《天津日报》《每日新报》《城市快报》等报刊体系，旗下的《假日 100 天》《采风报》《球迷》以及今晚传媒集团旗下的《渤海早报》相继休刊。天津加速从报网融合走向融媒矩阵，从资源融通走向理念共通，打造新的传媒旗舰。天津日报报业集团的天津网、今晚传媒集团的今晚网以及天津日报报业集团的微博、微信公众号全部并入津云新媒体集团；同时撤销新闻 117、前沿、问津三个移动客户端，组建并入津云移动客户端。重组后的天津海河传媒中心向互联网和移动端转型，形成载体多样、渠道丰富、覆盖面广的新媒体矩阵。

北京、浙江、江苏、广东等各省级广播电视台部分已经转型为企业集团，有的正在整合迸发。省级广播电视台通过与互联网、智能手机、智能电视的融合产品业态开发，凭借财政投资或资本市场融资，基本完成互联网平台、网络电视台、手机台、IPTV、移动客户端以及在微博、微信、爱奇艺、优酷、腾讯、抖音等大众流行平台的布局，已经形成"一云多屏"的新媒体立体传播矩阵。加上行业内原有的有线和无线电视、上星卫视、数字电视、电视购物等节目分发渠道，各省级广电集团发展为集广播、电视、电影、新媒体等的跨媒体、跨行业综合性传媒集团。

3. 县级融媒体中心建设

新闻客户端和各类社交媒体已成为我国大众的第一信源。基层广电、报刊等传统媒体为应对互联网新媒体的冲击，大力向媒体融合转型，县级融媒体中心建设成为担负舆论引导功能的重要平台。县级融媒体中心有望成为上下沟通的多媒体信息平台，是全方位、多领域服务群众的综合性平台，也是党和政府治国理政的重要政治资源。

中央和省级传媒集团纷纷打造与县级媒体共融、共享、共赢的融媒体传播平台。中央广播电视总台开发全国县级融媒体智慧平台，从节目研发、技术支撑、内容分发、媒资共享等方面助力县级融媒体中心建设。同时，新华社县级融媒体专线上线。全国县级融媒体中心建设以来，"以省带县"的融媒体建设成为其中的主导模式，由省级报业集团或者省级广电集团为区域内县级融媒体建设提供技术、资源和运营等方面的支持，县级媒体入驻省市融媒体云平台。如江苏广电总台的荔枝云平台获得中广联合会广播影视科技创新奖，江苏确定荔枝云平台为县级融媒体中心建设的唯一技术支撑平台，通过云平台逐渐把县级融媒体中心打造成媒体与政务、社会服务、电子商务等多元化信息服务综合体。为了避免重复性建设，中宣部明确了县级融媒体中心建设"一省一平台"的原则。山西广播电视台和山西日报报业集团共同成立山西云媒体发展有限公司，通过股份合作共同建设新媒体智慧云平台，承担县级融媒体中心建设省级平台的职能，涵盖多媒体内容聚合分发以及省市县三级媒体指挥调度功能。为解决"多云"并存的问题，江西省与新华社合作，通过新华智云公司建设省级融媒体中心，打通赣鄱云和赣云平台。

二　各类网站的视频业态

根据全国广电行业统计公报，2019 年全国 620 家网络视听服务机构新增购买及自制网络剧 1911 部，同比下降 10.4%。其中新增自制网络剧 498 部，同比下降 16%。网络视听机构用户生产上传节目存量达到 16.73 亿个，同比增长 61.6%。网络视听付费用户 5.47 亿户。持证及备案机构网络视听收入 1738.18 亿元，同比增长 111.3%。其中用户付费、节目版权等服务收入 609.28 亿元人民币，增长 172.07%；短视频、电商直播等其他收入 1128.9 亿元人民币。[①] 网络视听节目服务成为新媒体重要增长点。根据中国网络视听节目服务协会的研究报告，截至 2020 年 6 月，我国网络视频用户 9.01 亿户，短视频用户 8.18 亿户，网络视听产业规模 4541.3 亿元人民币。[②] 回顾我国网络视听产业的发展，从传播业态看大致经历综合门户网站、新闻网站、视频网站、"两微一端"流行以及短视频平台崛起等发展阶段。

1. 视频网站的发展更替

视频网站包括门户视频网站、视频分享网站、电视机构类视频网站、网络电视类视频网站等不同类型。由于受到创投资本的青睐，商业视频网站成为其中发展更替的主导力量，随着技术的成熟和扩散，广播电视机构与电信机构转向网络视频领域开拓业务。从 2004 年乐视网成立到现在，我国视频网站经过十多年的快速发展，已经取代传统电视成为最主要的影视剧播放渠道。[③]

在 2007 年《互联网视听节目服务管理规定》颁布前后，视频网站发展迅速。乐视网、56 网、酷 6 网、优酷、土豆、第一视频、激动网、PPTV、PPS 视频等一大批视频网站均在这一时期兴起，随着对影视版权侵权的打击以及影视作品版权价格的不断上涨，视频网站开启影视剧与网络

① 《2019 年全国广播电视行业统计公报》，国家广播电视总局网站，http://www.nrta. gov.cn/art/2020/7/8/art_113_52026.html。
② 刘春妍、王小英：《〈2020 中国网络视听发展研究报告〉发布 用户规模破 9 亿 短视频全面推动市场变革》，央视网，http://news.cctv.com/2020/10/13/ARTIip4JhuTW6qREt Ot5SV2t201013.shtml。
③ 中国视频网站发展研究课题组：《中国视频网站发展研究报告》，《传媒》2014 年第 3 期。

节目自制之路。2010 年后，爱奇艺、腾讯视频凭借强大的资本与差异化竞争策略强势崛起。同时，优酷网和土豆网等视频网站先后上线移动客户端，视频网站布局多屏同步。此外，成立于 2007 年 6 月的 AcFun 弹幕视频网（简称 A 站），是我国第一家弹幕视频网站，2018 年 6 月被快手全资收购。

在这些各类视频网站中，第一视频、酷 6 网、优酷、土豆、爱奇艺、哔哩哔哩、虎牙、乐视网、暴风集团等视频网站或视频平台已经在国内外资本市场公开上市。近年来网络视频用户、内容、流量进一步向腾讯视频、爱奇艺、优酷三大平台集中，基本上形成了三大平台主导竞争的格局。优酷、爱奇艺、腾讯视频这三家视频平台拥有大约 80% 的用户覆盖和 70% 的网络广告市场份额。视频网站主要以广告、内容付费、版权分销收入为主。有些视频网站拥有亿级会员，网络视听付费用户达到 5.47 亿户，付费模式成为视频网站重要营收方式。三大视频网站分别与电商联盟——优酷与亚马逊、爱奇艺与京东、腾讯视频与唯品会达成战略合作，双方付费会员权益互通，开始探索新的赢利模式。根据国家广电总局监管中心发布的《2019 网络原创节目发展分析报告》，网络剧、网络电影、网络综艺等网络原创节目稳步发展，节目品质和品位明显提高。其中 2019 年共上线网络剧 202 部，相比 2018 年的 215 部略有下降；新上线网络综艺 221 档，相比 2018 年 241 档也有下降；网络电影由 2018 年的 1437 部锐减至 638 部，降幅达 56%。腾讯视频、爱奇艺、优酷、芒果 TV 等少数平台占有八成以上播出流量，长视频播出流量向这些平台集中的格局未变。

中国电信、中国移动、中国联通、中国广电网络四大运营商全部取得 5G 牌照，移动互联网技术与关键信息基础设施改造升级，视频流量不断向移动端平台分流。移动直播和短视频平台崛起后，涌现出全民直播、斗鱼、映客、虎牙直播、章鱼直播、YY 直播、龙珠直播、六间房、一直播、腾讯直播等直播平台，以及西瓜、抖音、快手、梨视频、好看视频、微视频等短视频平台。移动视频流量消费快速增长，成为各类信息消费增量之首。短视频用户超过视频网站用户数。其中抖音、快手是短视频排名居前的平台；抖音不仅购买电影在线播出，还与电商跨界经营，向综合性商业平台迈进。

2. 新浪微博视频化发展

作为中国最早的商业新闻网站之一，新浪网在早期网络新闻格局中具有重要位置。早期的博客影响平淡，后来衍生出的微博却大获成功。新浪微博用户很快遍及 100 多个国家，联合国、国际奥委会等国际组织和各国外交机构也在新浪开通官方微博，国内众多传统媒体与政府机构、科研院所等纷纷开通微博账号。微博通过政务新媒体、传统媒体发布的新闻信息内容和用户生成内容使其成为国内最有影响力的社交媒体之一。阿里巴巴战略投资微博，成为重要股东之一。微博被新浪分拆上市，凭借资本优势以及移动端转型过程中信息内容传播的轻型化，构建内容丰富的传播生态，成为大众信息传播的重要渠道。新浪微博成功之后，腾讯微博、搜狐微博、人民微博也纷纷上线。

新浪及时感知到短视频、移动直播等新媒体业态的发展趋势，不断拓展视频业务。微博与秒拍战略合作，推出微博官方短视频应用秒拍，增加了视频频道和栏目分类，而且微博用户账号也增加了短视频功能。将视频业态有效嵌入微博，强化了微博的社交传播优势。后来微博还推出"秒拍直播""一直播"等直播工具。酷燃视频在微博上线后，与今日头条系的西瓜视频等展开竞争。此外，新浪与浙江广播电视集团达成媒体跨界融合战略合作，双方在短视频、直播、节目宣传发行、台网互动等多方面展开合作。国广东方网络有限公司和酷燃视频还共同推出了智能电视短视频客户端 CIBN 酷视频。微博的视频战略从电脑、手机向智能电视多屏分发发展。

在微博内部，信息内容的视频化也日益明晰。微博推出"视频社区"，微博 80% 的社交关系集中在 1% 的活跃账号上，这些账号的粉丝数量迅速增长。在与微信、抖音等社交媒体竞争中，微博 4.7 万个大 V 账号具有强大竞争力。微博推动原创内容视频化，2019 年大 V 每月生产的原创视频195 万条，平均每 3 条原创内容中就有 1 条视频内容。随着视频剪辑技术工具的智能化，视频拍摄、剪辑更加灵便。随后视频博客即 Vlog 走红，微博、今日头条、哔哩哔哩等纷纷布局视频博客，其日常化内容引起社交媒体和用户的兴趣。

3. 门户网站的视频分流

网络信息视频化发展过程中，腾讯网、搜狐、新浪、网易等商业资讯门户网站，着力打造视频频道和栏目，甚至拆分出腾讯视频、搜狐视频、新浪视频等网站，有的朝综合娱乐方向发展，有的还坚守新闻资讯定位，这些视频网站再细分更多的专业频道和栏目。搜狐视频 2007 年 1 月推出《大鹏嘚吧嘚》，开了门户网站自制综艺节目先河。随后节目自制受到重视和发展，视频网站由集纳平台向制播平台转变，如腾讯视频推出的《明日之子》《拜托了冰箱》《吐槽大会》《创造 101》等自制网络综艺栏目深受用户好评。据国家广电总局监管中心发布的网络原创节目发展分析报告，我国网络原创节目非常活跃，2019 年网络综艺、网络剧、网络电影分别上线 221 档、202 部和 638 部，付费节目增加。2020 年网络综艺、网络剧、网络电影分别上线 229 档、230 部、659 部。① 原创节目类型多样，题材丰富，越来越多的原创节目向精品化方向发展。

凤凰新媒体旗下的凤凰视频坚持走差异化发展道路。凤凰网改组成立凤凰新媒体，在美国证券交易所上市，旗下包括综合门户凤凰网、手机客户端和凤凰视频等。凤凰视频凭借凤凰卫视的资源优势，推出高端访谈节目《非常道》，其后又连续推出《全民相对论》《锵锵 80 后》《甲乙丙丁》《财子佳人》等自制栏目，形成了时政辩论、访谈、综艺、纪录片等九大网络视频原创节目带。② 凤凰网与新华社新媒体中心联合共建《暖新闻》栏目。短视频业态流行后，凤凰视频推出资讯类短视频品牌风视频。

新浪网早期曾推出视频服务新浪宽频，后来把新浪播客与新浪宽频合并，改组成立新浪视频，推出视频新闻栏目《新浪资讯台》。③ 新浪视频包括话题、今日热点、体育赛事、娱乐、综艺、公开课等版块。新浪网与新浪视频实现资源互通共享，在新闻、财经、汽车等专业频道也开辟视频节目，推出的各类原创视频节目丰富，具有较高的影响力。

---

① 石平：《网络视听高质量发展步伐坚实　总局监管中心发布〈2020 网络原创节目发展分析报告〉》，《广电时评》2021 年第 13 期。

② 《凤凰视频：铸造网络原创节目精品矩阵》，凤凰网，http：//phtv.ifeng.com/yuanchuang/detail_2011_09/20/9337852_0.shtml。

③ 汤天甜、蔡辛：《不同平台的网络视频新闻比较研究——以人民网、央视网、新浪网为例》，《中国出版》2016 年第 19 期。

由于网络信息传播快速朝"两微一端"集中，移动客户端尤其是短视频平台受到年轻人青睐，综合门户网站的视频频道和栏目起到引导流量的作用，在财经、体育等一些细分领域有时能获得较好的传播流量，但总体呈现萎缩趋势。

三　科技公司的媒体雄心

"两微一端"即微博、微信和移动客户端成为我国公众了解新闻信息的第一来源。欧美发达国家也经历相似的传播格局变化。社会变迁的动力源于能量变化，传媒也不例外。媒介技术的不断创新与突破，是媒介发展的主要动力来源。[①]

微信之前，腾讯推出即时社交通信产品QQ。尽管QQ空间可以分享一些信息内容，但真正颠覆传统新闻信息传播模式的是微信的集成创新。2011年1月微信刚推出时仅能传递简短的文字和图片。微信2.0版推出语音功能，免费的即时通信功能使用户数大涨。微信3.0版开发出附近的人、漂流瓶、摇一摇等场景应用。微信3.5版推出分享二维码名片，把线下的关系链导入微信好友，微信用户很快过亿。微信4.0版推出朋友圈功能，新增视频聊天插件；同时，微信公众号上线，随着机构与用户生成内容的增加，其逐渐成为大众重要的社交工具。随后微信在香港、澳门、台湾、越南、泰国、新加坡等地推广应用。2013年微信商业化加快，连续推出微信支付、游戏中心、表情中心等产品。2017年推出小程序功能，2020年视频号上线，朝着更加多元开放的平台发展。这些仅仅是微信集成创新的一小部分。美国科技类媒体《信息时代》称赞微信是移动的未来。微信与海外版Wechat合并月活跃用户稳定在10亿人以上，已经成为集即时通信、社交服务、新闻信息、数字内容、游戏娱乐、金融服务、城市服务、创业平台等于一体的超级应用平台，也发展成为大众日常生活与工作中不可或缺的重要信息基础设施。

今日头条凭借智能算法推荐技术和资本市场的青睐挤入中国传媒市

[①]　张国涛：《传媒发展的动力机制与模式考察——兼论当前中国传媒的格局与趋势》，2017年7月28日在中国传媒领袖大讲堂的报告。

场并占有一席之地。今日头条是北京字节跳动科技有限公司开发的一款基于数据挖掘技术的推荐引擎产品，通过智能技术把人的特征、环境特征和文章特征等进行智能算法匹配，为用户个性化推荐信息内容，包括新闻、电影、音乐、游戏、购物等资讯。头条的内容刚开始源于其他网站，曾自称"新闻搬运工"，其版权问题逐渐引发关注。随后今日头条从内容分发拓展到内容创作，与专业媒体合作以获得版权内容，还重点打造头条号，头条号迅速成为专业媒体、国家机构、企业以及自媒体连接用户的重要信息平台。今日头条还通过内容创业基金，鼓励自媒体信息内容生产。头条号增加原创内容标示及打赏功能，帮助内容创作者获得收益。2016 年后，连续推出抖音、火山小视频和西瓜视频等多款短视频产品。短视频行业飞速发展，抖音平台以其算法技术一跃领先，海外版 TikTok 在美国、印度、日本、英国、俄罗斯、德国、法国、巴基斯坦、新加坡等许多国家和地区上线。2017 年 7 月，今日头条与澎湃新闻达成战略合作，澎湃新闻原创视频内容入驻头条号，通过平台智能技术精准分发。2019 年 1 月，今日头条移动客户端上线账号内搜索功能；头条号推出"圈子"功能，创作者可以与用户直接交流互动。根据今日头条内容价值报告，头条号平台账号有 160 万个，优质内容创作者 10 万个，垂直领域超过 100 个细分类别；而且视频内容观看数量超过图文的数量，视频播放量占头条整体信息流量的 65%。今日头条系全球用户约 10.5 亿个，去重后 9 亿个，成为重要的数字内容传播平台。

　　视频或直播只是传递信息的工具，具有直观性、互动性、实时性和现场感等特性，为了实现与用户的零距离人际化沟通交流，在移动端或电脑端，各种内容产品不断寻求与视频或直播功能的结合。新闻、社交、音乐、教育、游戏、电商、旅游等细分领域与视频或直播结合，衍生出更加丰富多元的信息内容生态。不仅短视频平台与网络购物进行嫁接，构成细分内容电商；淘宝网等电子商务在网红、视频、直播等新的营销推广形式的助推下，向娱乐化、体验化、内容化的方向发展。数据显示，87% 的企业使用视频作为营销工具，91% 的营销人员认为视频是其营销策略的重要组成部分。随着国家"互联网+"战略的全面推进，互联网企业与传媒业之间的跨界融合越来越明显。除了传统媒体向互联网融合外，互联网企业与传统媒体的战略合作也成为许多互联网科技企业的主动选择，这些互联网科技企业，通过资本并购形成复杂的跨行业、跨国界垄断企业集团。随着微博、微信、抖音等开放内容平台的兴起，每个企业都可以入驻并发布信息内容，企业传媒化趋势开始出现，分流了部分传统传媒机构的功能；同时，新闻信息管理和危机风险管理成为大型企业集团面临的挑战，反过来又为这些科技传播平台带来新的机遇，甚至一些日益失去接触受众传播渠道的传统传媒机构面临不得不依附这些新媒体传播平台的风险。我国大型的新媒体平台成为连接社会大众的主要传播渠道，通过人工和智能审核机制，它们成为超级信息流背后的重要"把关人"。但是，新媒体平台的商业化模式将新闻资讯、电影、视频、音乐、知识等传媒产品全部转变成商品，无论企业最初的动机如何，其外部性效应最终都会对整个社会和人们的思想与生活产生显著影响。

四 影视企业的产业整合

产业链是社会分工造成的一种社会生产组织方式。产业价值链是企业内部和企业之间为生产最终交易的商品或服务所经历的价值增值过程，涵盖了商品或服务在创造过程中所经历的从生产原料到最终消费品的所有阶段。产业整合则是"为了谋求长远的竞争优势，按产业发展规律，以企业为整合对象，跨空间、地域、行业和所有制重新配置生产要素，调整和构筑新的资本组织，从而形成以大企业和企业集团为核心的优势主导产业和相应产业结构的过程"[①]。产业整合包括横向整合、纵向整合和混合整合。产业整合现象源于生产要素、技术创新、政府产业政策和相关支持性产业的发展变化所带来的影响。产业整合是产业转型升级的重要举措，它在降低交易成本、优化资源配置、扩大产业规模、提高企业竞争力等方面起到重要作用。

我国加入世界贸易组织以后，影视产业间的整合和并购活动逐步从行政化向市场化转变。与此同时，资本市场日渐成熟，大型企业的融合也伴

---

① 吕拉昌：《关于产业整合的若干问题研究》，《广州大学学报》（社会科学版）2004 年第 8 期。

随着资本融合，特别是以上市公司为代表的产业整合已成为并购的主要方式。[①]

电影产业是互联网科技公司进军文化娱乐行业的首要领域，而且这些科技公司不再满足于为电影产业提供技术支持，而是通过投资并购、战略合作等，加速改变传统电影产业的格局。[②] 国家积极推进"互联网+"的产业政策，加快了互联网与影视产业融合步伐。腾讯、阿里巴巴、百度等大型互联网企业集团通过产业投资与并购快速形成庞大的全产业链影视集团。阿里巴巴拥有淘票票、娱乐宝、阿里鱼等娱乐业务，收购上市公司文化中国并改组为阿里影业，还战略投资优酷土豆、哔哩哔哩、华谊兄弟、万达电影、博纳影业、果派联合、大麦网、猫眼电影、大地影院、粤科软件等众多相关影视企业。百度成立了百度影业，拥有百度影音、百度大电影网、百度视频、好看视频，还投资或收购爱奇艺、PPS视频、星美控股、爱奇艺智能等影视企业。腾讯也成立了腾讯影业，拥有企鹅影视、企鹅电视、腾讯视频、微视等，还投资或并购人民视频、华谊兄弟、快手、哔哩哔哩、虎牙、柠檬影业、微影时代、华谊腾讯娱乐、映客、斗鱼、龙珠直播、猫眼电影、橙天嘉禾、梨视频等一系列影视关联企业。互联网企业通过影视产业链上下游的纵向整合和跨行业的横向整合迅速推动旗下影视产业的规模大幅扩张和效益提升。

传统的电影公司往往以电影院观众为目标导向，而互联网影视公司则以网络平台用户作为目标导向。互联网企业通过上下游整合，将电影和电视剧的投资、制作、发行和放映等环节进行整合运作。视频网站成为电影、电视剧播映的重要渠道之后，可以收集视频用户数据和反馈并进行分析，有利于互联网电影公司投资制作符合网络观众兴趣的类型影视作品。视频网站作品来源更加多样，既可以与中小影视公司合作分成，也可以独立投资制作网络电影、网络剧、网络节目。随着猫眼文化、微影时代等互联网公司进入电影发行的重要行列，传统电影的传播格局也发生了重大

---

① 周炼：《经济转型视角下我国产业整合的动因、模式及趋势》，《商业经济研究》2018年第11期。

② 兰健华：《中国电影全产业链刍议》，《电影文学》2018年第16期。

变化。

互联网公司在影视产业领域快速整合的同时，传统的影视公司也在加快产业整合步伐，尤其是其中的上市公司频频进行产业投融资与并购。中国电影股份有限公司是中国电影集团公司旗下的上市公司，旗下拥有全资子公司中影数字院线有限公司、上海中影华盛电影有限公司、中影动画产业有限公司、中影演艺经纪有限公司、北京中影网络传媒技术有限公司、中影影院投资有限公司等企业，还收购大连华臣，参与组建天津北方电影股份有限公司等，为在制片和发行领域进行产业整合，还专门设立互联网院线基金和产业并购基金。

华谊兄弟在创业板公开上市后，通过投资并购，其主营业务由单一的影视制作发展到影视娱乐、品牌授权、实景娱乐和互联网娱乐等多个领域，旗下有华谊兄弟电影有限公司、华谊兄弟影院投资有限公司、华谊兄弟娱乐投资有限公司、华谊兄弟国际有限公司等，还先后投资或并购掌趣科技、银汉科技、英雄互娱、东阳美拉、东阳浩瀚等公司。华谊兄弟上市之初参控股公司数量仅六家，后来发展到百余家。

主营地产的万达集团不断发力文化产业投资，旗下先后有万达电影、万达体育集团、万达酒店发展等国内外上市公司。万达电影股份有限公司旗下的电影放映公司遍布各大城市，包括朝阳万达电影城有限公司、上海万达国际电影城有限公司、重庆万达国际电影城有限公司、南昌万达国际电影城有限公司等，万达电影还收购了 15 家世茂影院和 6 家奥纳影城。万达电影还向影视剧投资、制作领域延伸。万达集团不仅在国内频繁进行影视产业并购，其在海外的投资并购也引人注目。先后投资或收购欧洲最大院线 Odeon & UCI 电影集团、澳大利亚第二大电影院线运营商 Hoyts 集团以及美国传奇影业公司等。万达集团通过国内外投资并购提升了在影视产业的竞争力，也有利于实现其多元化发展战略。

电广传媒、歌华有线、天威视讯等传统有线电视网络公司通过投融资与产业并购，向有线电视网络、影视制作、新媒体、文化娱乐等产业整合。其中电广传媒上市较早，在投资并购领域较为活跃。早年电广传媒曾投资成立湖南省有线电视网络股份有限公司，成为整合湖南省内有线电视网络的平台。① 这种模式后来为其他省市广电网络公司所借鉴。电广传媒在向上游影视内容制作进军的过程中投资成立电广传媒影业（美国）有限公司、电广传媒影业（香港）有限公司等全资子公司。另外产业投资公司达晨创投的众多投资并购一度为电广传媒带来丰厚收益。为谋求产业转型，电广传媒又先后投资或并购广州翼锋、江苏马上游、深圳九指天下、深圳亿科思奇、上海久之润、北京金极点、成都古羌科技、安沃传媒等企业，业务更加多元化，包含图书出版、网络游戏、广告营销、旅游等多个领域。

无论是互联网影视企业、民营影视制作公司、广电网络公司还是传统电影院线公司，在进行产业并购或者实施跨行业多元化发展战略时，应以提升产业核心竞争力为目标，着眼于价值创造或价值增值，否则在风云变幻的资本市场投资并购常常"食而不化"，导致最终失败。在更加商业化的新媒体领域，不断有新的跨界市场主体闯入，如平安集团推出全媒体资讯平台"平安头条"，招募财经记者进行财经新闻和视频节目内容的生产，负责平台运营的宝博资讯为深圳赛安迪旗下子公司，而深圳平安金融科技咨询有限公司是赛安迪的重要股东。

经过多年的市场竞争与产业整合，从规模、用户、技术、传播渠道等结构看，以视频门户网站和短视频平台为代表的我国新媒体视频市场进入垄断竞争阶段。行业垄断分为自然垄断、市场垄断和行政垄断等不同类型的垄断，垄断意味着市场存在行业进入壁垒或者准入限制。在开放的市场经济体系，当市场失灵或效率提升失败时，需要政府"有形的手"进行干预、调控和重组。

第四节　视频监管基本模型

新媒体视频监管体系既离不开政府监管主体，也离不开监管客体即新媒体视频产业市场众多的实体企业。市场主体的技术创新及其带来的传播

---

① 曹昌、李永华：《电广传媒转型求独立，37亿元豪赌移动互联网》，《中国经济周刊》2015年第48期。

格局演变，必然引发政府监管主体的政策规制调整与变革，甚至推动政府机构的适应性调整与改革。反之，监管主体的创新性与前瞻性，尤其是现代产业战略的实施，对市场主体的产业引导、结构调整甚至业态创新都具有重大影响。

一 政府监管的类型界定

"政府"这一术语所表达的概念有广义和狭义之分。广义上，凡是由国家建立并代表国家对社会进行管理的组织，都是政府的组成部分，包括国家的立法、行政和司法机关等所有公权力机关。狭义上则是掌管国家行政事务的国家行政机关的统称。

政府监管指的是政府对市场和社会的监管，即政府的外部监管，不包括政府自身的监督。就研究对象来说，这里的政府监管指的是依法享有相应的监督管理权力的政府公权力机关针对网络新媒体视频市场经营活动而进行的监管。从目标、范畴来说，政府监管主要分为经济性监管和社会性监管。经济性监管主要针对市场主体的经济活动进行有效干预，而社会性监管针对市场主体在经济活动中产生的不利社会影响进行干预和控制。

由于对监管主体、监管对象及其监管范畴的理解不同，各国学者对政府监管的分类也不同。美国学者赫夫兰（Heffron）将监管分为三类，即经济性监管、社会性监管和辅助性监管。经济性监管涉及产业行为的市场调节；社会性监管用以纠正不安全或不健康的产品及其生产过程的有害副产品；辅助性监管是指与执行各种社会福利计划有关的措施。[①]日本学者植草益则把政府监管分为直接监管和间接监管两类，认为间接监管主要通过反垄断、反不正当竞争等法律法规对市场主体的经济活动进行间接制约。直接监管又包括经济性监管和社会性监管。经济性监管是针对存在着自然垄断和信息不对称的问题，通过被认可或许可等手段，对企业的进入、价格、服务质量以及投资、财务等方面的活动进行限制，防止无效资源配置，确保资源公平利用；社会性监管是政府以保障劳动

---

① Florence A. Heffron, *The Administrative Regulatory Process*, Longman, 1983.

者和消费者的健康、卫生和防止灾害为目的，对物品和服务的质量以及伴随它们而产生的各种影响制定一定的标准，以及禁止、限制特定行为的规则。①

按照文化传媒不同行业或领域的专业管理要求，国家依法设立新闻、出版、广播电视、电影和互联网等领域专门的管理部门。依据不同标准，政府监管还可以进行不同的类型划分。按照政府采取的监管方式，分为许可、处罚等控制型监管，优惠、奖励等激励型监管，以及警示、约谈等合作型监管三种。按照监管对象作用的不同领域，可以分为网络视频市场准入监管、市场竞争监管、网络安全监管、信息内容监管等四类。这些监管的共同作用又使得法律成为不可或缺的重要因素。以政府监管行为发生过程为标准，可以分为事前、事中、事后监管。法律和经济研究者着重研究事前监管与事后监管何者能使社会福祉最大化。事前监管总是与预防性监管有关，其运作在市场行为发生前就决定好了。事后监管总是与标准审核或起诉有关，它们的内容随着相应的行为发生而确定。②

按照现代法治原则，任何公权力的取得和行使必须依照法定程序和要求，必须有明确的法律依据。法律是政府监管的重要依据和标准，也是其他政府规制衍生的基础。立法、行政和司法机关在政府规制中扮演着重要角色。"干预行为主要是行政机关实施，但干预权的获得、干预的具体手段却离不开国家立法机关、司法机关的作用。""从根本上说，政府规制是由立法机关确立，由行政机关和司法机关实施的。"③ 国务院是我国最高国家行政机关，拥有制定行政法规的权力，在性质上属于行政机关的范畴，但从法学的角度看这种权力是一种准立法权。事实上，现代各国政府的行政权突破其固有领域而广泛介入立法性或司法性事务，获得了相当大的立法性权力或司法性权力。各国政府通过制定政府规制，广泛而深入地干预和影响经济。日本的植草益把政府行政机关制定的各种公共政策分为以下

① 〔日〕植草益：《微观规制经济学》，中国发展出版社，1992，第22页。
② 〔美〕伊曼·安纳布塔维、斯蒂文·施瓦茨、许多奇、桂俪宁：《事后监管：法律如何应对金融市场失灵》，《交大法学》2016年第1期。
③ 袁明圣：《政府规制的主体问题研究》，《江西财经大学学报》2007年第5期。

几种：财政、税收与金融政策；公共物品和社会福利政策；反垄断和反不正当竞争政策；市场准入与定价政策；处理外部不经济或社会影响的政策；处理内部不经济的监管政策；产业促进与科技振兴政策。这些公共政策有些属于宏观调控，有些属于微观监管的范畴。

　　总之，政府监管实质上是处理政府、市场、社会三者的关系问题。由于政府监管的局限性，全球放松管制思潮的兴起，关于监管的讨论逐步由政府部门扩展到企业和行业协会的自律管理以及非政府组织的第三方监管，在监管手段上也逐渐增加经济激励型和协商合作型的监管方式。

二　政府监管的简化模型

　　在市场经济下，依法享有对我国网络新媒体视频市场进行监督管理的监管主体主要是国家互联网信息办公室、国家广播电视总局、国家新闻出版署、国家电影局、文化和旅游部等政府行政机关，但是这些政府行政机关监管权力的事前获取和事后监督离不开立法、司法机关，因此，对新媒体视频市场经济活动的干预和监管涉及立法、行政、司法等所有公权力机关。此外，网络视听服务企业及其行业协会在政府行政机关的指导下加强自律管理。按照现代监管理念，即使受监管新媒体视频企业属于国有，也要按照经营权与监管权分离的原则以保证监管主体对不同所有权市场主体监管的客观公正。

　　在我国新媒体视频市场，从政府监管主体所承担的主要功能上，把政府监管分为行政监管、法治监管和经济性监管。法治监管指的是依据国家宪法和法律的规定，各级人民法院、人民检察院等司法机关，依照职责权限和法定程序，对我国新媒体视频市场主体的各种违法犯罪行为进行司法调查与审判。公安机关既是行政机关，又具有一定的司法职能，它既承担治安管理、户籍管理、交通管理等行政职能，又依法侦查刑事案件，行使司法权。国家安全机关依照宪法和法律规定在办理危害国家安全的刑事案件时行使与公安机关相似的司法权。

　　按照现代分业监管要求，行政监管主体包括国家互联网信息办公室、国家广播电视总局、国家新闻出版署、国家版权局、国家电影局、文化和旅游部、工业和信息化部、国家市场监督管理总局等政府机构，它们依法享有相应的行政监管权，对我国新媒体视频市场经营机构或企业依法行使监督和管理职能。从监管对象即新媒体视频业务活动看，可分为市场准入监管、市场竞争监管、网络安全监管和信息内容监管。从政府行政监管行为发生过程看，可分为事前、事中、事后监管。

经济性监管实际上是政府监管的经济手段，是监管主体按照客观经济规律和物质利益原则，利用不同的经济杠杆调节市场主体之间的关系。这里指的是国家财政、税收、金融等部门运用价格、财政、税收、金融以及其他经济上的奖励或处罚来引导新媒体视频市场主体的经营服务行为，以促进产业健康发展和达到较好的经济效益和社会效益。

法治监管和行政监管主要着眼于新媒体视频市场主体在经济活动中所产生的外部不经济或其他社会影响，以维护社会公平正义为主要目的，因此归类为社会性监管。

当然，我国在传媒市场经济转型过程中，行政机构无论在国有产权管理还是在促进视频文化产业健康发展方面承担重要职能，所以国家广播电视总局、国家新闻出版署、文化和旅游部等承担产业融合发展职能的政府部门与财政、税务、金融等经济性监管部门，可以运用经济手段干预市场主体的经营活动，因此，这些政府机关发挥的监管功能又属于经济性监管范畴。

此外，在政府监管之外，行业协会等非政府组织在规范行业市场经济活动中也发挥着重要作用，它们对其成员的监管属于行业监管或行业自律行为。我国新媒体视频相关的行业协会大多是在政府行政部门的指导下成立的，带有半官方性质，"其权力也是由政府赋予和控制"①。因此，不能简单地把行业协会等非政府组织纳入监管主体或排除在监管主体之外。

综上所述，我国新媒体视频监管的基本模型可以简化如下（见图1）。

---

① 宋慧宇：《行政监管概念的界定与解析》，《长春工业大学学报》（社会科学版）2011年第1期。

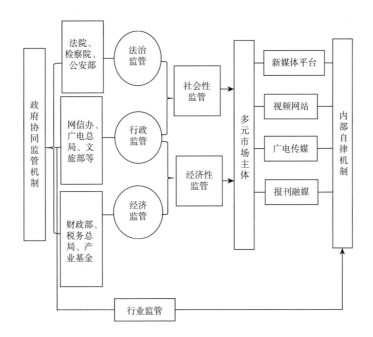

图 1-1 我国新媒体视频监管基本模型

三 政府监管向治理转型

"治理"一词首次写入党的重要文件是在党的十八届三中全会，会议决定中首次提出"推进国家治理体系和治理能力现代化"这个重大命题。这一重大命题一直延续到党的十九届四中全会，治理理论上升为治国理政的重大方略。作为整个国家治理体系的一部分，互联网视听产业的政府监管向治理转型，这是国家治理体系及治理能力现代化建设的必然要求，也是互联网视听新媒体产业体制创新的方向。

1. 网络内容协同治理

随着网络技术为用户赋权，信息传播进入人工智能时代，网络治理日益依赖社交媒体平台的基础数据。随着以人工智能算法推荐技术为核心的短视频社交平台的兴起，大数据、算法推荐、人工智能等智能技术日益主导新媒体视频传播，政府监管和治理越来越需要新媒体企业平台的大数据共享以及智能算法增加透明度，新媒体视频领域政府监管的一元模式向以政府为核心的多元共治模式转型。

我国《网络信息内容生态治理规定》突出体现了向多元治理转变的基本思路，明确了政府、企业、社会、网民共同参与治理的新格局，不仅要求互联网视频服务平台坚持正确导向，优化算法推荐机制，也要求"互联网音视频服务首页首屏、发现、精选、榜单类、弹窗"等重点版块、版面、页面的内容服务呈现主流价值观。有学者认为，"在参与网络生态治理的四大主体中，政府的作用是监管、企业的义务是履责、社会的功能是监督、网民的义务是自律"[①]。事实上，互联网和社交媒体平台的技术赋权、自由开放、即时互动等特征，为政府之外的其他治理主体提供了参与网络视频内容治理的良好渠道，也为政府与非政府组织、企业、公民及其间进行互动、合作、协商共治提供了较为理想的环境。社会上任何一个组织、公民都享有与专职从事行政监管的政府组织一样进行网络治理的平等权利和均等机会。[②] 与传统社会中政府垄断治理权力不同，网络化多元治理主体之间的关系发生了深刻变化，平等、弹性、柔化的网状组织结构取代了层级节制、主次分明的官僚制结构。[③] 现代公共治理以善治为目标导向，追求公共利益最大化、治理主体平等化、治理决策民主化、治理过程透明化、治理绩效数据化的多元协作共治范式。

2. 智能算法治理探索

人民网等主流媒体公开批评新媒体算法推荐的价值观问题，引发社会对算法正当性的思考。算法争议表面上是技术理性和价值理性的冲突，"实质上是意识形态与技术平台围绕传播效果展开争夺，政治权力可以在价值层面有效驯化技术或对技术进行矫正"[④]。

新兴的智能算法推荐技术引发传统的信息传播机制重构，促使信息传

---

① 王春晖：《网络生态环境治理的里程碑》，中青在线，http://news.cyol.com/yuanchuang/2019-09/16/content_18157437.htm。
② 郑巧、肖文涛：《协同治理：服务型政府的治理逻辑》，《中国行政管理》2008 年第 7 期。
③ 夏志强：《公共危机治理多元主体的功能耦合机制探析》，《中国行政管理》2009 年第 5 期。
④ 张志安、周嘉琳：《基于算法正当性的话语建构与传播权力重构研究》，《现代传播》2019 年第 1 期。

播主动迎合用户阅读志趣，这种智能传播涉及内容的价值观、个人隐私、算法责任等议题。有学者认为法律并非要求算法"完全透明"，有时算法公开后反而引发一些恶意模仿，因而提出算法应该具有"鱼缸式的透明度""合理的透明度"。巴尔金认为平台科技公司应当承担作为"信息受托人"的责任，对用户和客户的信息及其准确性负责，除了保护用户的权利外，还应当保护其隐私。① 在风险防范的监管过程中，应实行内容与算法双轨审查机制，设立平台责任与技术责任并行的责任体系，对算法的资源数据的收集和使用进行合理限制。②

从生产端到分发端诞生的智能算法新业态仍在迅速发展，带来的新问题、新挑战不少。商业算法决策的不透明和缺乏监督正以不同方式挑战个人的正当权利。智能算法在应用过程中往往存在不可解释隐忧和自我强化困境。对此，发达国家目前主要采取谨慎监管、督促行业自律的做法。美国准备修改《通信法》第230条赋予社交平台内容传播的责任豁免权，将豁免权限制在"合理的适度做法"范围内。我国不断加强人工智能伦理、标准、自律等方面的建设，颁布了新一代人工智能治理原则，强调发展负责任的人工智能，强调和谐友好、公平公正、包容共享、尊重隐私、安全可控、共担责任、开放协作、敏捷治理等原则。③ 国务院副总理刘鹤在第二届中国国际智能产业博览会上强调智能技术发展的四个原则，即坚持增进人类福祉导向、平衡提高效率与创造就业等方面、尊重和保护个人隐私、维护伦理道德底线。面对智能算法带来的全球治理挑战，需要各国携手共治。

在智能算法信息传播时代，无论是移动短视频平台还是手机应用客户端，业界普遍实施"使用即同意"的策略，用户的各种网络个人信息包括隐私不断被应用程序收集、使用和转授权使用，用户对这些信息是否被正当、合法、必要地使用并不知情。中国消费者协会调查发现，有八成受访者表示在使用手机客户端过程中曾遭个人信息泄露。电信诈骗案引发全国

---

① Jack M. Balkin, Information Fiduciaries and the First Amendment, 2015, 49 UCDL Rev.

② 张凌寒：《风险防范下算法的监管路径研究》，《审计观察》2019年第1期。

③ 胡喆：《发展负责任的人工智能：我国新一代人工智能治理原则发布》，中央人民政府网站，http://www.gov.cn/xinwen/2019-06/17/content-5401006.htm。

舆论关注，个人信息泄漏和售卖谋利的事件依然时有发生。为此，我国加快了个人信息安全保护的立法进程，先后发布《电信和互联网用户个人信息保护规定》《电话用户真实身份信息登记规定》《儿童个人信息网络保护规定》《个人信息安全规范》等相关法律法规。国家网信办、工信部、公安部等部门联合开展手机客户端违法违规收集使用个人信息专项治理，打击侵犯公民个人信息安全的违法犯罪行为，取得明显成效。抖音、快手、微信等各平台推出了隐私权政策或声明。这些法律规范和公司管理制度提升了移动网络信息消费过程中的个人信息和隐私保护。

第五节　监管新业态的挑战

"媒介即讯息。"麦克卢汉的这一断语肯定了媒介形式本身的价值。媒介在历史演进中大致依次出现书信、邸抄、小报、日报、电影、广播电视、互联网、手机等形态。媒介技术天然的时间或空间偏向特征决定了媒介内容的呈现方式及其内容范畴。新的媒介形态集中了各项先进技术，代表了先进生产力的发展方向，人工智能、算法推荐、大数据、物联网等技术在手机移动端的应用加快了媒介新陈代谢进程。但是，新媒体基于技术驱动创新为用户赋权，带来各种新的视频业态和内容分发方式，也为政府监管带来新的挑战。

一　新媒体视频的业态创新

1. 视频新业态的传播特征

在市场机制下，以人工智能为代表的新媒体技术主要掌握在商业资本手中，商业资本凭借敏锐的嗅觉，为技术创新融资，获得回报并承担风险。各种新传播技术应用如移动直播、美颜、视频日志、用户视频分享、移动视频剪辑、人工智能视频生产、算法推荐传播、视频搜索等，按照市场商业逻辑被开发出来，以移动、交互为显著特征。新媒体视频与传统电视节目相比，差异明显。

表1-1　传统电视节目与移动客户端视频的比较

传播媒介	生产者	创作动机	表现形式	特质	分发方式
电视节目	专业机构	名利	文字、图片、长视频、直播	时效性、教化	编辑、固定的编排时间
手机视频	专业机构、政府和非政府组织、企业、个人、智能机器等	名利、社交、社区氛围	文字、图片、短视频、移动直播、随手拍、美颜、弹幕、数据等	满足人们的各种信息需求	编辑、智能算法、社交、移动、用户时间

2. 视频新业态的类型复杂

随着移动互联网的兴起，新闻传播向信息传播转变，社交和算法深入参与信息的生产与分发，新媒体视频技术为用户赋权，视频新业态的嵌入式融合导致类型划分更加复杂而困难。人民日报社江西分社社长郑少忠把信息分为五大类别，即自然信息、娱乐信息、推介的信息、教化的信息和美学信息。前两类属于浅层次的信息，后三种属于高层次的信息。[①]

传统的电视节目类型划分主要有"四分法"，即新闻、教育、服务和娱乐四大节目类型。而新兴的短视频抖音平台把内容分为三大类型：热点类、垂直类和推广类。尽管商业视频平台在时政新闻采编方面受到政策限制，但大多数传统媒体已经在微信、微博、抖音、快手等社交媒体平台开设账号，消息、专题、纪录片、谈话类节目等各种形态的新闻类视频在社交媒体平台纷纷出现。传统电视频道、栏目、节目及其类型方法难以有效扩展到短视频类型划分，互联网用户创造的视频内容有些在传统电视节目中从未出现，短视频内容在算法分发传播中导致用户群体更加细分。有时某一短视频可能同时具备多个不同细分类型的特征，或者说具体归类难以固定；有时它们之间互相转化，比如个人生活中发生的事情有时也可以引发大量媒体关注成为热搜新闻。

以抖音和哔哩哔哩为例，其中垂直类视频内容名目繁多。哔哩哔哩（简称B站）创立之初主要定位为动漫、游戏等内容创作与分享的视频网

[①]　2020年6月29日人民日报社江西分社社长、南昌大学特聘教授郑少忠到南昌大学做讲座时的互动交流。

站，先后获得腾讯和阿里巴巴投资，视频内容涵盖直播、番剧、动画、游戏、音乐、舞蹈、赛事、电竞、鬼畜、生活、数码、时尚、娱乐、资讯、影视等几十个频道，甚至衍生出多达 7000 个兴趣圈层的视频文化社区。视频分享网站的分类与传统电视台节目分类不同，比如 B 站发布的短视频《特朗普要制裁 TikTok！街访美国用户怎么看？》，这个视频放在日常生活频道，是网络红人"我是郭杰瑞"在美国街头采访的内容，传统电视台可能会把这类具有时效的热门话题视频归类为新闻类节目。网络红人"我是郭杰瑞"还在微博、微信等平台多渠道传播相关视频内容，微博、微信对其认证描述为海外资讯（美国）视频创作者。社交媒体平台可以为网络红人甚至每个用户开辟专属账号或频道，以智能算法推荐进行个性化分发，这或许就是新媒体视频与传统电视节目的最大区别。"你关注的才是头条"，这个宣传口号鲜明表达了商业化时代新闻到资讯的内涵变化。

视频平台大力扶持各种有市场需求的垂直类视频，MCN（Muti-Channel Network）机构也投入大量资金打造网络红人，网络红人在视频市场的影响力更加突显。新榜对抖音平台网络红人影响力排名时，按照所属内容划分成娱乐、才艺、搞笑、萌宠、体育、教育、科技、二次元、游戏、时尚、美食、家居、旅游、健康、文化、企业、社会等 19 个垂直类型。知识传播也开始成为一个重要垂直类型，有学者把抖音平台上的知识短视频划分为健康知识类、自然知识类、人文知识类短视频。[①] 由于各个平台不同题材内容定位及其所获得的粉丝、流量、互动等指标的不一致，排行榜上的垂直类型划分也不尽相同。

随着社交媒体为用户赋权，参与互联网视频内容生产的不仅有政府机构、传媒机构、MCN 机构，也包括众多的普通企业、社会组织和社会个体。互联网上传播的视频除了传统电视台节目形态，以及电影、电视剧节目形态的视频类型外，还出现了一些新兴的网络视频业态，比如移动直播、直播带货、用户生产短视频等。社交平台用户生产内容涵盖广泛，既可以是泛娱乐式场景直播、电商直播、教育直播、游戏直播，也可以是搞笑娱乐视频、知识类短视频、日常生活见闻及其戏剧化表演类

---

① 杨圣琪、丛挺：《基于抖音的知识短视频类型研究》，《出版参考》2020 年第 1 期。

短视频等。此外，公共场所或工作场所的监控类视频片段在用户上传后也可能引发舆情。这类视频往往是关于事故调查、违法违规事件、当事人纠纷等内容的，或来自超市商店、电影院、游乐场、公路街道等公共场所，或来自学习、工作场所如银行柜台、教室考场、建筑工地等，还有的可能来自私人领域涉及个人隐私，如住宿的宾馆内的偷拍视频、家庭视频等。

随着技术基础设施的进步，网络直播行业发展迅速，具体细分为新闻直播、泛娱乐直播、游戏直播、知识类直播、电商直播等。网络直播作为一个新兴行业，与直播带货结合，出现一批网络红人，如李佳琦粉丝累计过亿人，一年直播带货300余场，每场直播超过三小时，一年累计带货销售量相当于一家单体商场。行业从无到有，最初的直播主播没有经过专业训练，也没有《广告法》或媒体法规专业学习，随着执法监管的加强，他们在实践中学习，在解决问题中成长。网络直播在产品营销中传递潜在的文化或消费价值观，因此需要承担相应的社会责任。

二　视频新业态的监管挑战

新媒体视频领域的技术发展日新月异，业态融合更加繁杂多样，新的视频增值业务层出不穷，尤其是移动智能算法分发带来的技术变革与管理挑战最为突出。从总体上看，我国对发展相对成熟的广电专网视频监管较为严格，并建设有统一的或集成式大监管平台；对跨屏传播的互联网商业视频网站、社交网站、移动客户端及其新增视频功能，更倾向于采取与美国相似的渐进式监管策略，在鼓励技术创新与强化依法治理之间寻找平衡。

1. 科技公司平台属性之争

微信、抖音、脸书等社交平台公司是科技公司还是媒体？以微信为例，这是一个功能十分强大的系统，包括金融支付、在线交易、即时通信、公众号搜索、微商、社交服务、新闻信息、数字内容、政务平台、辅助办公、生活服务、娱乐交友等，每天海内外有高达数亿个用户在应用，可以说，微信已经成为一种生活方式，是国家重要信息基础设施。因此，既不能简单地把微信归为媒体或新媒体，也不能把它归为纯粹的高科技公司，应按其不同业务分类监管。其中微信朋友圈、公众号、小程序、视频号等传播的信息内容具有明显的社会动员和大众传播媒体属性。

脸书首席执行官扎克伯格（Mark Zuckerberg）在接受美国众议院质询时，始终坚持认为脸书不是"媒体"，而是一家科技公司。脸书和其他社交媒体一样，自身可能并不直接生产媒体内容，但作为一家社交平台，其传播的内容来源广泛，不仅有传统的媒体内容，还包括各种生活、工作、商业、娱乐等数字信息。脸书在全球有 20 亿个活跃用户，在美国也是成年人最常用的信息来源。在信息传播领域，它垄断了人们的注意力。脸书不是一家传统的报刊、广电媒体，但它的影响力远超后者。那么它应该按照媒体属性进行强监管呢，还是应该按照科技公司属性对其传播中介进行弱监管？目前，脸书、谷歌、推特等信息传播平台依然只是作为科技公司，仅受到政府的弱监管，主要依赖公司自律，即政府督促公司制定合法合规的内容传播政策、隐私保护政策等。如何监管脸书这样的大型互联网平台公司呢？专家提出应从三个方面加强监管：防制仇恨言论与假新闻，提升算法透明度监督，推动商业模式的结构性变革。为了加强智能算法透明度的监督，美国已开发出图灵盒子（the Turing Box）技术，该技术可以检验人工智能算法的可能后果。因此，由第三方科技机构检测社交媒体平台智能算法是否造成假新闻、侵犯隐私、不当使用数据或是某种偏见歧视等后果，在技术上条件具备。

2. 智能算法带来的监管挑战

国内有一款逢脸造戏客户端，用户只要上传一张清晰度高的人脸正面照片，就能把影视片段中明星的脸替换成自己的脸，然后小视频可以分享到朋友圈。无独有偶，此前一款基于人工智能的实时视频仿真软件"脸对脸"也能做到类似的换脸效果。美国科研机构曾公布制作假视频的一项新技术，可以对视频中人物的讲话增加、删除或修改部分词句，视频中讲话者的口型随之改变，效果十分逼真。这种"深度伪造"是人工智能带来的新挑战，其"生成对抗网络"技术日益被用户掌握和普及。短视频类的深度伪造不仅挑战了新闻真实性原则和用户追求真相的价值观，甚至威胁国家安全、个人和企业的合法权益。[①] 无论是人工智能造成的深伪还是浅伪视频，其虚假、谣言本质不变，而且这种带场景的"眼见为实"更容易欺骗传播。其实这种视频合成技术早在 20 世纪 80 年代就被电影采用，著名电影《阿甘正传》中阿甘和肯尼迪总统的握手就是采用视频合成技术，效果非常逼真。当时视频合成技术偶用于虚构作品，并没有带来社会冲击。随着视频提取、剪辑、合成技术日益智能和简易，各种虚假视频信息的社会影响越来越难以预料。

算法推荐已经成为移动传播时代的主导技术，无论是主动搜索还是算法推荐，都容易带来信息茧房效应或回音壁效应，从而让人们的视野更加狭隘，情绪更加偏激。美国总统特朗普不断指责谷歌和其他科技公司利用搜索结果和新闻信息来压制共和党的声音，有干扰大选之嫌。特朗普声称："共和党人认为，社交媒体平台完全让保守派的声音沉默了。我们将严格监管甚至关闭这些社交平台。"[②] 在美国国会听证会上，谷歌首席执行官桑达尔·皮查伊对此否认，强调谷歌的搜索算法不支持任何特定的意识形态，只反映出最相关的结果。[③] 有证据表明，英国剑桥分析公司窃取超过 5000 万个脸书用户资料，从中分析其政治竞选倾向，然后通过算法推荐有针对性地向用户推送政治广告，有利于特朗普赢得总统大选。剑桥分析公司由支持特朗普的对冲基金总裁默瑟（Robert Mercer）投资创立，班农曾为该公司行政副总裁。事实上，任何媒体从长期看都不可避免地带有政治倾向性或意识形态性，智能算法主导下的移动社交媒体也不例外。

3. 新媒体内容生态新平衡

人工智能传播技术的勃兴使原有媒介生态平衡被打破。在新媒介生态结构中，监管部门最关心的是新媒体内容生态是否以社会主义主流价值观为导向。内容传播是否符合舆论引导的政治意图？在新媒体平台的商业目

---

① 陈昌凤、徐芳依：《智能时代的"深度伪造"信息及其治理方式》，《新闻与写作》2020 年第 4 期。

② 南博一：《被推特惹毛，特朗普威胁要"严格监管"甚至关停社交网站》，澎湃新闻，https://www.thepaper.cn/newsDetail_forward_7596187。

③ 张文涛：《搜索偏见、市场垄断、隐私泄露……谷歌 CEO 面对质疑如何回应？》，每经网，http://www.nbd.com.cn/articles/2018-12-12/1281322.html。

标与媒体应该承担的政治教化功能冲突的情况下，如何确保重大新闻在垄断平台的智能算法中顺利传播？例如 2020 年 6 月，南方多省份暴雨引发洪灾，但是许多人仍然觉得媒体报道不够。为什么会出现这种现象？智能算法仅推荐并满足用户个人的偏好而忽视社会环境的变化吗？

内容生态的重新平衡包括多个层次：内容生产和分发之间的平衡；自媒体和机构媒体之间的平衡；正面报道与舆论监督之间的平衡；不同内容表现形式之间的平衡等。其中关键是内容生产和消费之间的平衡，背后代表的是各种内容创作者集合体与用户之间的平衡。

重建生态平衡需要政府监管和引导。为了保持互联网内容生态平衡，就要进行客观的分析、思考和必要的干预，确保媒介政治功能的实现和大众重大公共事件的知情权。属于关键信息基础设施的各大社交媒体、短视频平台应该及时把重大新闻、重要话题人工推送给用户。一点资讯总编辑吴晨光认为："目前达成的基本共识是重大事件强干预，垂直长尾不干预。""编辑保证应知，算法保证欲知和未知。"① 各大平台仍然在探索编辑、算法、社交之间的平衡关系。微博推出外链白名单机制，即短链服务调整为受限制的免费服务，仅对白名单网站，如政府机构、新闻机构以及认证企业网站提供免费服务。通过白名单机制，调整平台内容生态结构，减少或删除非正常渠道的信息。

4. UGC 视频审核的透明度

用户生产内容（UGC）改变了传统媒体由专业机构独家生产内容的方式，为各大社交媒体平台带来丰富的内容。以抖音为例，春节期间一个月上传的短视频高达 1000 万条，审查每条短视频要求时间非常短，而内容的情境复杂多样，在智能审核的基础上还得依靠人工审核编辑把关。行业协会出台了短视频内容审核标准细则，各家平台还研发出人工智能内容审核技术。目前人工智能审核能解决大约 90% 的审核工作，大大提高了速度和效率，但 10% 可能违法违规的内容需要大量审核员进行人工审核和复查。由于平台对信息流的把关审核相当不透明，什么内容应该保留，什么内容

---

① 吴晨光：《定义内容生态》，《蓝鲸财经》，https://dy.163.com/article/EF2OIIFC05198R91.html。

必须删除，平台公司拥有相当大的决策权。

视频的内容审核机制也是以秒或帧的图像为基础。中青网新媒体中心负责人杨月认为："男女露点、仅着内衣与性爱相关的图片一律视为情色图片，人体艺术、人体摄影或彩绘等视为涉嫌情色，其他具有性暗示、性诱惑、性挑逗的图片亦视为涉嫌情色。"① 这种观点带有普遍性。还记得越南战争中一张经典新闻照片吗？那个被燃烧弹烧伤而惊恐万状随着众人奔跑的女孩的照片，如果依据当前社交媒体平台公司的管理规则，图片中出现了生殖器和裸体，必须删除。问题是：什么是恐怖主义内容？哪些是色情内容？上述照片是色情内容吗？具体判断还得依据内容情境而定，复杂的内容情境多数是"无法描述"的。谷歌法律副总顾问兼首席隐私长尼克尔·汪（Nicole Wong）解释说："是否构成恐怖主义内容，完全取决于情境。在某个平台它可能被视为真正的威胁，在别的平台则可能被当作评论某个内容的新闻、讽刺作品或批评。所以我认为围绕着内容的情境有很多，很难知道是否应该删除某些内容……"② 她还举了一个例子，当萨达姆被处决时，有人偷偷录下来，次日上传到 YouTube，其中有两段视频，一段是他被绞死的时候，另一段是他被处死后的尸体，两段视频都极为暴力和血腥。审查员如何决策？是保留还是删除它们？平台最后决定保留绞刑的片段，因为他们觉得这是一个具有历史意义的重要视频：一个前独裁者被处死。但是关于他的尸体的视频被认为是不必要的，遭到删除，他们认为即使反省历史也不需要看到尸体。平台审查员这样处理视频，他们也不知道历史如何评价他们这样做是否正确。像谷歌、脸书、推特、奈飞这样的全球性媒体平台，它们的内容审查很多外包给发展中国家。内容审查员审查的内容可能是关于他们从未去过的国家的，他们对眼前的视频内容的历史背景一无所知，对于其中一些内容有时很难判断。

审查团队的负责人无法监督每个内容审查编辑的每个决策，他们一般只对审查编辑的工作进行 3% 的报告抽样，以此建立该名审查员的评分绩

---

① 2020 年 6 月通过中国社会科学院大学王凯山博士对中青网新媒体中心负责人杨月的采访。

② 参见德国导演汉斯·布洛克的纪录片《网络审查员》中对谷歌法律副总顾问兼首席隐私长尼克尔·汪的采访。

效，这就是通常的品质审查把关方式。科技日报社新媒体中心负责人王小龙认为："内容安全是企业的生命线，对涉及信息发布的企业来说内容审核却一直都是短板，缺乏具有专业背景知识和政治素质的审核人员也成为这类企业的一大风险。我们支持通过有效的协同把关机制，从源头消灭了不健康、不安全内容的发布。"①

本章小结

新媒体视频监管结构体系离不开监管主体，也离不开监管客体。互联网新媒体视频产业市场化发展过程中出现多元化市场主体，甚至一些垄断性平台在新的传播格局中占有重要地位。市场主体的科技创新及其向智能算法移动传播格局的演变，必然引发监管主体及其规制创新。反之，监管主体的能动性创新既能促进视听产业发展和竞争力提升，又能规范市场主体的行为和秩序。

政府监管体系在环境调适中不断重组。随着互联网新媒体视频从以长视频点播和分享为主向以移动短视频算法推荐为主转变，我国监管主导部门也相应从广电部门向网信办转移。国家网信办（中央网信办）在中共中央网络安全和信息化委员会的统一领导下，成为互联网日常监管的最高机构。国家广播电视总局、国家新闻出版署、国家电影局、文化和旅游部、工业和信息化部等行政机关，按照"谁主管谁监管""谁审批谁监管"的原则分权治理。政府机构公权力的事前获取和事后监督离不开立法、司法机关，因此，广义上"政府"指涉立法、行政、司法等所有公权力机关。现代监管向治理转型，不再是单一政府监管模式，各种非政府组织、企业、公民等多元主体参与网络社会公共治理，并发挥重要作用。

在互联网新媒体视频产业规制变迁中，我国始终坚持党管媒体的基本原则，强调意识形态主导下的网络信息安全，建立互联网信息服务领域的

---

① 2020年6月通过中国社会科学院大学王凯山博士对科技日报社新媒体中心负责人王小龙的采访。

防火墙。随着中国经济实力的提升，美国重新推出霸权策略，公开承认对
中国"和平演变"失败，开始转向遏制战略。面对更加复杂多变的国内外
政治经济形势，中共中央提出加快形成以国内大循环为主体、国内国际双
循环相互促进的新发展格局。国内外政治经济环境的重大变化，再次给互
联网新媒体视频产业格局和监管体制变革提供了巨大变革动力。

第二章　新媒体视频行政监管

一般来说，行政监管主体应以是否享有行政监管权力来划分，行政监管的内容应限定在微观监管领域。但是自从行政国家出现以后，现代各国政府，其行政权突破固有范围而广泛介入立法性或司法性事务，获得了一定的立法性权力或司法性权力。在市场经济改革过程中，我国政府部门逐渐从直接经营管理各类传媒业务的具体事务中退出，同时面对新的传媒市场结构重构行政权力和依法加强行政监管。

第一节　政府行政监管规制

规制，本义上理解就是规则和制度，这是政府职能机构管理社会的一种方式，是市场经济环境下对微观主体行为的调节与控制。根据对市场失灵进行的不同干预，规制分为经济性规制和社会性规制。

一　行政监管有法可依

我国是最早对网络视频行业进行立法监管的国家之一。随着经济和文化体制改革的不断深入，视频行业的监管体制逐步转向适应市场经济的依法监管体制。目前，我国已形成以《著作权法》为基础，涵盖资质管理、业务审查、质量管理、版权维护等方面的法律规制体系。

1. 依法享有行政监管权

政府行政机关根据相关法律法规，依法享有相应的行政监管权，包括行政许可和行政处罚等。如《网络安全法》第八条规定："国家网信部门负责统筹协调网络安全工作和相关监督管理工作。国务院电信主管部门、公安部门和其他有关机关依照本法和有关法律、行政法规的规定，在各自职责范围内负责网络安全保护和监督管理工作。"① 根据《国务院关于授权国家互联网信息办公室负责互联网信息内容管理工作的通知》，国家网信办负责全国互联网信息内容监管。根据《互联网视听节目服务管理规定》，国家广电总局作为互联网视听节目服务的行业主管部门，负责对互联网视听节目服务的监督管理。工业和信息化部作为互联网行业主管部门，依据电信行业管理职责对互联网视听节目服务实施相应的监管。

在全面推进依法治国进程中，地方政府行政主管部门依法制定监管权力清单，特别是涉及行政处罚权的相关内容，需对社会公开法定依据、处罚程序、处罚标准等。比如依据《互联网视听节目服务管理规定》和《广播电视管理条例》相关规定，县级以上广播电影电视主管部门依法对辖区内擅自从事互联网视听节目服务、传播非法视听节目内容等行为进行行政处罚，并明确规定行政处罚方式和处罚标准。

2. 根据上位法制定规章

政府部门制定的行政规制都有其上位法依据，往往是上位法在实施过程中的细化或具体化。根据相关法学理论，因制定主体、适用范围和制定时间不同，不同的法的效力层次或效力等级不同。等级高的主体制定的法，效力高于等级低的主体制定的法。宪法是国家根本大法，具有最高的法律地位和法律效力，其次为全国人民代表大会制定的基本法律，全国人大常委会制定的法律、国务院制定的行政法规等依此类推。政府在制定行政规制时必须依据已有的上位法，而且不能与上位法相冲突。国务院制定颁布的《著作权法实施条例》《信息网络传播权保护条例》等行政法规是根据全国人大常委会通过的《著作权法》等相关上位法制定。国家互联网信息办公室制定的部门规章《互联网新闻信息服务管理规定》也是根据《网络安全法》《互联网信息服务管理办法》《国务院关于授权国家互联网

① 《中华人民共和国网络安全法》（2016年11月7日第十二届全国人民代表大会常务委员会第二十四次会议通过），国家网信办网站，http://www.cac.gov.cn/2016-11/07/c_1119867116.htm。

信息办公室负责互联网信息内容管理工作的通知》等上位法制定的。

由于社会实践灵活多变，新技术、新业态总是先发展后治理。在治理过程中，有时先由政府主管部门制定规范性文件或政策文件，等到时机成熟后再上升为法律法规的立法建设。针对技术变革带来的交互式网络电视（IPTV）、专网手机电视、互联网电视等新产品形态，作为主管部门的国家广播电视总局通过调研，制定《专网及定向传播视听节目服务管理规定》，对市场发展予以规范。国家广播电视总局无论是起草广播电视法律和行政法规，还是制定和修订部门规章，都按照《国家广播电视总局立法工作规定》进行。制定过程也是根据《立法法》《行政法规制定程序条例》《规章制定程序条例》等上位法制定本部门的立法工作程序规定。国家广电总局在制定部门规章过程中，按程序规定还要进行合法性审查。

如果政府部门颁布的行政规章、规范性文件违反上位法，那么执法行为在行政诉讼中可能被撤销。最高人民法院关于适用《行政诉讼法》若干问题的解释，其中第一百四十九条规定："经审查认为规范性文件不合法的，不作为人民法院认定行政行为合法的依据，并在裁判理由中予以阐明。""规范性文件不合法的，人民法院可以在裁判生效之日起三个月内，向规范性文件制定机关提出修改或者废止该规范性文件的司法建议。"①

二　健全政府监管规制

随着互联网产业的兴起及视频业务的发展，其传媒属性不断增强，加强政府监管彰显了迫切性与必要性。我国在 2003 年颁布《互联网等信息网络传播视听节目管理办法》，对网络传播视听节目实行行政许可管理，要求从事相关服务必须具备相应资质，新媒体视频监管从此走上法治轨道。

互联网传播技术不断迭代更新，媒体格局与舆论生态发生深刻变化。移动直播、区块链、人工智能、虚拟现实、智能算法等新技术的出现，

---

① 最高人民法院：《最高人民法院关于适用〈中华人民共和国行政诉讼法〉的解释》（2018），最高人民法院网站，http://www.court.gov.cn/fabu-xiangqing-80342.html。

不断催生新的网络视听业态和产品。与市场成熟度相应，行政监管不断跟进。随着微信、微博等社交工具的大众化传播以及用户的急剧增加，政府相应加强立法规范，先后出台《互联网群组信息服务管理规定》《互联网跟帖评论服务管理规定》《互联网论坛社区服务管理规定》《互联网直播服务管理规定》《互联网用户公众账号信息服务管理规定》等监管规制，回应了企业和群众保护知识产权、打击违法犯罪的热切期盼，廓清了监管依据的模糊地带，为净化网络空间、维护网络社会秩序发挥了积极作用。

近年来，国家网信办、国家广播电视总局等行政主管部门制定颁布了一批与互联网视频业务有关的政府规制，如《互联网新闻信息服务管理规定》《微博客信息服务管理规定》《互联网直播服务管理规定》《互联网信息搜索服务管理规定》《点播影院、点播院线管理规定》《专网及定向传播视听节目服务管理规定》《互联网视听节目服务管理规定》《未成年人节目管理规定》等。由于实施分类分业监管，国家市场监督管理总局、文化和旅游部、国家版权局、工业和信息化部、公安部等相关部门也相继颁布了一些与互联网广告、网络表演、网络游戏、互联网个人信息保护、网络安全等相关的政策法令。

政府机关颁布的法律规制，不仅拓展了政策法令的监管范畴，加强了新媒体视频新技术、新业态的市场监管，而且注意衔接新媒体视频产品与传统广播电视节目之间的监管标准。国家广播电视总局等主管部门对网络视听节目的创作、播出管理不断规范，强调互联网视听内容与广播电视监管标准统一，要求不允许在广播电视台播出的节目，同样不允许在互联网平台播出，禁止在互联网传播的节目，也不得在广播电视台播出。

对于从事网络视听节目服务，政府监管不断完善法律规范，先后颁布了涵盖资质管理、业务审查、质量管理、版权维护等方面的规制。如新媒体视频内容传播的禁止性规定，《互联网视听节目服务管理规定》第十六条明确规定："视听节目不得含有以下内容：（一）反对宪法确定的基本原则的；（二）危害国家统一、主权和领土完整的；（三）泄露国家秘密、危害国家安全或者损害国家荣誉和利益的；（四）煽动民族仇恨、民族歧视，破坏民族团结，或者侵害民族风俗、习惯的；（五）宣扬邪教、迷信的；（六）扰乱社会秩序，破坏社会稳定的；（七）诱导未成年人违法犯罪和渲染暴力、色情、赌博、恐怖活动的；（八）侮辱或者诽谤他人，侵害公民个人隐私等他人合法权益的；（九）危害社会公德，损害民族优秀文化传统的；（十）有关法律、行政法规和国家规定禁止的其他内容。"[1] 在《互联网信息服务管理办法》《广播电视节目制作经营管理规定》《电视剧内容管理规定》等部门规章中也有类似的表述。总之，从市场监管的角度看，随着我国政府机关法律规制的持续颁布、修订和完善，监管规制与时俱进，监管方式灵活多样，行业乱象得到整治，发展秩序日益规范。

三 完善行政执法程序

政府行政执法全面推行"三项制度"，即行政执法公示制度、执法全过程记录制度、重大执法决定法制审核制度。一是行政执法公示制度，要求"谁执法谁公示"，通过政府网站、政务新媒体、办事大厅公示栏等平台及时向社会公开，规定公示内容，规范公示标准。二是执法全过程记录制度，要求通过文字、电子文件、照相机、录音机、摄像机、执法记录仪、视频监控等形式记录行政执法全过程，对查封扣押财产、强制拆除等涉及人身财产权益的现场执法活动要全程音像记录，并全面系统归档保存，做到执法过程留痕和可回溯管理。三是重大执法决定法制审核制度，行政机关作出重大执法决定前要严格进行法制审核，未经法制审核或者审核未通过不得作出决定。[2] "三项制度"对于完善执法程序、加强执法监督，推进行政执法透明、规范、合法、公正具有重大意义。

行政执法是政府行政机关依据法律、法规和部门规章，作出的行政许可、行政处罚、行政强制、行政给付、行政征收等影响公民、法

---

① 国家新闻出版广电总局：《互联网视听节目服务管理规定》（2015 年修订），工业和信息化部网站，http://www.miit.gov.cn/n1146295/n1652858/n7280902/c3554711/content.html。
② 国务院办公厅：《国务院办公厅关于全面推行行政执法公示制度　执法全过程记录制度　重大执法决定法制审核制度的指导意见》，中央人民政府网站，http://www.gov.cn/zhengce/content/2019-01/03/content_5354528.htm。

人以及其他组织权利和义务的具体行政行为。其中行政许可是赋予行政相对人某种资格或者权利；而行政处罚是通过惩罚违法行为对违法相对人权益进行限制、剥夺或者科以义务。行政执法对象的特定性、内容的具体性、行为方式的多样性，决定了各类行政执法程序的差异性，文化、广电、公安等不同行政部门有不同的行政许可程序、行政处罚程序、行政强制执行程序。程序上有瑕疵的执法行为往往难以达到预期的法律效果。

行政执法程序是行政执法行为实现的方式和步骤，它是行政执法活动的灵魂，对保证行政执法活动的合法性具有重要意义。我国《行政许可法》《行政处罚法》《行政强制法》《行政复议法》《行政诉讼法》《国家赔偿法》《监察法》等行政法的颁布实施，为政府部门行政执法程序法制化奠定了坚实基础。国务院各部门的执法程序规章，各省级人民政府制定的行政程序规章，都包含行政执法程序内容的规定。比如《互联网信息内容管理行政执法程序规定》《文化市场综合行政执法管理办法》《公安机关办理行政案件程序规定》《浙江省行政程序办法》等，这些法规规章规定了行政案件中的简易程序、一般案件办理程序以及特别案件办理程序。

为了规范和监督行政执法行为，行政执法程序中规定了亮证执法、申请回避、告知事实理由、听取陈述申辩等行为控制程序。比如《互联网信息内容管理行政执法程序规定》中详细设置了管辖、立案、调查取证、听证、约谈、处罚决定、送达、执行与结案等执法步骤与方式，要求执法行为不仅做到事实清楚、证据确凿，还必须程序合法、法律法规规章适用准确适当、执法文书使用规范。其附件中还包含了立案审批表、询问笔录、登记保存物品通知书、电子取证工作记录、举行听证通知书、执法约谈笔录、行政处罚意见告知书、行政处罚决定书、履行行政处罚决定催告书等格式化文本。

在县级以上广播电影电视主管部门进行的行政处罚中，一些案件适用《行政处罚法》中规定的简易程序，即行政执法主体对于事实清楚、情节简单、后果轻微的行政违法行为，当场作出行政处罚决定的程序。行政处罚简易程序的适用范围、执法程序、处罚方式和标准在《行政处罚法》第三十三条到第三十五条作出了明确规定：

> 第三十三条　违法事实确凿并有法定依据，对公民处以五十元以下、对法人或者其他组织处以一千元以下罚款或者警告的行政处罚的，可以当场作出行政处罚决定。当事人应当依照本法第四十六条、第四十七条、第四十八条的规定履行行政处罚决定。
>
> 第三十四条　执法人员当场作出行政处罚决定的，应当向当事人出示执法身份证件，填写预定格式、编有号码的行政处罚决定书。行政处罚决定书应当当场交付当事人。前款规定的行政处罚决定书应当载明当事人的违法行为、行政处罚依据、罚款数额、时间、地点以及行政机关名称，并由执法人员签名或者盖章。执法人员当场作出的行政处罚决定，必须报所属行政机关备案。
>
> 第三十五条　当事人对当场作出的行政处罚决定不服的，可以依法申请行政复议或者提起行政诉讼。①

上述适用范围以外的案情复杂或重大的其他案件，适用《行政处罚法》中规定的一般程序或听证程序。违法行为已构成犯罪的，则移送司法机关。

法院以事实不清、证据不足、适用法律错误等为由作出撤销行政行为的判决后，行政机关依照新查证的事实或者适用正确的法规、规章重新作出决定，仍然是法律所许可的。最高人民法院关于适用《行政诉讼法》的解释，其中第六十二条规定，"人民法院判决撤销行政机关的行政行为后，公民、法人或者其他组织对行政机关重新作出的行政行为不服向人民法院起诉的，人民法院应当依法立案。"② 因此，只有对行政机关重新作出的行政处罚等行政行为不服，才可以再次上诉至法院。

---

① 《中华人民共和国行政处罚法》（2017 年修订），中国人大网，http://www.npc.gov.cn/npc/c30834/201709/a1750c5fe6c74b7ca5b00aa8388eb0bd.shtml。

② 最高人民法院：《最高人民法院关于适用〈中华人民共和国行政诉讼法〉的解释》（2018），最高人民法院网站，http://www.court.gov.cn/fabu-xiangqing-80342.html。

第二节　行政监管机制创新

从目前的机构设置看，国家网信办经国务院授权负责互联网内容监管执法，并负责指导、协调、督促有关部门的监管执法，实际上成为我国互联网日常监管的最高机构。政府各部门按照"谁主管谁监管""谁审批谁监管"的原则分权履职。新媒体视频服务涉及多个监管部门，部门执法既相对独立，又分工合作。执法部门的密切合作能够有效解决监管力度不足、监管缺位和效率不高的问题，能够建立畅通的联络渠道，进一步协调政府行为。

随着新媒体视频业态日趋稳定，行业发展垄断竞争的格局基本形成，政府在治理市场失灵过程中不断探索创新行政监管机制，这些监管机制经过实践磨炼日益丰富成熟。

一　常规现象式监管机制

法国哲学家梅洛·庞蒂认为现象学是关于本质的研究，也是将本质重新放回存在的研究。现象与本质是对立统一的，没有不表现现象的本质，我们可以透过现象认识本质。基于这一理论，政府监管发展出常规现象式监管机制，执法部门往往能够在纷繁复杂的网络视频传播现象中找到重大案件的突破口。

随着通信技术的进步以及网络信息产业的迅速发展，人们的衣食住行越来越离不开网络信息。对互联网信息内容的监管日益频繁而复杂，国家互联网信息办公室、国家广播电视总局、国家版权局、文化和旅游部、公安部、工业和信息化部等部门各有其行政执法职能，在日常的执法检查中往往能发现重大案件线索。全国"扫黄打非"工作小组办公室与公安部联合挂牌督办的江苏南京"6·16"特大网络传播淫秽物品牟利案，为2018年度全国"扫黄打非"十大案件之一，就是南京市公安局网络安全保卫支队在日常巡查中发现线索的。

根据相关法令，国家和地方互联网信息办公室依法对互联网新闻信息服务活动、金融信息服务活动等实施监督检查，并建立日常检查和定期检查相结合的监督管理制度。发现违反《互联网新闻信息服务管理规定》《互联网信息服务管理办法》《金融信息服务管理规定》等法律规章的行为，由国家或地方互联网信息办公室依据职责进行相应的约谈、公开谴责、责令改正、列入失信名单或予以行政处罚等。各省网信部门在开展"清朗"专项行动、网络生态治理专项行动等整治活动中，查处一批典型案件，整改一批违法违规移动应用程序和网站。如深圳市互联网信息办公室在执法检查过程中，通过远程检测和现场检查等方式，对腾讯公司、深圳新闻网、深圳全景网络有限公司等企业进行执法检查，发现少数网络平台存在新闻信息服务不规范、网络安全等级保护未落实、互联网违法和不良信息举报机制未建立等问题。

根据《文化市场交叉检查与暗访抽查规范》，地市级以上执法部门每年开展交叉检查不得少于一次。"省级执法部门每年应当对 80% 以上的地市开展交叉检查，地市级执法部门每年应当对 100% 的区县开展交叉检查。"① 这里明确规定了文化市场执法检查的形式、次数、范围等。对于群众举报、上级批示、影响恶劣、媒体曝光的事件，执法部门可以开展暗访抽查，在监督检查中发现案件线索的，应当责成被检查地执法部门查处。

二　模糊举报式监管机制

根据《互联网新闻信息服务管理规定》，有自然人、法人或者其他组织投诉、申诉、举报的，互联网信息内容管理部门应该及时调查处理，并填写《案件来源登记表》；符合立案条件的，应当填写《立案审批表》，附上相关材料，在七个工作日内报行政部门负责人批准立案，并确定两名以上执法人员为承办人。对于不予立案的投诉、申诉、举报，填写《不予立案审批表》，经批准后，应将结果告知投诉人、申诉人、举报人，并留存书面记录。

通过举报中心网站、12377 举报电话、"网络举报"客户端、网站举报专区等渠道，社会公众可以有效参与网络治理，推动网络空间共治共

---

① 文化部：《文化市场交叉检查与暗访抽查规范》（2012），文化与旅游部网站，http：// zwgk. mct. gov. cn/auto255/201209/t20120903_473538. html。

享。如 2019 年 9 月，全国各级网络举报部门受理举报 1297.3 万件，同比增长 5.1%，其中国家网信办违法和不良信息举报中心受理举报 18.3 万件。① 根据群众举报和舆论监督，国家网信办等执法部门先后对"唐纳德说""紫竹张先生""有束光""万能福利吧""野史秘闻""深夜视频"等众多自媒体账号依法处置，并约谈微博、微信等相关平台负责人。这些自媒体账号或传播政治有害信息，恶意诋毁英雄人物；或传播虚假信息，扰乱社会秩序；或传播低俗色情信息，挑战道德底线；或恶意营销，敲诈勒索等。

三 联合执法监管机制

政府部门在监管执法时既有分工，又有密切合作，形成齐抓共管态势。联合执法机制与当下综合执法体制改革不同，不涉及行政执法权的调整与转移。各部门执法机关各司其职、依法办事、统一行动，其本质是条块结构体系中的行政职能协调机制。国家层面建立由国家市场监督管理总局牵头，包括工业和信息化部、公安部、网信办等 10 个部门组成的网络市场监管部际联席会议制度。② 部际联席会议制度的建立进一步加强了网络市场监管工作的协调指导，保障了监管质量。

联合执法机制有利于提高执法效能。通过坚持实施"剑网"行动、"净网"行动、"网剑"行动等富有行业特色的集中整治行动，形成以行业部门牵头、多个行政部门协同执法检查机制。不同行业执法部门虽然在监管范围、监管重点、执法方式、处罚方法等方面略有不同，但经常面临对同一市场主体的联合执法监督，联合执法有利于提高执法效率。政府联合执法在查处快播公司传播淫秽色情案中得到典型体现。2013 年年底，北京市公安和版权部门在执法检查中查扣了快播公司管理的四台服务器，发现服务器中存储大量淫秽色情视频。此后公安部门对快播进行立案调查，该公司多名工作人员被刑事拘留。此外，快播公司未经许可非法向公众传播《北京爱情故事》

① 国家网信办举报中心：《2019 年 9 月全国受理网络违法和不良信息举报 1297.3 万件》，国家网信办网站，http://www.cac.gov.cn/2019-10/11/c_1572323550088619.htm。
② 《国务院办公厅关于同意建立网络市场监管部际联席会议制度的函》（国办函〔2016〕99号），http://www.gov.cn/zhengce/content/2016-12/19/content_5150030.htm。

等影视剧、综艺类作品，违法情节严重。2014 年 6 月 26 日，深圳市市场监督管理局对快播公司下达《行政处罚决定书》，处以 2.6 亿元罚款。快播公司增值电信业务经营许可证随后被广东省通信管理局依法吊销。2016 年 12 月，北京二审法院对快播案做出判决，对快播公司判处罚金 1 千万元，对王欣等四名被告分别判处 3 年 6 个月到 3 年的有期徒刑并处罚金。

执法部门以重大典型案件为契机，国家网信办、国家广电总局等监管部门联合开展网络视频有害信息专项治理行动，重点对微信分享视频链接、移动客户端下载服务、在线存储类网盘、互联网电视等智能终端视频播放软件等领域，存在的淫秽色情、暴力恐怖、虚假谣言等有害视频信息进行清理整顿。网络传播技术与产品更替频繁，政府监管重点随着网络传播技术与环境的变化做出相应调适。

特定情况下联合执法机制有常设机构。全国"扫黄打非"工作小组办公室设在中央宣传部。全国"扫黄打非"工作小组隶属于中共中央宣传思想工作领导小组，由中央宣传部、中央网信办、中央政法委、国家市场监督管理总局、国家广播电视总局、国家版权局等部门组成，成为政府部门联合执法、协调行动的常设机构。全国"扫黄打非"部门多年来不断开展"净网""护苗"行动，从严整治利用网络直播、短视频、"两微一端"等平台传播淫秽色情信息，查办了一批网络传播淫秽色情典型案件。"扫黄打非"基层机构建设规范化，调动了政府基层力量，形成了群防群治、齐抓共管的监管与治理合力。

四 网警巡查式监管机制

各种传统的线下犯罪不断向线上渗透，网络诈骗、网络赌博、涉毒涉枪、侵犯版权、信息泄漏、造谣诽谤等利用网络违法犯罪活动频发，淫秽色情、侮辱英烈等有害信息滋生蔓延，群众对这些违法犯罪现象反应强烈。公安部要求在重点网站和互联网企业设立网安警务室，第一时间掌握网上涉嫌违法犯罪情况，服务和指导网站提高安全管理防范能力。[①] 对此，

---

① 张洋：《公安部要求在重点网站设立"网安警务室"》，人民网，http://it.people.com.cn/n/2015/0805/c1009-27412741.html。

公安部门先后在腾讯、百度、新浪微博等重点网站设立网安警务室，据统计，公安机关在国内重点网站设立网安警务室 3000 多个。

我国公安部门建立了网警常态化公开巡查执法机制。"首都网警"成立最早，依托平台开展警示执法、线索搜集、公开辟谣、宣传防范、接受举报、预防和打击网络犯罪等工作，及时制止违法信息在网上传播，维护网络社会秩序。

公安部在采用网络社区警务、网格化综合巡控等安全监管方式，以及实施公开巡查执法试点的基础上，全面建立网警常态化公开巡查执法机制，网警从幕后走向前台，提高了网上"见警率"。2015 年 6 月 1 日，北京、天津、上海、大连、济南等 50 市公安机关统一标识为网警巡查执法的微博、微信和百度贴吧账号集中上线。随后网警巡查执法账号入驻其他重点社交媒体平台和搜索引擎。网警通过在线巡查可以及时发现网络违法犯罪信息，依法制止网络不良言行和打击网络违法犯罪，发布犯罪案件和警示信息，提高社会网络安全防范意识和能力，接受群众举报和开展法制宣传教育。全国公安机关在共同开展"净网"专项行动中，侦破网络敲诈勒索、开设网络赌场、黑客攻击、有偿删帖、窃取和买卖个人信息等众多网络犯罪案件，抓获犯罪嫌疑人，在打击网络犯罪等方面发挥了重要作用。网警公开巡查执法机制是线下执法机制的延伸，是社会治理与网络治理机制的创新。

第三节　政府行政监管方式

对于网络视听节目传播，国家法律规制也会延续对广播电视节目传播的严格监管方式。在我国网络视频行业，对多元市场主体的行政监管仍然是最重要的监管方式之一。从监管流程来看，政府的行政监管又可以分为事前、事中和事后监管。事前监管主要就是依法实施行政许可制度；事中监管就是对视频行业市场行为的过程监督；事后监管主要是查处市场主体的违法违规行为。三者相辅相成，缺一不可。政府实施行政管理制度改革，在减少行政审批事项，减少负面清单项目的同时，不断加强和创新事中和事后监管。

一 事前行政许可审批

对视频服务提供商的事前监管是政府监管的重要环节之一。政府部门的事前监管主要是设定企业的准入门槛，对其资质进行审核，判断企业是否具备相关技术条件提供视频服务与管理。由于广播电视节目的集成与转载、网络剧的制作与播出、网络直播、短视频制作与播出等专业技术性高，又涉及意识形态传播，所以企业准入门槛相对较高。

1. 网络视听服务的行政许可

我国对新媒体视频行业实行市场准入监管。根据《互联网视听节目服务管理规定》《互联网视听节目服务业务分类目录（试行）》等法律规制，从事互联网视听节目服务，应当依法取得广播电视主管部门颁发的《信息网络传播视听节目许可证》，其申请条件之一就是主体必须为"国有独资或国有控股单位"。从严格意义上说，目前市场上非国有传媒集团旗下的视听网站、直播平台和短视频平台都难以具备这个条件。许可证有效期为三年。从事广播电视服务或时政类视听新闻服务的，还应持有广播电视播出机构许可证或互联网新闻信息服务许可证；从事自办网络剧（片）类服务的，还应持有广播电视节目制作经营许可证。取得上述许可证的，依据《互联网信息服务管理办法》，还应该申请办理由电信主管部门颁发的电信业务经营许可证或履行备案手续。

根据《互联网视听节目服务管理规定》等法律规范，任何机构和个人未经批准均不得在互联网上使用广播电视专有名称——如"电视台""广播电台""电台""TV"等开展相关业务。曾经使用"TV"等广播电视专有名称的网络直播平台如熊猫TV、战旗TV、虎牙TV已更名为熊猫直播、战旗直播、虎牙直播。国家颁布的《互联网直播服务管理规定》，对直播平台和主播，提出"双资质""先审后发""即时阻断"等要求，也意味着一些中小直播平台以及非专业新闻机构不具备新闻直播资质。《网络表演经营活动管理办法》要求网络表演的经营单位应根据类属关系，向省级文化行政部门申请取得网络文化经营许可证，要求表演者使用有效身份证件实名注册，并采取面谈、录制通话视频等方式予以核实。

根据《互联网新闻信息服务管理规定》，通过互联网站、应用程序、论坛、博客、微博、微信公众账号、网络直播等形式向社会公众提供互联网新闻信息服务，应当取得互联网新闻信息服务许可。在移动直播迅速发展的初期，政府监管滞后，行业自律不强，造成一些移动直播平台从业资质缺乏。网络直播平台、移动直播平台初兴时，只有少数直播平台同时具备三个许可证，其他多数平台仅拥有其中的一证或两证，直播市场主体普遍面临无资质或资质不足的困境。有些网络视频企业通过收购或参股国有传媒公司而间接获得许可证。2019年6月，经各级网信部门审批的互联网新闻信息服务单位总计910家，到当年9月30日，互联网新闻信息服务单位增加到999家。① 根据北京市广播电视局相关规定，网络视听节目由节目制作公司进行备案，不再通过网络播放平台备案，在未取得规划备案号前不得开拍，成片还需提交省级广电部门审核。这意味着视频网站自审自播时代即将结束，台网统一，标准更加严格。②

2. 游戏、动漫出版的行政许可

我国《网络出版服务管理规定》延续了网络出版物的行政许可制度，监管重点依然是网络出版服务单位。新规首次明确"游戏、动漫、音视频读物等"为"网络出版物"，其中第二十七条规定"网络游戏上网出版前，必须向所在地省、自治区、直辖市出版行政主管部门提出申请，经审核同意后，报国家新闻出版广电总局审批"。这为网络游戏等数字化作品的行政许可提供了法律法规依据。我国网络游戏的运营和出版分别由文化部、国家版权局审批。

3. 电视剧、电影业务的行政许可

国家广电总局及省级广电局负责对电视剧、广播电视节目制作经营资格准入行政许可审批。根据《广播电视管理条例》《广播电视节目制作经营管理规定》《电视剧内容管理规定》《电视剧拍摄制作备案公示管理暂行办法》等，国家对设立广播电视节目制作经营机构或从事广播电视节目制作经营活动以及电视剧业务实行许可制度。"电视剧由持有《广播电视节

---

① 国家互联网信息办公室：《互联网新闻信息服务单位许可信息》（2019），中国网信网，http：//www.cac.gov.cn/2019-07/11/c_1124405702.htm。

② 中国传媒大学媒体法规政策研究中心：《2018年中国传媒法治发展报告》，《新闻记者》2019年第1期。

目制作经营许可证》的机构、地市级（含）以上电视台（含广播电视台、广播影视集团）和持有《摄制电影许可证》的电影制片机构制作，但须事先另行取得电视剧制作许可。"[1] 全国《电视剧制作许可证（甲种）》机构由此前的 113 家下降到 73 家，包括中国电视剧制作中心有限责任公司、中国电影股份有限公司、中国国际电视总公司、广东广播电视台等。获得《广播电视节目制作经营许可证》的合格机构 18728 家，包括北京音像公司、北京光线传媒股份有限公司、星美影业有限公司、上海影视有限公司等等。

关于电影的行政许可，根据《电影产业促进法》《电影管理条例》《电影企业经营资格准入暂行规定》等法律规制，对从事电影摄制、发行、放映经营等业务也实行市场准入制度，从事上述业务须获主管部门行政许可。根据《电影产业促进法》，拟摄制电影的制片单位在电影拍摄前，将电影剧本向主管部门备案。"涉及重大题材或者国家安全、外交、民族、军事等方面题材的，应当按照国家有关规定将电影剧本报送审查。"[2] 摄制完成的电影应该送行政主管部门审查，《电影产业促进法》第十七条规定，国务院电影主管部门或者省、自治区、直辖市人民政府电影主管部门"对符合本法规定的，准予公映，颁发电影公映许可证，并予以公布"。新兴的网络大电影作为电影还是作为网络视听节目进行归类监管？院线电影公映许可证是判定归属的一个重要标准。

《新闻出版许可证管理办法》对于新闻出版许可证的设立、设计、印刷、制作与发放有具体说明，许可证须由新闻出版行政部门依法做出行政许可批准决定或按规定履行补发、换发手续。

二 事中行政过程监管

事中监管是指对新媒体市场运行本身进行的监管，目的是保证市场秩序的公平有序，维护市场主体权益和国家经济安全。现代行政过程论认为

---

[1] 《广播电视节目制作经营管理规定》（2015 年修订），国家广播电视总局网站，http://www.nrta.gov.cn/art/2015/5/21/art_1588_43694.html。

[2] 《中华人民共和国电影产业促进法》（2016），中国人大网，http://www.npc.gov.cn/zgrdw/npc/xinwen/2016-11/07/content_2001625.htm。

行政监管是一个连续的动态的过程。全过程监管的理念要求突出事中监管，改变传统的审批管理或以审代管的做法。事中监管包括宏观和微观两个层面，政府部门的监管应该以宏观为主，微观为辅。比如政府部门信息公开制度、市场风险预测与评估、各种政府服务措施等。为此，主管部门应对行业信息进行收集、汇总、分析，利用数据化、信息化手段，把监管目标下沉到各个市县市场监管的体系。同时，各部门实现数据信息互联共享、建立部门协调机制，这要求基层队伍应提升素质和水平，加强信息数据的搜集与动态监测。

事中监管的手段包括部门指导、执法检查、约谈警示等，让新媒体平台承担"把关人"角色，自觉担当市场主体责任，不断抑制其负面社会效应。政府部门日常的执法检查主要是对市场的抽检，其中更多的是对平台服务人员、信息内容、自律机制的抽检，避免平台企业出现监管松懈、内部腐败的情况，帮助平台企业克服监管的局限性。国家网信办、广电总局、文化和旅游部、公安部等相关部门定期检查新媒体视频行业服务提供商是否具备相关资质以及服务内容质量。《互联网直播服务管理规定》要求各级互联网信息办公室对网络直播服务"应当建立日常监督检查和定期检查相结合的监督管理制度"。北京市网信办通过群众举报和监督检查，积极指导辖区内微博、新浪、搜狐、网易、凤凰、腾讯、百度、今日头条、一点资讯、知乎等网络平台加强自媒体账号管理，完善自律管理机制，切实履行"把关人"责任，大力整治自媒体内容生态。

约谈指的是信息服务单位发生严重违法违规情形时，监管部门约见其相关负责人，进行警示谈话、指出问题、责令整改纠正的行政行为。《互联网新闻信息服务单位约谈工作规定》明确了监管约谈的九种情形：（1）未及时处理公民、法人和其他组织关于互联网新闻信息服务的投诉、举报情节严重的；（2）通过采编、发布、转载、删除新闻信息等谋取不正当利益的；（3）违反互联网用户账号名称注册、使用、管理相关规定情节严重的；（4）未及时处置违法信息情节严重的；（5）未及时落实监管措施情节严重的；（6）内容管理和网络安全制度不健全、不落实的；（7）网站日常考核中问题突出的；（8）年检中问题突出的；（9）其他违反相关法律法规规定需要约谈的情形。[①]

约谈制度是一种有效的事中监管制度，其应用已经扩展到所有互联网信息传播平台企业，约谈制度实施以来，腾讯、百度、今日头条、一点资讯、微博、搜狐、网易、凤凰、脉脉、美拍、哔哩哔哩、秒拍等平台先后就某项具体违规行为遭到网信办等部门的约谈警示。这种大范围的联合监管行动已形成一种协同机制，通过运用约谈警示等较轻的行政手段，国家引导平台企业整改纠错，促进行业健康发展。

短视频移动网络平台利用人工智能算法推荐技术快速发展，开启商业性算法技术决定内容传播的新阶段。短视频算法推荐分发系统根据用户画像、兴趣、地理位置、场景、浏览数据、使用机型等用户数据来匹配内容推荐，实现"不是用户决定自己想看什么，而是平台决定用户能看到什么"。[②] 智能算法毫不掩饰地服务于它的主人即算法设计者或使用者，其本质是资本决定论在网络视频传播领域的现象呈现。由于算法受到知识产权的保护，作为商业秘密透明度不够，后台运行的算法及其相关数据的不当应用引发诸多价值导向乱象。技术中性不等于价值中性，算法无法识别虚假新闻等不良信息，无法计算信息传播的社会影响。北京大学法学院薛军教授认为，对算法推荐可采用分级分类的治理模式，其中涉及重大社会公共利益的算法，应通过立法对分发内容、内容判断标准、推荐标准、干预手段等关键性环节加强监管，而普通商业算法推荐，可通过制定行业标准、向监管部门报备等方式来监管。[③] 政府部门还可以通过行业协会，制定相关规则，对算法设计者进行约束，对算法预设道德准则和伦理指引。[④]

三　事后行政执法检查

随着我国行政审批制度改革的深化，各种事前审批事项大幅减少，

① 国家互联网信息办公室：《互联网新闻信息服务单位约谈工作规定》，中国网信网，http://www.cac.gov.cn/2015-04/28/c_1115112600.htm。
② 倪弋：《网络时代应如何规范"算法"》，《人民日报》2018年7月4日，第19版。
③ 倪弋：《网络时代应如何规范"算法"》，《人民日报》2018年7月4日，第19版。
④ 黄琪：《算法推荐的法律问题及对策》，《石家庄铁道大学学报》（社会科学版），2019年9月。

市场监管重心逐步转移到事中、事后监管。事后监管往往是对市场参与主体违法违规的一种处罚惩戒，是政府行政执法、维护市场秩序的重要方式。网络视频传播低俗恶俗文化和其他违法内容，执法部门对此经常采取事后追惩的方式进行监管。事后追惩不但可以有效惩戒违法违规个体、企业，维护市场秩序，也有利于引导市场主体加强自律，促使平台履行社会责任，主动承担"把关人"角色，而且可以有效避免监管资源浪费。

事后监管，包括执法部门联合开展的集中专项整治，仍然是政府部门行政执法监督的重要手段。但是在行政执法改革过程中，事后监管开始向信息监管、随机抽查、信用监管等新兴监管方式转变。

1. 随机抽查制度

国务院在行政执法进程中全面推广"双随机、一公开"抽查制度，这是高层推动的重要执法制度改革，是提高监管效率、防止监管失灵、促进监管公正的有效手段。根据《国务院办公厅关于推广随机抽查规范事中事后监管的通知》，政府部门在执法检查工作中广泛运用"双随机、一公开"抽查机制。"双随机"指随机抽取检查对象、随机选派执法检查人员，严格限制监管部门自由裁量权。"一公开"指抽查情况及查处结果要及时向社会公布，接受社会监督。①"双随机、一公开"机制的推行，丰富了国家治理体系现代化的内涵。国家广电总局、工业和信息化部、国家版权局等纷纷开展"双随机、一公开"抽查执法。北京市文化市场行政执法总队在2019年第一次"双随机"抽查中，随机确定38名执法人员，随机抽取包括24家网站在内的90家市场主体进行执法检查，发现21家企业存在违法违规行为并立案查处，占比23%。

2. 信用监管制度

信用监管被写入国务院政府工作报告，信用监管的各种他律和自律机制随之兴起。各级政府不断加强信息化社会的信用体系建设，初步形成失

---

① 国务院办公厅：《国务院办公厅关于推广随机抽查规范事中事后监管的通知》（国办发〔2015〕58 号），中央人民政府网站，http：//www.gov.cn/zhengce/content/2015－08/05/content_10051.htm。

信联合惩戒机制。在相关执法监管过程中，有些地方形成法院、媒体、银行联动机制，有效惩戒失信主体，督促他们主动履行法律义务。完善信用监管，有利于强化信用约束，激励市场主体守法诚信经营。针对违法违规等方面存在的失信问题，执法部门不仅要建立"黑名单"，还要加强跨行业、跨部门联合惩戒，依法限制或禁止失信主体的许可经营、投融资等活动。有学者提出借鉴标准普尔的信用评级模型，构建全国媒体信用等级数据库和考核机制。[①] 国家和地方网信办建立了互联网新闻信息服务网络信用档案，建立失信黑名单制度。如网络直播的违规主播列入黑名单分级管理，有些列入黑名单中的主播被各平台永久封禁。《严重违法失信名单管理办法》列举了三十六种情形，监管部门查处后将列入严重违法失信名单。此外，网络平台对自媒体内容传播也在加强信用自律。腾讯在企鹅号内容平台开始实行媒体信用分制度，对企鹅号发布政治敏感信息、淫秽色情信息、恶意营销信息进行相应的信用处罚。信用分级管理制度有利于新媒体平台以及自媒体账号加强内容传播自律。

如何提高政府监管效能和治理效果？中国人民大学刘俊海教授认为，应该从三个方面来考量：一是尊重市场智慧，保护市场秩序，善用行政调查，扩大行政给付；二是转变理念，法治政府的关键是主体法定、程序法定和厘清清单；三是优化服务，实现监管透明，应用信息化手段，在企业信息公开的同时政府信息也应公开。[②] 政府依托智慧云平台，不断完善集审批、监管、服务、监督于一体的大数据平台，部门之间数据共建、共享，对行政许可事前审批、事中检查监督、事后执法惩戒等全过程实施数据化监控管理，发挥信息网络广度优势和系统平台优势，创新"互联网+监管"，实现审批、监管、服务、反馈的在线联动。监管的主要目的不是告诫和惩处，而是维护市场秩序，建立起统一高效、有序竞争的现代市场体系。

① 谭云明、李铀：《论媒体信用体系管理模式》，《当代传播》2006 年第 3 期。
② 汪玉凯、胡湛、张维、王众元：《加强事中事后监管研究专家座谈观点辑要》，《中国工商管理研究》2015 年第 8 期。

第四节　政府行政监管绩效

作为政策执行和政府治理过程中至关重要的一个环节，政府行政执法的运行效能既影响政策执行的效果和政府效率，也事关国家与社会、政府与市场关系状况的好坏，还与公民权益保护和市场秩序维护密切相关。[①]国家版权局、国家网信办、广播电视总局、文化和旅游部等与新媒体视频相关的政府部门在加强行政执法过程中，面对快速变化发展中的监管对象，不断创新监管执法方式，在加强"净网""剑网"等常态化执法行动的同时，重点查办一批重大典型案件，有效维护了行业秩序。

一　创新行政执法方式

政府部门在监管执法过程中，不断创新监管方式，提升监管效率，出台了版权保护预警制度、黑名单制度、约谈制度、"双随机、一公开"抽查制度、信用监管制度等一系列监管执法制度。行政监管执法不应停留在事后的行政处罚上，而是全过程监管执法，包括事前的版权保护预警、事中的随机抽查以及事后的行政处罚等，互联网信息体系的逐步健全为行政执法赋能，为全过程、动态化、点对点的监管执法提供了技术保障。约谈制度、随机抽查制度、信用监管制度如前已述，这里对其他监管执法方式略作阐述。

1. 版权保护预警制度

针对不时发生的影视剧网络侵权盗版现象，国家版权局在全面核查重点网站影视剧版权信息的基础上，开始不定期公布热播、热映重点影视作品预警名单。要求视频网站采取有效措施预防重点影视作品侵权，将未经授权传播影视剧数量较大的网站列入版权重点监管警示名单，责令其限期整改。国家版权局通过公开通报、警示名单、约谈等监管手段，加大重点作品版权预警保护力度。

---

① 吕普生：《综合执法体制建设：提升行政执法效能的重要抓手》，《中国社会科学报》2019年11月1日。

国家版权局公布的 2019 年度重点作品版权保护预警名单包括《流浪地球》《疯狂的外星人》《绿皮书》《驯龙高手 3》等热点影视作品。国家版权局 2018 年公布了 7 批次共 72 部重点作品版权保护预警名单，对春晚节目、世界杯赛事节目以及《红海行动》等院线电影进行版权预警保护。对照预警名单，要求各类网络服务商采取未经授权不得转播、禁止用户上传和断开侵权链接等保护措施。版权预警制度成为事前监管的创新手段，有利于网络视频版权保护，促进网络视频行业的良性竞争。

2. 黑名单管理制度

黑名单管理制度实质上是信用监管制度的一种。建设黑名单制度，可以强化信用约束，减少交易成本。"黑名单该向社会公开的必须公开，该信息共享的必须共享，否则既是对广大消费者的不负责任，也是对诚实守信者的不负责任。"① 国务院明确提出要建立黑名单制度，《关于建立完善守信联合激励和失信联合惩戒制度加快推进社会诚信建设的指导意见》进一步规范信用红、黑名单制度建设。随后，国家网信办发布的《互联网直播服务管理规定》第十五条明确规定"互联网直播服务提供者应当建立黑名单管理制度"，另外，"省、自治区、直辖市互联网信息办公室应当建立黑名单通报制度"。在中国网络诚信大会上，国家网信办再次强调互联网行业要建立完善失信黑名单制度和联合惩戒制度。

新媒体领域的黑名单制度不仅针对违法失信的网络传播平台企业，对自媒体账号或网络主播同样实行黑名单管理。2018 年 4 月，文化与旅游部在开展网络表演、网络游戏集中执法检查中，发现北京米可世界科技有限公司、上海度珞信息科技有限公司等企业使用伪造的网络文化经营许可证并上线手机表演平台，执法部门依法将其列入黑名单，并实施全行业信用惩戒。黑名单制度不仅具有行政处罚功能，对失信主体具有长时间的惩戒性，政府部门还需要规范黑名单制度实施程序以及相应的异议、退出、救济程序。应该注意的是，行政执法机关的黑名单与行业协会黑名单在法律地位上有所区别，其运用目的和制裁力度也应该有所区别。

---

① 李克强：《让失信者在全社会寸步难行》，中国政府网，http://www.gov.cn/premier/2018-06/10/content_5297330.htm。

除了黑名单外，还有一种针对违法违规程度较轻的自媒体账号或主播实施的灰名单制度。中国演出行业协会网络表演分会实施主播黑名单和灰名单制度，加强对违规主播的联动惩戒。列入灰名单的主播经过一段时间的惩戒后可以复出，而列入黑名单的各平台联合永久封禁。

二　开展特色执法行动

国家版权局、全国"扫黄打非"工作小组办公室、国家市场监督管理总局等执法机构联合其他相关执法部门共同开展"剑网""净网""护苗"等专项执法行动，通过行政执法以及行刑衔接机制，加大行政处罚和司法打击力度，持续净化网络视听文化环境。

1. 打击侵权盗版"剑网"行动

"剑网"行动旨在打击侵权盗版，是贯彻落实《国家知识产权战略纲要》，促进信息产业发展和加强知识产权保护的重要举措。以国家版权局为首的"剑网"行动将打击网络侵权盗版作为版权执法的重点，以查处重大案件为手段，持续净化网络版权环境。"剑网"行动不仅有效打击网络侵权盗版行为，还对网络版权保护起到良好的促进作用。2000年至2018年，全国版权执法部门共查处包括网络版权案件在内的行政处罚案件14万起，移送司法机关案件5600起，收缴各类盗版制品8亿件。到2018年已连续14年开展"剑网"行动，共查处网络侵权盗版案6573起，尤其是查处快播案等一批有影响的典型案件，依法关闭侵权盗版网站6266个。[①]"剑网"行动不是国家版权局的单独执法行动，还需要其他执法单位的协同配合，形成一种联合执法机制。国家版权局、国家网信办、公安部等联合开展打击网络侵权盗版"剑网"专项行动，聚焦短视频、动漫等重点领域的版权监管，约谈相关涉嫌违法违规的平台或网站负责人，下架或删除涉嫌侵权盗版的短视频作品，收缴侵权盗版制品，有力打击了网络侵权盗版行为。

2. "净网"和"护苗"专项行动

全国"扫黄打非"办坚持开展"净网""护苗"等富有特色的专项整

---

① 中国信息通信研究院：《2018中国网络版权保护年度报告》，http://www.199it.com/archives/869531.html。

治行动卓有成效。据统计，仅 2018 年全国查办"扫黄打非"案件 1.2 万起，其中涉及刑事案件 1200 多起，刑事处罚 2670 人。全国"扫黄打非"办展开年度"净网""护苗""秋风"等专项整治活动，其中"净网"行动主要整治网络色情和低俗问题；"护苗"行动聚焦查办涉未成年人的"黄""非"案件；"秋风"行动重点打击假媒体假记者站假记者及新闻敲诈行为。在历年"净网"行动中，破获了全国"扫黄打非"办与公安部联合挂牌督办的江苏南京"6·16"特大网络传播淫秽物品牟利案等一批典型案件。在"护苗"行动中，根据全国"扫黄打非"办移交的线索，山东聊城破获"萌妹子"论坛传播儿童色情视频牟利案，抓获犯罪嫌疑人。

3. 市场监管"网剑"行动

"网剑"行动有时也称红盾网剑行动，是国家市场监督管理总局牵头的执法监管行动。国家市场监督管理总局、工业和信息化部、公安部、商务部、国家网信办等部门联合行动，打击网络不正当竞争行为，开展互联网广告治理。"网剑"行动执法检查重点随着市场突出问题而展开，近年来尤其是大力整治重点网站、移动端和自媒体账号的虚假违法广告。在监管部门通报的典型案件中，大约七成涉嫌网络虚假宣传或侵权假冒。

三 协同查办典型案件

政府部门在行政执法过程中查办的典型案件，往往是那些在某个区域或行业范围内影响重大、涉案人员较多、涉案金额巨大、违法违规性质恶劣、执法相处过程耗费资源较多、组织指挥复杂的案件；与互联网视频相关的一些典型案件，还具有高科技、隐蔽性强，以及社会传播范围广、地域跨度大等鲜明特点。为了维护法律法规的权威，以及维护互联网视频行业发展秩序，必须对重大典型案件加大查办力度。各政府行政执法部门在日常执法检查和特色执法行动中，发现案件线索，集中资源，部门联合，协同查办了一批社会影响恶劣的重大典型案件。

从政府行政执法中查办的典型案件可以发现，新媒体视频行业发展迅速，市场参与主体和视听产品众多，但市场失灵现象不时发生。从违法违规主体看，既有传播政治有害信息、虚假信息、淫秽色情视频的自媒体账号，也有网络直播中的违规主播，还有侵权盗版的各类网络平台等。从违法违规业态看，既有通过微博、微信等社交媒体传播虚假信息，也有动漫、游戏网站存在低俗内容，有的网络音乐平台、网络直播平台把关不严，有的第三方应用软件或网络云盘等收视、存储终端违法违规。从监管方式看，执法部门对市场主体采取的行政处罚包括约谈、责令下线、列入黑名单、罚款、关停、取缔以及行政拘留等。政府监管通过日常执法检查与集中打击相结合的执法方式，尤其是查办一批有影响力的重大典型案件，有力震慑了违法违规行为，整顿了行业秩序，推动行业健康发展。

在对公网互联网从严监管的同时，政府部门也加强了对专网互联网视频的监管，尤其是加强对 IPTV 和互联网电视的监管，牌照商、终端厂商和电信企业等市场主体牵涉其中。国家广电总局根据《专网及定向传播视听节目服务管理规定》，责令相关企业停止违规开展 IPTV 业务，责令对已开展的 IPTV 传输服务业务全面整改。对 IPTV、手机电视等互联网视频专网的监管，在原有行政许可制度的基础上，逐步形成以《专网及定向传播视听节目服务管理规定》和《互联网视听节目服务管理规定》等法规规章为监管框架的新监管体系。

四　政府监管执法特征

互联网视频分布广泛，行业类别众多，产品业态多样。行政监管往往多头交叉，综合治理繁芜复杂。随着行政审批制度和权力清单制度的改革，行政审批事项不断减少，事中事后监管不断加强，倒逼行政监管公开透明，推动监管方式创新。网络技术为监管赋能，助力监管能力提升。行政执法在传统联合执法机制的基础上，不断深化综合执法改革。政府行政监管执法呈现出以下特征。

1. 深化执法改革，监管方式灵活多样

网络视频服务实行分类管理。"无直播不新闻"，网络视频不仅成为传统媒体发展重心，还广泛应用在微博、微信、QQ、抖音等社交媒体，广泛分布于综合门户网站、视频网站、直播平台、游戏网站、电商网站、移动客户端等，根据《互联网视听节目服务管理规定》《互联网新闻信息服务管理规定》等相关法律规范，对互联网视听节目服务商实行分类管理，根据从事的相应服务业务分类，其须依法取得相应的资质条件。申请《信息网络传播视听节目许可证》主体必须为"国有独资或国有控股单位"，《互联网新闻信息服务管理规定》明确规定"非公有资本不得介入互联网新闻信息采编业务"。

国家加强顶层设计，不断深化综合执法机构和体制机制改革。江苏省在深化综合行政执法体制改革的过程中，省级改设执法监督局，负责执法标准制定、监督指导和重大执法、跨区域执法的组织协调，区县一级按照"一个部门一支队伍""一个领域一支队伍""一个区域一支队伍"等整合行政执法队伍。

在行政管理制度改革进程中，监管方式不断创新。"双随机、一公开"抽查制度，红名单、黑名单、灰名单、信用监管制度等在国务院顶层推动下，行政部门全面实施。随着《网络安全法》的颁布，互联网视频治理呈现严管严控的特点，行政主管部门通过约谈、整改、下架、删除、警示、罚款、取缔等监管手段使市场主体经营进一步规范化。

2. 构建监管平台，形成过程监管机制

各类视频监管平台、网络大数据、舆情大数据、市场主体信息库、执法检查信息库等为政府部门的动态过程监管带来便利。国家广电总局监管中心负责广播电视节目、信息网络视听节目、新媒体视听节目的监测，在省级网络视听节目监管平台的基础上形成的国家级网络视听节目监管平台，可以对各类音视频网站节目进行实时监测。国家市场监督管理总局建成的互联网广告监测中心，能够对互联网广告进行监测和预警；广告监测中心通过对重点客户端应用程序和热点微信公众号内互联网广告进行监测，不断提高移动端互联网广告监测监管智能化水平。国家版权局的作品版权信息库升级改造后，也成为智能监测监管平台。

监管平台升级有利于形成危机预警机制。主流视频网站、短视频平台、网络直播平台已建立音视频智能检测系统，在内部进行风险管控。政府部门建立的全平台监测监管平台，可直接对市场主体存在的风险进行识别、监测、分析、预警和处罚，变被动处置为主动出击。对重点监管企业平台、账号加强重点监管，做好高风险类群的甄别与防范。及时准确的情报数据是风险管理的前提，而风险管理和危机预警又是过程监管的重要手段，也是提升监管能力的有效途径。按照"反映先于反应、预警先于处理"的要求，大数据监管平台能够及时预警风险，为政府决策与处置提供科学依据，有利于合理调配监管力量，适时调整监管方式，更有针对性地开展监管执法，提高风险防控能力。[①]

监管数据联网有利于形成信息共享机制。各政府部门正在全面推进"互联网+监管"体系建设，构建的监管信息数据逐步形成联网联动。从地方政府部门的监测、监管信息数据库，到中央政府部门的监测、监管平台数据库，逐步把分级、分类监管平台数据变成各级政府共享跨平台集成监管信息数据，建立政府部门之间信息共享与联合惩戒机制，构建大数据、大监管的联动监管新格局，以监管信息化推动监管智能化。

3. 加强版权保护，提升行政监管效能

我国是最早立法保护网络视频版权的国家之一，构建了以《著作权法》为核心的版权保护体系。国家版权局发布的《作品自愿登记试行办法》《使用文字作品支付报酬办法》《互联网著作权行政保护办法》等部门规章和规范性文件，推动版权依法监管有序开展。

完善作品版权登记和信息库建设。政府大力推动各重点视频网站完善影视剧版权信息库建设，提高作品版权登记与技术保护水平。2017年2月，界面制作的短视频《川普背后神秘华人助选团长的一天》获得全国第一张短视频版权登记证书。全国著作权登记年年快速增长，2019年总量达418万件，同比增长21%；其中作品登记270万件，同比增长14.9%；计算机软件著作权登记148万件，同比增长34%。[②] 网络技术也能为版权监管赋能，国家版权监管平台建设完成后不断改造升级，国家版权局与各省级版权局、文化市场行政执法总队信息数据互联互通，具备版权执法监管、著作权登记等功能，还能进行线上版权执法取证，大大提升了版权执法信息化水平。

---

① 丁水平、林杰：《市场管理改革中事中事后监管制度创新研究——构建"多位一体"综合监管体系》，《理论月刊》2019年第4期。
② 国家版权局：《关于2019年全国著作权登记情况的通报》，http://www.ncac.gov.cn/chinacopyright/contents/483/413789.html。

加强知识产权海外纠纷服务指导。以国家海外知识产权纠纷应对指导中心为平台，构建一种新型海外知识产权纠纷指导与协调机制。海外知识产权信息服务平台"智南针"上线并推出微信公众号服务，提供海外知识产权法律法规、制度环境、实务指引、服务机构等资讯，为海外知识产权纠纷应对提供指引服务。南京"寰球智金"海外知识产权公共服务平台也已上线，助力企业应对海外知识产权纠纷。

创新版权监管方式，不仅全面建设影视作品版权信息库，而且坚持实施重点影视作品预警制度、涉嫌侵权网站警示制度、严重失信行为联合惩戒制度等。国家版权局每年不定期公布重点影视作品预警名单，通过公开通报、警示名单、约谈整改等监管手段，加大重点作品版权预警保护力度。2016 年到 2018 年分别对 284 部、72 部、201 部重点作品进行版权预警保护。重点作品版权预警制度把监管前移，不仅是对网络服务商的提醒告诫，也是知识产权信用监管的有效手段。

随着国家"剑网"专项行动的深入开展，视频平台企业版权意识也在提升，不断开发视频版权识别与保护技术，完善平台版权管理制度。微博、微信、抖音、快手等平台在用户协议中都增加了知识产权授权与保护的条款，用户协议大多规定用户同意委托平台维权等内容。如腾讯公司发布《腾讯知识产权保护白皮书》，对 QQ、QQ 空间、微信、腾讯视频、应用宝、腾讯微云六个系列产品涉及第三方的著作权、商标权等知识产权保护状况公开。腾讯视频依法处理涉及用户上传侵权视频的投诉案件每年超过 1 万件，其中著作权侵权投诉占到 90% 以上。腾讯对版权进行智能化管理，自主研发视频特征提取技术、视频指纹识别技术、关键词管理技术来管理和保护版权。此外，通过法律武器维护自身权益，也是平台企业维护版权的常见方式，而且原告主张的信息网络传播权大多以胜诉为主。从裁判文书网搜索短视频相关版权侵权案件，判例发生时间从 2017 年 1 月到 2019 年 5 月，共筛选出与视频相关案件 13 例，裁判结果全部为原告胜诉。

4. 增强服务理念，促进监管服务并重

政府在创新行政监管执法机制、方式、手段的过程中，日益注重市场主体的参与，加强协商机制，采用柔性监管模式，比如行政指导、行政协议、评优评奖、税收优惠、金融扶持等。同时强化服务理念，处理好行政监管和行政服务的关系。

监管本身不是目的，而是促进产业发展、维护市场秩序的重要手段。面对新媒体视频行业的快速发展，政府部门不仅要依法监督维护市场正常秩序，还需要强化服务理念促进产业健康发展。网络视频产业崛起与国际竞争力的提升，既需要政府产业政策和行政部门的强力支持，又需要国家法律和技术标准的安全保障。政府部门要转变观念，强化服务，充分认识到网络视频产业在活跃市场、创新技术方面的积极作用，为新媒体视频行业发展提供法律、政策、经济、技术标准等层面的支持与保障。

新媒体视频的监管手段可归结为五种，包括立法管理、行政执法、经济调控、技术控制以及行业自律。经济调控是政府促进、协调、控制产业发展的常用手段，经济性监管是政府监管的重要方式。政府行政监管的经济手段是指监管主体根据客观经济规律和物质利益原则，利用各种不同的经济杠杆调节经济利益主体之间的关系，也就是说可以运用价格、财政、税收、金融以及其他经济上的奖励或处罚等方法来引导市场主体的服务行为，以达到较高的经济利益和社会效益。与行政执法等其他监管方式相比，经济性监管是一种更直接的监管方式，它往往通过市场机制发挥作用。

不同的政府部门在经济性监管中发挥的作用不同，通过给予新媒体视频平台税收优惠政策，减小中小企业的负担，提供多样化的融资渠道，从而促进新媒体视频产业发展。国家广电总局设立网络视听节目内容建设扶持项目，通过奖励优秀网络视听节目创作，提升网络节目内容品质。地方广电部门也积极开展引导与扶持活动，如甘肃举行优秀微电影网络剧展播活动，山东举办"中国梦"原创网络节目大赛。这些比赛、展播、评奖评优与项目资助活动，从微观层面推动网络视听行业健康发展，促进网络视频内容生态健康繁荣。

第五节　所有权改革与监管

报刊、广播电视、电影等传统媒体从计划经济体制中经过试点改革，逐渐向市场经济体制演变。互联网新兴媒体则从一开始就多采用了市场经济体制，与国有传媒形成完全不同的赛道。互联网科技的迅速发展以及赋能用户的多样新媒体业态迅速垄断连接受众的传播渠道，传播格局的重大变革导致传统媒体创新求变。媒介融合与混合所有制改革为传统媒体和互联网新兴媒体带来了巨大的发展空间，现代公司制下股权的多元化导致传媒所有权结构发生变化，而所有权结构变化最终会影响传媒市场传播格局与内容结构。

一　传媒市场化改革回顾

1. 传统媒体市场化改革

传统的国有传媒包括新闻出版、广播电视以及电影等机构或企业实体。伴随着中国文化传媒市场化的各个阶段性改革，国有文化传媒企业大致经历国有文化传媒事业体制向"事业单位企业化管理"准市场化体制，最后到完全企业化市场体制的政策演变。由于在改革过程中按照先试点后推广的顺序进行，市场化改革进程中各行业体制改革进度不一，导致这些国有文化传媒市场主体还存在多个改革阶梯并存的局面。

邓小平南方谈话清晰阐述了社会主义本质，以及计划和市场的关系问题。中共十四大正式提出建设有中国特色的市场经济，此后互联网新媒体领域市场化改革快速发展，传统媒体改革提速，财政"断奶"、传媒集团化、广电制播分离、转企改制等业界实践不断推进国有传媒制度变迁。从此广播电视电影等传媒产业属性得到确认。1992 年 6 月，中共中央、国务院发布了《关于加快发展第三产业的决定》，把电视业确认为第三产业，承认电视产业属性，作为服务业的电视媒体开始了多元化经营改革。[①]1994 年上海电视台旗下的东方明珠股份有限公司在证券交易所上市，拉开了我国电视领域公司上市的序幕。湖南电视台旗下的电广传媒 1999 年上市，成为我国第一只涵盖广告代理发布、节目传输业务的上市公司。在有线电视网方面，随着 2001 年北京歌华有线公开上市，国家也开始放松对其资本运营方面的管制。2004 年国家广电总局颁布《关于促进广播影视产业发展的意见》，提出要区别广播影视公益性事业与经营性产业，按照现代

---

① 李然忠：《中国电视传媒市场化历程浅探》，《理论学习》2005 年第 4 期。

产权制度、现代企业制度的要求，深化经营性产业体制机制改革。逐步加大广播影视市场的开放力度，逐步放宽市场准入，吸引、鼓励国内外各类资本广泛参与广播影视产业发展，不断提高广播影视产业的社会化程度。① 以此为基础，国家对广播影视的产业经营放松管制，加大市场化改革力度。

同期电影行业的市场化改革迎难而上。面对加入世贸组织后好莱坞电影带来的巨大挑战，2001 年中国电影的院线制改革打破了"四级放映"的地方分割；2002 年开始允许社会和民营企业的资金进入电影全产业链，随后民营影视企业迅速成长，甚至多家影视公司陆续在国内外上市。市场经济带来的经济效益与体制差异倒逼改革。中国电影集团公司、上海电影（集团）有限公司等公司化、集团化改革提速。国有电影机构大多在这一阶段转变为企业，各级政府都为国有电影机构这轮企业化、公司化转制提供了不同程度的政策扶持和遗留困难的解决方案。② 以上海电影（集团）有限公司为例，2001 年开始转企改制；2003 年与美国华纳合资建立上海永华影城有限公司，该影院一度成为全国票房最高的影院。2012 年与上海精文投资有限公司共同成立上海电影股份有限公司，推动全面股份制改革；2014 年与复星集团联合成立上影复星文化产业投资基金，重点在产业链投资并购。2016 年 8 月，旗下主营发行放映的上海电影股份有限公司在国内证券交易所公开上市。2018 年上影联和院线在全国院线票房排名第三，院线加盟影院总数突破 509 家，银幕总数 3158 块，覆盖全国 27 个省 147 个市，累计票房 2.44 亿元，同比增长 18%。③ 2018 年上海电影将全资子公司天下票仓（上海）网络科技有限公司 51%股份挂牌出让。上海电影集团不仅控股上市公司上海电影股份有限公司，旗下还包括上海电影制片厂有限公司、上海电影译制厂有限公司、上海电影技术厂有限公司等，初步形成了电影电视剧制片、发行放映、技术服务、媒体传播、拍摄基地和电影教学等相互支撑的产业链。

---

① 国家广电总局：《国家广电总局〈关于促进广播影视产业发展的意见〉（摘要）》，《中国广播电视学刊》2004 年第 3 期。
② 尹鸿、洪宜：《改革进行时：国有电影企业的现状与走向》，《电影艺术》2019 年第 4 期。
③ 任仲伦：《沉重的飞翔——上影集团的变革与发展》，《电影新作》2019 年第 6 期。

与传统媒体不同，我国互联网新媒体从一开始就采取完全市场化的体制机制。在世纪之交，新浪、网易、搜狐等门户网站纷纷兴起，随后相继在美国证券交易所上市。2005年至2007年，在国内外风险资本的青睐下，我国视频网站迅速增加，56网、酷6网、优酷、土豆、PPTV、PPS视频、AcFun弹幕视频网等一批视频网站兴起。2007年国家规定互联网视听节目服务实施分类行政许可制度，视频网站开始依法治理和发展。随着4G智能手机的普及，移动直播和短视频平台借机崛起。智能电视、电脑、智能手机以及其他智能终端等多样化的视频传播格局逐步形成。

2. 媒体融合与混合所有制改革

新的传播技术革命导致新兴媒体发展迅猛，传统媒体的传播地位受到挑战甚至被颠覆，传统媒体和新兴媒体融合发展开始上升为国家战略。2014年8月，中央全面深化改革领导小组第四次会议通过的《关于推动传统媒体和新兴媒体融合发展的指导意见》，对媒体融合发展提出了明确要求：既要遵循新闻传播规律和新兴媒体发展规律，又要将技术建设和内容建设摆在同等重要的位置。2019年8月，中宣部、中央网信办、科技部、财政部、文化和旅游部、国家广播电视总局共同发布《关于促进文化和科技深度融合的指导意见》，推动媒体融合向纵深发展。在媒介融合过程中，传统媒体是媒体融合的重要主体之一，传统媒体通过资本市场、互联网技术嫁接与赋能，重新获得畅通的全媒体传播渠道，打通了传统媒体内容与社会大众的连接。传统媒体的内容、政策、牌照等优势也是互联网新兴媒体融合的动力。通过媒介融合，一批形态多样、手段先进、具有强大竞争力和传播力的新型媒体集团已经形成。

媒体融合与混合所有制改革相辅相成，从不同战线同步推进。2013年11月，中共十八届三中全会《关于全面深化改革若干重大问题的决定》，提出"国有资本、集体资本、非公有资本等交叉持股、相互融合的混合所有制经济，是基本经济制度的重要实现形式"。2015年9月，《国务院关于国有企业发展混合所有制经济的意见》，明确了国有企业发展混合所有制经济的总体要求。2019年11月，国资委印发《中央企业混合所有制改革操作指引》，为中央企业实施混合所有制改革提供具体指导。具体到传媒领域，随着人民网、新华网、芒果超媒、中国电影、上海电影、博纳影业、优酷土豆、哔哩哔哩、虎牙、新浪、微博、搜狐等一大批传媒公司在国内外证券交易所公开上市，其股权开始社会化和分散化，传媒所有权无论是宏观还是微观结构都发生了巨大变化。

在传媒市场化改革过程中，媒体自身利益、其代表的公共利益与各类商业利益相互交织，加上多元市场主体及其所有权拥有者的不同利益，媒体行为的复杂性和不确定性增加，在这种情势下，依据统一的法律规范监管现代传媒市场——即传媒法治化，成为必然趋势。

二　新媒体传播溢出效应

互联网改变了传统传播模式，单一的媒介传播形式日益向多媒介、全程传播模式转变。互联网新媒体传播的溢出效应本质上仍然是一个外部性命题，根据商业新媒体平台信息传播对传媒市场和社会大众带来或积极或消极的影响，可以区分出正面或负面完全不同的溢出效应。新型传媒集团公司的溢出效应包括知识溢出、技术溢出、人力资本溢出等正面效应。作为政府监管部门，在积极引导其发挥正面溢出效应的同时，也要警惕其负溢出效应。商业逻辑主导的新媒体平台，其影响不限于市场经济体系当中，对社会舆论、文化教育甚至政策制定等都有可能产生重要影响。国内外资本市场公开上市的新媒体企业面对的资本增值和股东利润回报的压力，刺激企业把能够为企业增值的信息传播放在优先级，而不能增值的信息往往被放入劣后级，导致新媒体信息传播的负外部性。从新闻信息传播软权力的视域，商业性新媒体信息传播的负溢出效应主要表现在以下几个方面。

首先，存在传播话语权局部失范。随着传播的话语权日益聚焦于新媒体，新媒体事实上已经成为社会公众的第一新闻信息来源。新媒体平台在技术赋权的同时，传播主体更加多元化，不仅有党政机关、传统媒体，还有文化、商业企业和其他社会组织以及社会个体。新媒体平台低门槛、碎片化、生活化的信息传播机制，往往模糊了公共领域与私人生活领域的界限，多元价值观涌现的不同话语也在网络传播中不时交汇、碰撞，这些现象的存在，不同程度上给主流价值观传播造成一定的干扰甚至破坏。

美国经济学家斯蒂格利茨认为："当个人或厂商的一种行为直接影响

到他人，却没有给予支付或得到补偿时，就出现了外部性。"① 跨国公司的经济活动不仅在经济领域具有重要影响，也会对社会、文化甚至政治领域产生重要影响。大型垄断性信息传播平台的资讯传播相对其他经济活动而言具有更强的外部性。其正外部性不容置疑，在提高企业国际传播竞争力的同时，也给民众带来信息传播与接受的便利。但是，其负外部性也不容忽视。网络信息传播的负外部性是指网络信息服务提供商在从事信息服务时为追求企业利益最大化和成本最小化，对质量低劣的网络信息不加治理，放任其在网络蔓延，污染信息网络空间，造成损害他人正当权益、公共利益、社会政治经济秩序乃至文化信息安全等消极后果。② 网络信息传播中依然存在侵犯版权、造谣诽谤、泄露隐私等现象。根据中国互联网络信息中心发布的新闻客户端信息生态指数，商业网站或多或少存在一些新闻信息传播问题，商业网站新闻客户端整体生态表现不如传统媒体新闻客户端，不同程度存在经常推送负面信息、自媒体管理不规范等现象。③

人工智能环境下网络信息传播的负外部性问题出现失衡。在新媒体传播平台，自媒体信息传播问题突出，政府执法部门依法查处的违法违规自媒体公众号众多，其中有的传播虚假信息，有的肆意传播低俗色情信息，有的肆意抄袭侵权等。网络信息传播的负外部性不仅污染了信息网络空间，也增加了社会治理成本。如果网络新媒体传播低级趣味内容给社会带来消极影响却没有承担相应的社会治理成本，那么市场中令人担心的劣币驱逐良币现象就会迅速蔓延。传统媒体的价值观是专业精英把关，而算法推荐有时迎合用户的价值观，一些用户喜欢非理性的、低俗的信息，如果视频平台一味降低传播底线，价值体系就会崩塌。

其次，存在信息把关权滥用现象。网络新媒体平台已经成为大众的主要信息入口，它们已经代替传统媒体成为现代流新闻和信息流背后的超级把关人。无论是算法推荐还是人工审核，信息传播中的把关过程实质上是

---

① 〔美〕约瑟夫·E. 斯蒂格利茨、卡尔·E. 沃尔什：《经济学》（第四版），黄险峰、张帆译，中国人民大学出版社，2013，第138页。
② 杨君佐：《网络信息负外部性的法律控制》，《情报科学》2010年第2期。
③ 《新闻客户端信息生态指数2018年9月榜：商业网站新闻客户端内容安全保障能力有待改善》，中国网信网，http://www.cac.gov.cn/2018-10/13/c_1123552520.htm。

对信息筛选做出决策的过程。而新媒体的资本结构或控制者对信息传播决策有显著影响。我国互联网信息传播遵循商业化、市场化逻辑迅速发展壮大。传统媒体主导的格局转变为新媒体主导的传播格局，从信息传播权力的角度看，产生了传播权力的转移和新的权力代理结构。政治传播权力理论认为，信息传播场域也是权力生产场域，各种政治权力、经济权力、文化权力和象征权力或强横或含蓄地展示着自身的存在。信息传播者权力的来源，或通过制作文本、生产意义和知识，从而生产权力；或凭借其在传受关系中的地位和与其他社会权力机构的关系生产权力；或通过掌握的传播渠道和传播技术生产权力。① 西方新闻观刻意强调新闻信息传播的产业或商品属性，竭力掩盖信息传播的意识形态属性。被商业资本渗透和控制的传播媒体，不能侵犯其控制者即资本集团自身的根本利益，这是西方国家商业媒体的潜规则。

　　新媒体信息传播权力的代理结构形成以后，随着企业的扩张，其公司权力不断壮大，各种政治经济学意义上的寻租腐败问题也随之出现。当事人违法寻租意愿大小，"关键取决于投入所带来的预期效用扣除为其支付的预期价格后的预期净效用的大小。预期效用等于预期所得乘上被发现的概率。预期所得越大，被发现的概率越小，预期效用越大，对寻租的需求动力就越强"②。互联网新媒体的权力寻租往往是"以数字信息、技术管理权限为砝码，操控某些新闻信息在网络空间中的显示规则，进而影响并制约网络舆论场域的构成"③。有偿删帖、网络敲诈、造谣诽谤等形式是新媒体平台或自媒体账号进行寻租的典型表现。国家网信办、"扫黄打非"办、国家广电总局、公安部等执法部门联合开展的"网络敲诈和有偿删帖"专项整治，查处了一批影响恶劣的典型案件，比如凤凰网编辑邱某受贿11.8万元，删改文章过万篇获刑五年；腾讯网编辑王某在删除网络信息中由于行贿受贿被法院判处有期徒刑六年。从相关的司法案件可以看出，甚至还有一些寄生在新媒体平台上的少数自媒体经营者也成为权力寻租的一员。

---

① 刘立刚：《新闻传播过程中传播者的权力生成》，《新闻与传播研究》2013年第10期。
② 李大庆、陈蓉、张洪见：《对垄断企业寻租行为发生机制及防治措施的经济学分析》，《商业经济》2012年第12期。
③ 周高琴：《网络媒体权力寻租的表现、原因及对策》，《编辑之友》2016年第7期。

另外，新闻表述权存在失当现象。智媒体时代，互联网新媒体的新闻信息发布与表述日益严格，逐渐遵循传统媒体的新闻伦理和专业标准。面对同一新闻事件，不同新闻媒体由于采写重点详略不同，标题制作不一，表述各有侧重，导致不同媒体的新闻真实性出现质性和程度上的差异。网站编辑对源于各大传统媒体的新闻报道进行恰当编辑、重新表述，本来也无可非议。但是有意或无意的不当表述，却容易误导受众，造成舆论导向错误，其中尤以"标题党"为人所诟病。"标题党"往往歪曲新闻原意，借助哗众取宠、充满噱头的标题来吸引受众注意，标题和内容严重脱节，甚至存在"正题歪做违反正确导向""侮辱调侃突破道德底线""无中生有违背新闻真实""格调低俗败坏社会风俗""断章取义歪曲报道原意""夸大事实引发社会恐慌"等现象。"标题党"式的新闻制造和信息传播具有较为明显的利益倾向，有明显的工具性和社会危害性特征。① 《解放军报》的一篇新闻评论《保持军队党组织和干部队伍的纯洁性》，有些网站改编后变为《解放军承认最大敌人是腐败　正严重影响战斗力》《腐败是腐蚀解放军纯洁肌肤的最大毒素》等标题。网站改编后的新闻标题重点在于突出"腐败"标签，把原来的正面宣传变成了负面报道，这正是"正题歪做违反正确导向""断章取义歪曲报道原意"的典型。所谓"标题党"还用警察、官员、"富二代"、"官二代"、"宝马"等具有特定指向的标签化语言吸引眼球，挑唆网民对社会的不满，引起或激化各种社会矛盾。对此，国家颁布的互联网新闻信息标题规范管理规定，明确要求新闻网站把正确舆论导向贯穿互联网新闻采写、编排和分发等各环节，尤其在重大时政新闻和重大突发事件等新闻信息传播中，标题内容要传达正确的立场观点和态度，确保舆论导向正确。转载其他单位信息稿件，要求在正文前显著位置标注来源媒体名称、原稿件标题和原编辑姓名。互联网新闻信息标题表述不得出现下列情况：歪曲原意、断章取义、以偏概全；偷换概念、虚假夸大、无中生有；低俗、媚俗、暴力、血腥、色情；哗众取宠、攻

---

① 杨保军、朱立芳：《伪新闻：虚假新闻的"隐存者"》，《新闻记者》2015 年第 8 期。

击、侮辱、玩噱头式的语言以及明显违反社会公序良俗的其他内容。[①] 同时还严禁各种具有暗示或指向意义的页面编排、标题拼接等。

新媒体传播的负外部性需要政府执法部门的有效监督。"党管媒体和商业媒体的负责人对媒体使命的认识是不同的。党管媒体的媒体使命在于政见宣导，而商业媒体的使命在于为股东赚钱。"[②] 尽管多元的媒体结构生态有利于多样化的信息传播，但是，资本或者说新媒体控制者对信息传播的干预和控制，这种现象在国内外并不鲜见，最常见的就是国内外各大新媒体平台对自身公司暴露的各种丑闻进行明显的传播控制。媒介作为一个权力的工具和代理而运行，总体上反映媒介资本控制者的根本利益。有人对广州市场化报纸详细研究后发现："由具有深厚房地产开发背景的侨鑫集团经营的《新快报》，尽管其在新闻采编上与羊城晚报集团共享资源，但侨鑫集团作为该报的经营者对报纸的日常新闻报道有着十分重要的影响，对于有损集团业务和房地产行业利益的新闻都有明显的自我审查。"[③] 传统媒体如此，新媒体平台从本质上说也是这样。因此，具有意识形态功能的新媒体平台背后的资本结构，对其传播内容选择产生了重要影响。

三　资本穿透式监管规则

在特定历史条件下对某些特定行业实行行政许可管制，不是我国所特有的，在美国、英国、澳大利亚等西方国家也极为常见，尤其是涉及意识形态国家机器的传媒领域更是如此。

1. 我国对网络媒体服务领域投资的限制

按照国家行政许可制度，我国对互联网视听节目服务实施分类管理，在互联网新闻信息采编发布等特定领域对境外资本、民营资本依法设立许可限制。我国加入世贸组织后，为了规范文化传媒领域引进外资工作，维

---

① 国家互联网信息办公室：《互联网新闻信息标题规范管理规定（暂行）》（2017年1月），http://www.jiading.gov.cn/zqgl/zcwj/gjbmgz/content_478307。

② 邓理峰：《声音的竞争——解构企业公共关系影响新闻生产的机制》，中国传媒大学出版社，2014，第3页。

③ 朱亚鹏、肖棣文：《谁在影响中国的媒体议程：基于两份报纸报道立场的分析》，《公共行政评论》2012年第4期。

护国家意识形态安全，促进产业健康发展，文化部、国家广电总局等联合颁布《关于文化领域引进外资的若干意见》，对外商能够进入的文化领域、限制进入的领域以及禁止进入的文化领域有详细规定。其中规定："禁止外商投资设立和经营新闻机构、广播电台（站）、电视台（站）、广播电视传输覆盖网、广播电视节目制作及播放公司、电影制作公司、互联网文化经营机构和互联网上网服务营业场所（港澳除外）、文艺表演团体、电影进口和发行及录像放映公司。"禁止外商投资以及"利用信息网络开展视听节目服务、新闻网站和互联网出版等业务。"①

依照国家有关法律规范，广播电视台、网络广播电视台、IPTV以及互联网新闻信息服务、互联网视听节目服务等特定领域属于限制外资进入的领域。《互联网新闻信息服务管理规定》第七条规定："任何组织不得设立中外合资经营、中外合作经营和外资经营的互联网新闻信息服务单位。"②互联网新闻信息服务，包括互联网新闻信息采编发布服务、转载服务、传播平台服务。《互联网新闻信息服务管理规定》第八条规定，互联网新闻信息服务应当把采编业务和经营业务分开，非公有资本不得介入互联网新闻信息采编业务。该法第六条还规定，申请互联网新闻信息采编发布服务许可的，应当是新闻单位（含其控股的单位）或新闻宣传部门主管的单位。也就是说，互联网新闻信息采编发布服务是属于限制外资和民资进入的领域。

《专网及定向传播视听节目服务管理规定》第六条明确规定，申请从事专网及定向传播视听节目服务的单位，应当"具备法人资格，为国有独资或者国有控股单位""外商独资、中外合资、中外合作机构，不得从事专网及定向传播视听节目服务"。③ 这里的专网及定向传播视听节目服务，指的是以电视机、手机、平板电脑（IPAD）等为接收终端，通过局域网或

---

① 《文化部、广播电影电视总局、新闻出版总署、国家发展和改革委员会、商务部关于文化领域引进外资的若干意见》（2005年7月6日），《新疆新闻出版》2005年第5期。
② 国家互联网信息办公室：《互联网新闻信息服务管理规定》（2017），中国网信网，http://www.cac.gov.cn/2017-05/02/c_1120902760.htm。
③ 国家新闻出版广电总局：《专网及定向传播视听节目服务管理规定》（2016），http://www.gapp.gov.cn/sapprft/govpublic/6682/859.shtml。

者互联网等信息网络，以交互式网络电视（IPTV）、互联网电视、专网手机电视等形式，向社会大众定向传播广播电视节目等视听节目。随着传媒领域的市场化发展、混合所有制改革以及新媒体公司在国内外的公开上市，应该对混合所有制新媒体企业中"国有控股"的层级结构与每个公司的资本结构进行具体限制与动态监督。

根据《互联网视听节目服务管理规定》第八条规定，申请《信息网络传播视听节目许可证》的必须是国有独资或国有控股单位，且申请前三年没有违法违规。此规定基本上排除了外资、民资独立从事相关服务的可能性。网络视听节目包括新闻、娱乐、教育、服务等不同节目类型，从产业链的角度其类型又分为内容生产制作、网络节目集成运营、网络平台转播等上下游机构，接收终端有计算机、电视机、手机及其他电子设备等。《信息网络传播视听节目许可证》由国家广电总局按照业务类别、接收终端、传输网络等进行分类核发。《信息网络传播视听节目许可证》与《广播电视节目制作经营许可证》不同的是，后者允许制作包括广播剧、电视剧等视频内容，而前者不能自己制作视频节目。

投资创办传统形式的广播电台、电视台、教育电视台均对外资及民营资本实施管制。根据《广播电视管理条例》第十条等相关规定，"广播电台、电视台由县、不设区的市以上人民政府广播电视行政部门设立，其中教育电视台可以由设区的市、自治州以上人民政府教育行政部门设立。其他任何单位和个人不得设立广播电台、电视台。国家禁止设立外资经营、中外合资经营和中外合作经营的广播电台、电视台"①。而且规定广播电台、电视台不得出租或转让播出时段。早在2011年，安徽省出现一些私人建设的小型无线发射的非法电视台（点），播放盗版影视剧和广告，遭到广电部门的查处。② 中国加入世贸组织前后，外资的华娱电视和星空卫视获准在广东省有限制地落地；作为交换，时代华纳和新闻集团帮助中央电视台CCTV9在美国、英国落地。此后，新闻集团与青海卫视合作的电视栏

---

① 《广播电视管理条例（2017修订）》，中央人民政府网站，http://www.gov.cn/gongbao/content/2017/content_5219149.htm。

② 新华社：《"安徽出现非法私人电视台"情况基本属实》，《大众日报》2011年3月22日，第5版。

目被叫停。美国新闻集团将旗下星空卫视普通话频道等的控股权,出售给具有国资背景的华人文化产业投资基金。① 2014 年 1 月,华人文化产业投资基金买下星空传媒境内余下的股份,变为全资控股。

我国把互联网信息服务分为经营性和非经营性两类,分别实施行政许可制度和备案制度。《互联网信息服务管理办法》第十七条规定,"经营性互联网信息服务提供者申请在境内境外上市或者同外商合资、合作,应当事先经国务院信息产业主管部门审查同意;其中,外商投资的比例应当符合有关法律、行政法规的规定。"② 此外,互联网文化活动也划分为经营性和非经营性两大类别,分别实施行政许可制度和备案制度。根据《互联网文化管理暂行规定》第十一条的相关规定,申请的经营性互联网文化活动经文化产业主管部门批准后,应当持《网络文化经营许可证》,按照《互联网信息服务管理办法》的规定,到相应的电信管理机构或者国务院信息产业主管部门办理相关手续。③ 民营资本从事互联网文化活动的限制相对比较少。

尽管法律规制对外资和民资有一些进入许可限制,但是当国有传媒企业与社会资本甚至国际资本形成多元混合所有制企业时,问题可能变得复杂得多。腾讯控股、阿里影业、搜狐、微博、爱奇艺、哔哩哔哩、虎牙等一系列传媒企业已经在国内外证券交易所上市,其中有些公司外资占比超过 30%,企业性质变得更为模糊,这些新媒体公司是否突破了国家有关外资进入互联网新闻信息服务或者互联网视听节目服务等特定领域的限制性规定?对于民营资本的行业准入限制同样也面临这样的尴尬境地。北京字节跳动科技有限公司通过收购山西运城市阳光文化传媒有限公司,从而间接取得《信息网络传播视听节目许可证》。今日头条曾因缺乏资质非法提供新闻信息服务被勒令整顿。有些网络视频企业或从事互联网新闻信息服务的企业,通过收购或参股国有传媒公司而间接获得许可牌照,有些是多

---

① 刘亮:《新闻集团兵败中国》,《财经国家周刊》2010 年第 18 期。
② 《互联网信息服务管理办法》(2011 年修订),中央人民政府网站,http://www.gov.cn/gongbao/content/2011/content_1860864.htm? IDTc6TT2Il0。
③ 《互联网文化管理暂行规定》(2017 年修订),文化和旅游部网站,http://zwgk.mct.gov.cn/auto255/201801/t20180108_830570.html? keywords=。

个企业共同拥有一张业务许可证。按照《互联网新闻信息服务管理规定》第六条规定，国有资本新闻单位包含其控股企业，属于允许申请互联网新闻信息采编发布服务许可的情况，但是对"控股"一词监管者和市场参与者可能出现不一致的理解，控股包括"绝对控股"和"相对控股"，无论如何，都为民营资本的进入开辟了道路；因此该法第六条还特别规定："符合条件的互联网新闻信息服务提供者实行特殊管理股制度，具体实施办法由国家互联网信息办公室另行制定。"《专网及定向传播视听节目服务管理规定》《互联网视听节目服务管理规定》也有相似的规定，允许"国有控股单位"申请相关的行政许可。各种新兴技术的互联网公司往往包含多元混合资本的投资，尤其是具有较大风险承受能力的创投资本的投资，这种混合所有制企业如何定性？特殊管理股制度如何实施与保障？这些实践中的问题需要政府部门重视。

2. 西方传媒所有权控制的"15%规则"

我国在传媒领域实施公司制、股份制改革以及混合所有制改革，一些新兴的传媒公司采取混合所有制形式经营，那些已经在国内外证券交易所公开上市的新媒体公司股权分散后，对于传媒公司进行控制与干预的形式、手段已经发生变化。政府监管者对传媒集团公司的所有权结构十分关注，因为所有权结构直接反映实质控制者。

实行商业化的西方国家，对于传媒公司的股权结构也有一系列规定。根据澳大利亚《媒体所有权管理法》，通信和媒体管理局（Australian Communications and Media Authority，ACMA）有权审查违反该法的传媒公司投融资与并购行为。根据该法，跨媒体所有权限制的重点是控制权。该法附表一第六节规定了一个简单的"15%规则"，用以确定一个人是否控制了一家公司。如果一个人在一家公司拥有超过15%的公司权益（例如投票权、股权或股息权益），则在没有相反证据的情况下，该人被视为有能力控制该公司。该法还明确规定，一个人可以以低于15%的比例控制一家公司。例如，如果没有任何其他人拥有超过2%的股份，并且其他人没有采取一致行动，则持有10%的股份将构成控制权。或者，如果股份持有人向贷款人做出承诺，持有51%的股份可能不构成控制权。在这种情况下，贷款人可能处于控制地位。"15%"规则不仅适用于直接持有公司的权益，也适用于公司的间接持股。① 2019 年 8 月，澳大利亚通信和媒体管理局发现 WIN Corporation Pty Ltd. 的所有者戈登（Bruce Gordon）就其在 Prime Media Group Limited 公司的股权交易中违反了媒体所有权管理法中有关 15%的比例控制规定，但戈登意识到涉嫌违法行为后立即卖出了相关股票，并且戈登在这次股权交易期间没有采取任何实质性措施控制该公司。因此澳大利亚通信和媒体管理局在调查后未进一步采取处罚措施。

西方国家的互联网新闻信息传播表明，互联网与电子传播系统一样，正以前所未有的深度和广度在社会和文化范围内直接推销资本主义经济。② 信息社会的假象背后隐藏的仍然是压迫和剥削本质，互联网信息传播所有权拥有者仍然试图以各种新的手段和方式来控制互联网。被商业资本控制的各种新媒体，在经营运作时不能侵犯媒体控制者的根本利益，这已经为西方发达国家商业化媒体所证明。

传媒需要承担社会责任，坚持经济效益和社会效益相统一，并且把社会效益放在首位。对于混合所有制中的新媒体集团公司，资本的利润逻辑与媒体的社会责任逻辑不时会发生冲突。随着新媒体视听传播格局的重大变迁，政府监管与治理机制也亟待创新。

首先，新媒体公司实施特殊管理股制度改革的有益探索。随着国有传媒股份制改革和媒介融合的深入推进，中央提出要探索特殊管理股制度。要求"在互联网新闻信息服务、网络出版服务、信息网络传播视听节目服务等领域开展特殊管理股试点"③。北京铁血科技股份公司率先开展特殊管理股试点，向人民网定向发行 91 万股普通股，占其总股本的 1.5%。人民网派出的董事对于铁血科技股份公司总编辑任免有"一票否决权"。互联网新闻信息服务领域的新媒体公司实施特殊管理股试点，在媒介融合的初期和中期，往往采取"国有资本入驻非公资本"的形式，互联网新闻信息

① Media Ownership Regulation in Australia, E‐Brief: Online only issued 22 October, 2001; updated 30 May, 2006, https://www.aph.gov.au/about_parliament/parliamentary_departments/parliamentary_library/publications_archive/archive/mediaregulation.
② 陈世华：《北美传播政治经济学研究》，社会科学文献出版社，2017，第 152 页。
③ 中共中央办公厅、国务院办公厅印发《关于促进移动互联网健康有序发展的意见》，中央人民政府网站，http://www.gov.cn/zhengce/2017-01/15/content_5160060.htm。

服务商采取定向发行等形式"将部分股权转让给国有资产或国有新闻单位，并赋予后者一定的特殊管理股权力，仅在资本并购、重大经营意识形态问题上有一定的话语权，而不过多地干预互联网新闻信息服务提供者的经营发展战略"①。在媒介融合过程中，新成立或重组形成的国有资本与非公社会资本混合所有制新媒体公司，有利于发挥市场机制提高企业活力和效率，而特殊管理股制度可以确保其政治方向与舆论导向。

其次，新媒体资本方干预行为的依法调查与约制。在混合所有制新媒体公司，传媒控制者或实际上拥有控制权的实施者不一定占有绝对控股权，一些超过 5% 股份甚至更少股份的股东对企业新闻信息传播决策也有重大影响。当这些传媒控制实施者在新闻信息服务或互联网传播视听节目服务中实施了不当干预，尤其是产生恶劣社会影响时，政府监管部门及时依法调查与约制。2020 年 6 月，国家网信办指导北京市网信办约谈新浪微博负责人，对微博在蒋某舆论事件中干扰网络传播秩序等问题，网信办责令其整改，暂停更新微博热搜榜一周，依法予以罚款。② 蒋某是阿里巴巴集团高管，其疑似出轨事件迅速在微博登上热搜。微博平台当日将所有相关负面言论、热搜全部撤下、删除。资本权力干预传媒信息传播的现象屡见不鲜，资本权力不仅可以将某个特定信息捧上热搜，也可以让其撤下热搜，甚至还可以锁定热搜。在公权力之外，公司权力等私权力日益扩张，网络传媒信息也成为资源配置或诱导的重要方式。

国家对于有外资参股的新媒体集团或在境内外上市的有重要影响力的新媒体公司进行穿透式股份结构的监管，不仅上市公司应该定期公布股权结构，未上市的大型新媒体公司也应该接受股权结构监督，其外资大股东是否对新媒体新闻信息传播进行了干预，政府监管部门可以责令新媒体公司自查。新媒体"两微一端"中的新闻信息传播重点平台不仅有聚合新闻信息以及转载行为，还有专业新闻机构、政府部门、企业和其他自媒体生产的内容，各大平台应该公布其内容审查标准以及新闻信息传播干预与投

---

① 付国乐、张志强：《中国出版传媒业的创新共生：媒介融合与特殊管理股》，《现代传播》2018 年第 7 期。

② 《国家网信办指导北京市网信办依法约谈处罚新浪微博》，http://www.cac.gov.cn/2020-06/10/c_1593350719478753.htm。

诉的流程。政府可以委托第三方对重点新闻信息传播平台的舆论导向进行定期评估，并就是否存在新闻信息传播结构性缺失或潜在的不当过滤进行报告。同样，对于以智能算法推荐新闻信息的服务平台，也可以进行舆论导向评估和信息结构报告，如果存在不当过滤干预或人工智能算法推荐失衡问题，也应该责令纠正。

本章小结

我国抓住加入世贸组织的战略机遇期，在全球互联网技术与监管型国家建设的互动发展过程中，行政组织沿袭传统条块结构特点，衍生出常规现象式监管机制、模糊举报式监管机制、联合执法网警巡查式监管机制等监管执法机制。尽管政府强调"网上网下同一标准"，但是对于广播电视台视听节目、视频网站中的影视长视频的事前监管比较充分，加上政府部门的预警机制，以及广播电视台节目、IPTV、互联网电视、互联网新媒体视频内容等监管平台与监管技术体系的不断完善，互联网视听内容监管更好地贯彻了意识形态和网络安全管控的要求。对于社交媒体、小程序、移动直播、算法推荐短视频、视频号等不断涌现的新技术新业态的监管，政府部门主要采取以鼓励创新、融合发展、监管督查、奖惩结合、逐步治理为内涵的渐进式监管模式，逐步走向内容审核规范化，行业治理法治化。总之，在行政监管实践中，借鉴回应性监管理论，创新分类分级监管、联合惩戒、约谈制度等监管执法方式，以应对网络视频业态快速发展带来的挑战。

习近平总书记强调，要深刻认识互联网在国家管理和社会治理中的作用，以推行电子政务、建设新型智慧城市等为抓手，以数据集中和共享为途径，建设全国一体化的国家大数据中心，推进技术融合、业务融合、数据融合，实现跨层级、跨地域、跨系统、跨部门、跨业务的协同管理和服务。① 公共行政以善治为目标，在监管型政府向服务型政府转变过程中，

---

① 新华社：《习近平：加快推进网络信息技术自主创新 朝着建设网络强国目标不懈努力》，新华网，http://www.xinhuanet.com/politics/2016-10/09/c_1119682204.htm。

利用"互联网+"技术完善政府与社会组织、企业、公民等多方共治机制及其法律制度保障。政府部门继续完善并公开权力清单，强化权力的党内监督、社会监督和舆论监督，推动政府治理透明化、民主化、智能化和法治化。在市场化放权管理、法治化规范治理的进程中，行政、事业、企业之间存在的用人机制差异，仍然阻碍社会科技人才与行政人才的高效流动。应该进一步改革用人机制，让全社会人才资源高效流动和精准配置。

第三章 新媒体视频法治监管

法律，广义上指法的整体，包括法律、有法律效力的解释及其行政机关为执行法律而制定的规范性文件；狭义上指全国人民代表大会及其常务委员会制定的规范性文件。中国特色社会主义法律体系是以宪法为统帅，"以法律为主干，以行政法规、地方性法规为重要组成部分"，由"宪法相关法、民法商法、行政法、经济法、社会法、刑法、诉讼与非诉讼程序法"等多个法律部门组成的有机统一整体。①

第一节 法律规范的质性分析

中国是对新媒体视频依法监管最早的国家之一，相关法律法规建设和实施保障取得显著进步。全国人民代表大会及其常务委员会 2017 年制定法律 7 部，修改法律 32 部；截至 2017 年 12 月，我国有效法律共 263 部。② 全国人民代表大会及其常务委员会 2018 年制定法律 8 部，修改法律 47 部；2019 年制定法律 4 部，修改法律 13 部；2020 年制定法律 9 部，修改法律 12；截至 2021 年 1 月我国有效法律共 274 部。③ 其中近年来制定和修订的《民法典》《著作权法》《网络安全法》《电子商务法》《电影产业促进法》《广告法》《英雄烈士保护法》等法律规范，进一步提升了我国信息

---

① 国务院新闻办公室：《中国特色社会主义法律体系》（2011 年 10 月），中央人民政府网站，http：//www.gov.cn/jrzg/2011-10/27/content_1979498.htm。
② 中国法学会：《中国法治建设年度报告 2017》，法律出版社，2018。
③ 徐航、周誉东：《法工委发言人：我国现行有效法律共 274 件》，中国人大网，http：//www.npc.gov.cn/npc/c30834/202101/9a4eb008bb6f4d848ece1de9f660c44f.shtml。

网络依法治理水平。这些与时俱进的法律规范协调联动，形成较为完整的法治体系，保障我国网络信息安全和网络运行安全。

一　信息内容法律质性分析

互联网为人们的信息传播自由提供了更广阔的空间。但网络空间并非法外之地，网络信息传播自由的实现不能以损害国家利益、公共利益或者他人合法权益为代价。对互联网信息传播进行适当的法律限制是互联网信息传播自由得以实现的重要前提。互联网信息传播的法律限制包含传播内容和传播行为两个方面。互联网信息传播内容的限制是指法律对互联网信息传播者在互联网上传播的信息进行审查与规范，明确禁止传播的信息内容及其范围，以此来合理限制互联网信息传播权的行为。互联网信息传播行为的限制是指法律对互联网信息传播者在互联网上传播信息的行为方式进行审查与规范，明确禁止非法信息行为方式及其技术手段，以此来合理限制互联网信息传播权的行为，包括网络侵权行为的限制和实施网络犯罪的限制。① 事实上，互联网信息传播内容与传播的行为方式往往互为表里，难以完全独立，传播者无论是通过微博、微信、QQ、网络云盘还是网络直播的方式在互联网散布不良信息本身就构成违法犯罪行为，而利用互联网从事违法犯罪活动在很多情况下也需要在互联网上传播违法信息。

我国重要的信息内容法律规范（见表3-1）包括《刑法》《治安管理处罚法》《电影产业促进法》《广告法》《广播电视管理条例》《互联网信息服务管理办法》等，形成了一套完整的信息内容法律规范体系，不仅涵盖网络电影、网络广告、网络电视、互联网信息服务等各种网络传播载体或形式，也明确规定了禁止传播的信息内容与范围。

1. 信息内容作者或生产者的法律限制

我国《电影产业促进法》《广告法》《广播电视管理条例》《互联网信息服务管理办法》《音像制品管理条例》《出版管理条例》《计算机信息网络国际联网安全保护管理办法》等法律法规明确规定了禁止生产、制作或

---

① 周伟萌：《论互联网信息传播权的法律限制》，《广西社会科学》2013年第6期。

使用的信息内容。这些内容限制一般是包括新媒体视频在内的信息网络传播中普遍适用的。有些信息内容限制是某些行业特有的,如《广告法》规定禁止商业广告使用或者变相使用国旗、国歌、国徽,军旗、军歌、军徽;禁止使用"国家级""最高级""最佳"等用语。对一些特定内容的生产与行政许可,法律还规定了行政审查程序。《电影产业促进法》不仅明确规定了电影的禁止性内容,对于电影的审查还规定了主管部门应当组织专家评审。"进行电影审查应当组织不少于五名专家进行评审,由专家提出评审意见。""国务院电影主管部门应当根据本法制定完善电影审查的具体标准和程序,并向社会公布。"①

表 3-1　信息内容法律规范质性分析

法律法规	内容摘录	概念化	范畴化
《中华人民共和国刑法》(2020 年修订)	第三百六十四条 传播淫秽的书刊、影片、音像、图片或者其他淫秽物品,情节严重的,处二年以下有期徒刑、拘役或者管制。组织播放淫秽的电影、录像等音像制品的,处三年以下有期徒刑、拘役或者管制,并处罚金;情节严重的,处三年以上十年以下有期徒刑,并处罚金。②	A1 禁止传播淫秽物品 A2 判刑并罚款 A3 组织播放淫秽音像制品	AA1 维护国家安全和社会稳定 (A1、A10、A11、A16、A18) AA2 刑事处罚 (A2、A5) AA3 行为监管 (A3)
《中华人民共和国治安管理处罚法》(2012 年修订)	第六十八条　制作、运输、复制、出售、出租淫秽的书刊、图片、影片、音像制品等淫秽物品或者利用计算机信息网络、电话以及其他通讯工具传播淫秽信息的,处十日以上十五日以下拘留,可以并处三千元以下罚款;情节较轻的,处五日以下拘留或者五百元以下罚款。③	A4 利用计算机网络传播淫秽信息 A5 拘留并罚款	AA4 网络犯罪 (A4、A21、A22)

---

① 《中华人民共和国电影产业促进法》(2016 年 11 月 7 日第十二届全国人大常委会第二十四次会议通过),中国人大网,http://www.npc.gov.cn/zgrdw/npc/xinwen/2016-11/07/content_2001625.htm。

② 《中华人民共和国刑法》,刑法网,http://xingfa.org/。

③ 《中华人民共和国治安管理处罚法》(根据 2012 年 10 月 26 日第十一届全国人民代表大会常务委员会第二十九次会议《关于修改〈中华人民共和国治安管理处罚法〉的决定》修正),中国人大网,http://www.npc.gov.cn/wxzl/gongbao/2013-02/25/content_1790854.htm。

续表

法律法规	内容摘录	概念化	范畴化
《中华人民共和国英雄烈士保护法》（2018）	第二十二条　禁止歪曲、丑化、亵渎、否定英雄烈士事迹和精神。英雄烈士的姓名、肖像、名誉、荣誉受法律保护。任何组织和个人不得在公共场所、互联网或者利用广播电视、电影、出版物等，以侮辱、诽谤或者其他方式侵害英雄烈士的姓名、肖像、名誉、荣誉。任何组织和个人不得将英雄烈士的姓名、肖像用于或者变相用于商标、商业广告，损害英雄烈士的名誉、荣誉。①	A6 保护英雄烈士事迹和精神	AA5 保护个人合法权利（A6、A7、A12、A13、A17）
《中华人民共和国未成年人保护法》（2012 年修订）	第三十四条　禁止任何组织、个人制作或者向未成年人出售、出租或者以其他方式传播淫秽、暴力、凶杀、恐怖、赌博等毒害未成年人的图书、报刊、音像制品、电子出版物以及网络信息等。②	A7 禁止向未成年人传播有害信息	
《中华人民共和国电影产业促进法》（2016）	第十六条　电影不得含有下列内容：（一）违反宪法确定的基本原则，煽动抗拒或者破坏宪法、法律、行政法规实施；（二）危害国家统一、主权和领土完整，泄露国家秘密，危害国家安全，损害国家尊严、荣誉和利益，宣扬恐怖主义、极端主义；（三）诋毁民族优秀文化传统，煽动民族仇恨、民族歧视，侵害民族风俗习惯，歪曲民族历史或者民族历史人物，伤害民族感情，破坏民族团结；（四）煽动破坏国家宗教政策，宣扬邪教、迷信；（五）危害社会公德，扰乱社会秩序，破坏社会稳定，宣扬淫秽、赌博、吸毒，渲染暴力、恐怖，教唆犯罪或者传授犯罪方法；（六）侵害未成年人合法权益或者损害未成年人身心健康；（七）侮辱、诽谤他人或者散布他人隐私，侵害他人合法权益；（八）法律、行政法规禁止的其他内容。③	A8 电影 A9 电影内容限制 A10 不得危害国家安全 A11 不得扰乱社会秩序 A12 不得损害未成年人身心健康 A13 不得侵害他人名誉	AA6 传播载体（A8、A14、A23、A29、A31） AA7 内容监管（A9、A15、A24、A30、A32、A33、A36）

---

①　《中华人民共和国英雄烈士保护法》（2018 年 4 月 27 日第十三届全国人民代表大会常务委员会第二次会议通过），中国人大网，http：//www.npc.gov.cn/npc/c30834/201804/b99ae712c00249edb6afc8d82a17627b.shtml。

②　《中华人民共和国未成年人保护法》（根据 2012 年 10 月 26 日第十一届全国人民代表大会常务委员会第二十九次会议《关于修改〈中华人民共和国未成年人保护法〉的决定》修正），中国人大网，http：//www.npc.gov.cn/wxzl/gongbao/2013-02/25/content_1790872.htm。

③　《中华人民共和国电影产业促进法》（2016 年 11 月 7 日第十二届全国人大常委会第二十四次会议通过），中国人大网，http：//www.npc.gov.cn/npc/c12435/201611/fc90ed86fcda49329ff632d8ece84398.shtml。

续表

法律法规	内容摘录	概念化	范畴化
《中华人民共和国广告法》（2018年修订）	第九条 广告不得有下列情形：（一）使用或者变相使用中华人民共和国的国旗、国歌、国徽，军旗、军歌、军徽；（二）使用或者变相使用国家机关、国家机关工作人员的名义或者形象；（三）使用"国家级"、"最高级"、"最佳"等用语；（四）损害国家的尊严或者利益，泄露国家秘密；（五）妨碍社会安定，损害社会公共利益；（六）危害人身、财产安全，泄露个人隐私；（七）妨碍社会公共秩序或者违背社会良好风尚；（八）含有淫秽、色情、赌博、迷信、恐怖、暴力的内容；（九）含有民族、种族、宗教、性别歧视的内容；（十）妨碍环境、自然资源或者文化遗产保护；（十一）法律、行政法规规定禁止的其他情形。①	A14 网络广告 A15 广告禁止情形 A16 不得使用国家机关形象 A17 不得危害人身财产安全 A18 不得妨碍文化遗产保护	
《中华人民共和国网络安全法》（2016）	第四十六条 任何个人和组织应当对其使用网络的行为负责，不得设立用于实施诈骗，传授犯罪方法、制作或者销售违禁物品、管制物品等违法犯罪活动的网站、通讯群组，不得利用网络发布涉及实施诈骗，制作或者销售违禁物品、管制物品以及其他违法犯罪活动的信息。②	A19 网络用户 A20 对网络使用行为负责 A21 制作违法网站 A22 传播违法活动信息	AA8 调节对象（A19、A26、A35、A37） AA9 承担应尽责任（A20、A25）
《广播电视管理条例》（2020年修订）	第三十二条 广播电台、电视台应当提高广播电视节目质量，增加国产优秀节目数量，禁止制作、播放载有下列内容的节目：（一）危害国家的统一、主权和领土完整的；（二）危害国家的安全、荣誉和利益的；（三）煽动民族分裂，破坏民族团结的；（四）泄露国家秘密的；（五）诽谤、侮辱他人的；（六）宣扬淫秽、迷信或者渲染暴力的；（七）法律、行政法规规定禁止的其他内容。③	A23 广播电视 A24 节目内容限制 A25 提高节目质量	

① 《中华人民共和国广告法》（根据2018年10月26日第十三届全国人民代表大会常务委员会第六次会议《关于修改〈中华人民共和国野生动物保护法〉等十五部法律的决定》修正），中国人大网，http://www.npc.gov.cn/npc/c12435/201811/c10c8b8f625c4a6ea2739e 3f20191e32.shtml。

② 《中华人民共和国网络安全法》（2016年11月7日第十二届全国人大常委会第二十四次会议通过），中国人大网，http://www.npc.gov.cn/npc/c30834/201611/270b43e8b35e4f7ea9 8502b6f0e26f8a.shtml。

③ 《广播电视管理条例》（根据2020年11月29日《国务院关于修改和废止部分行政法规的决定》第三次修订），中央人民政府网站，http://www.gov.cn/zhengce/2020-12/26/content_5574879.htm。

续表

法律法规	内容摘录	概念化	范畴化
《信息网络传播权保护条例》（2013年修订）	第二十三条　网络服务提供者为服务对象提供搜索或者链接服务，在接到权利人的通知书后，根据本条例规定断开与侵权的作品、表演、录音录像制品的链接的，不承担赔偿责任；但是，明知或者应知所链接的作品、表演、录音录像制品侵权的，应当承担共同侵权责任。①	A26 网络服务提供者 A27 及时断开侵权链接 A28 共同侵权责任	AA10 合法权利保护（A27） AA11 民事处罚（A28）
《音像制品管理条例》（2020年修订）	第三条　……音像制品禁止载有下列内容：（一）反对宪法确定的基本原则的；（二）危害国家统一、主权和领土完整的；（三）泄露国家秘密、危害国家安全或者损害国家荣誉和利益的；（四）煽动民族仇恨、民族歧视，破坏民族团结，或者侵害民族风俗、习惯的；（五）宣扬邪教、迷信的；（六）扰乱社会秩序，破坏社会稳定的；（七）宣扬淫秽、赌博、暴力或者教唆犯罪的；（八）侮辱或者诽谤他人，侵害他人合法权益的；（九）危害社会公德或者民族优秀文化传统的；（十）有法律、行政法规和国家规定禁止的其他内容的。②	A29 音像制品 A30 音像制品内容限制	
《出版管理条例》（2020年修订）	第二十五条　任何出版物不得含有下列内容：（一）反对宪法确定的基本原则的；（二）危害国家统一、主权和领土完整的；（三）泄露国家秘密、危害国家安全或者损害国家荣誉和利益的；（四）煽动民族仇恨、民族歧视，破坏民族团结，或者侵害民族风俗、习惯的；（五）宣扬邪教、迷信的；（六）扰乱社会秩序，破坏社会稳定的；（七）宣扬淫秽、赌博、暴力或者教唆犯罪的；（八）侮辱或者诽谤他人，侵害他人合法权益的；（九）危害社会公德或者民族优秀文化传统的；（十）有法律、行政法规和国家规定禁止的其他内容的。③	A31 网络出版物 A32 出版物内容限制	

① 《信息网络传播权保护条例》（根据2013年1月30日《国务院关于修改〈信息网络传播权保护条例〉的决定》修订），国家网信办网站，http：//www.cac.gov.cn/2013-02/08/c_126468776.htm。

② 《音像制品管理条例》（2001年12月25日中华人民共和国国务院令第341号公布，根据2020年11月29日《国务院关于修改和废止部分行政法规的决定》第四次修订），中央人民政府网站，http：//www.gov.cn/zhengce/2020-12/26/content_5574258.htm。

③ 《出版管理条例》（2001年12月25日中华人民共和国国务院令第343号公布，根据2020年11月29日《国务院关于修改和废止部分行政法规的决定》第五次修订），中央人民政府网站，http：//www.gov.cn/zhengce/2020-12/26/content_5574253.htm。

续表

法律法规	内容摘录	概念化	范畴化
《计算机信息网络国际联网安全保护管理办法》（2011年修订）	第五条　任何单位和个人不得利用国际联网制作、复制、查阅和传播下列信息：（一）煽动抗拒、破坏宪法和法律、行政法规实施的；（二）煽动颠覆国家政权，推翻社会主义制度的；（三）煽动分裂国家、破坏国家统一的；（四）煽动民族仇恨、民族歧视，破坏民族团结的；（五）捏造或者歪曲事实，散布谣言，扰乱社会秩序的；（六）宣扬封建迷信、淫秽、色情、赌博、暴力、凶杀、恐怖，教唆犯罪的；（七）公然侮辱他人或者捏造事实诽谤他人的；（八）损害国家机关信誉的；（九）其他违反宪法和法律、行政法规的。①	A33 国际联网信息内容限制　A34 计算机信息网络国际联网安全保护管理	AA12 网络安全管理（A34）
《互联网信息服务管理办法》（2011年修订）	第十五条　互联网信息服务提供者不得制作、复制、发布、传播含有下列内容的信息：（一）反对宪法所确定的基本原则的；（二）危害国家安全，泄露国家秘密，颠覆国家政权，破坏国家统一的；（三）损害国家荣誉和利益的；（四）煽动民族仇恨、民族歧视，破坏民族团结的；（五）破坏国家宗教政策，宣扬邪教和封建迷信的；（六）散布谣言，扰乱社会秩序，破坏社会稳定的；（七）散布淫秽、色情、赌博、暴力、凶杀、恐怖或者教唆犯罪的；（八）侮辱或者诽谤他人，侵害他人合法权益的；（九）含有法律、行政法规禁止的其他内容的。②	A35 互联网信息服务提供者　A36 互联网信息内容限制	

① 《计算机信息网络国际联网安全保护管理办法》（根据2011年1月8日《国务院关于废止和修改部分行政法规的决定》修订），国家网信办网站，http：//www.cac.gov.cn/2014-10/08/c_1112737294.htm。

② 《互联网信息服务管理办法》（根据2011年1月8日《国务院关于废止和修改部分行政法规的规定》修订），国家网信办网站，http：//www.cac.gov.cn/2000-09/30/c_126193701.htm。

法律法规	内容摘录	概念化	范畴化
《上海市禁毒条例》(2015)	第十四条　广播影视、文艺团体及相关单位依照国家有关规定,不得邀请因吸毒行为被公安机关查处未满三年或者尚未戒除毒瘾的人员作为主创人员参与制作广播电视节目,或者举办、参与文艺演出;对前述人员作为主创人员参与制作的电影、电视剧、广播电视节目以及代言的商业广告节目,不予播出。①	A37 广播影视文艺机构 A38 吸毒人员行业限制	AA13 行政处罚(A38)

2. 信息内容传播者或传播平台的法律义务

新修订的《广告法》更加适应信息网络时代网络广告传播特点。《广告法》第二章从第八条到第二十八条规定全部为广告内容准则,不仅明确规定了十一项禁止情形,而且对各种专业广告如医疗、药品、医疗器械广告,保健食品广告,农药、兽药、饲料和饲料添加剂广告,烟草广告,酒类广告,教育、培训广告,房地产广告等还另外增加了禁止性内容或传播事项。第二十八条明确了虚假广告的五种情形。比如针对风行一时的各类健康、养生视听节目,以及在节目中植入隐性广告的问题,《广告法》第十九条规定:"广播电台、电视台、报刊音像出版单位、互联网信息服务提供者不得以介绍健康、养生知识等形式变相发布医疗、药品、医疗器械、保健食品广告。"此外,《广告法》第三十八条规定了广告代言人的法律义务,第四十五条规定了电信业务经营者、互联网信息服务提供者的法律义务。《英雄烈士保护法》明确规定互联网、广播电视、电影等传媒在英雄烈士信息传播方面的法律义务,鼓励新闻出版、广播电视、电影、互联网等广泛宣传英雄烈士事迹和精神,同时禁止任何组织和个人通过互联网或者广播电视、电影等以侮辱、诽谤或者其他方式侵害英雄烈士的姓名、肖像、名誉和荣誉。此外还规定网络运营者在英雄烈士保护方面的法律义务和法律责任。《英雄烈士保护法》第二十三条第二款规定:"网络运营者发现其用户发布前款规定的信息的,应当立即停止传输该信息,采取消除等处置措施,防止信息扩散,保存有关记

① 《上海市禁毒条例》(2015年12月30日上海市第十四届人民代表大会常务委员会第二十六次会议通过),东方网,http://shzw.eastday.com/shzw/G/20160107/u1ai9170753.html。

录，并向有关主管部门报告。网络运营者未采取停止传输、消除等处置措施的，依照《中华人民共和国网络安全法》的规定处罚。"① 《互联网信息服务管理办法》也规定了互联网信息服务提供者发现违法信息内容，"应当立即停止传输，保存有关记录，并向国家有关机关报告"。

3. 信息内容违法犯罪行为的法律责任

我国《刑法》《治安管理处罚法》《电影产业促进法》《广告法》《广播电视管理条例》《互联网信息服务管理办法》等法律法规对信息内容违法犯罪行为明确规定了相关法律责任。《互联网信息服务管理办法》第二十条是对生产制作、传播违法互联网信息内容的处罚，其中规定"构成犯罪的，依法追究刑事责任；尚不构成犯罪的，由公安机关、国家安全机关依照《中华人民共和国治安管理处罚法》《计算机信息网络国际联网安全保护管理办法》等有关法律、行政法规的规定予以处罚；对经营性互联网信息服务提供者，并由发证机关责令停业整顿直至吊销经营许可证，通知企业登记机关；对非经营性互联网信息服务提供者，并由备案机关责令暂时关闭网站直至关闭网站"。对于虚假广告，《广告法》明确规定了相关各方的法律责任。在各种网络广告环境中，当消费者的合法权益受虚假广告损害时，不仅广告主应承担民事责任，有时广告经营者、发布者也要承担相应的法律责任，《广告法》第五十六条第一款规定"违反本法规定，发布虚假广告，欺骗、误导消费者，使购买商品或者接受服务的消费者的合法权益受到损害的，由广告主依法承担民事责任。广告经营者、广告发布者不能提供广告主的真实名称、地址和有效联系方式的，消费者可以要求广告经营者、广告发布者先行赔偿"。《广告法》对令人讨厌的互联网弹窗广告、FLASH 广告规定了违法行为的法律责任，"未显著标明关闭标志，确保一键关闭的，由市场监督管理部门责令改正，对广告主处五千元以上三万元以下的罚款"。《广播电视管理条例》第四十九条规定，对制作、播放或向境外提供含禁止内容的节目涉嫌违法犯罪的，"由县级以上人民政府广播电视行政部门责令停止制作、播放、向境

---

① 《中华人民共和国英雄烈士保护法》（2018 年 4 月 27 日第十三届全国人民代表大会常务委员会第二次会议通过），中国人大网，http：//www.npc.gov.cn/npc/c30834/201804/699ae712c00249edb6afc8d82a17627b.shtml。

外提供，收缴其节目载体，并处 1 万元以上 5 万元以下的罚款；情节严重的，由原批准机关吊销许可证；违反治安管理规定的，由公安机关依法给予治安管理处罚；构成犯罪的，依法追究刑事责任"。由于电影实行严格的行政许可和内容审查，《电影产业促进法》重点对违法行为方式进行惩罚，明确规定了违法从事电影摄制、发行、放映活动的法律责任。

我国法律规范体系加强了对信息内容违法犯罪的刑事惩罚。《广告法》《互联网信息服务管理办法》《广播电视管理条例》等法律法规对相关违法行为构成犯罪的将依法追究刑事责任，与刑法等相关法律规定互相衔接。

刑法中与互联网信息内容传播相关的罪名包括第一百二十条之三宣扬恐怖主义、极端主义，煽动实施恐怖活动罪；第一百二十条之六非法持有宣扬恐怖主义、极端主义物品罪；第二百二十二条虚假广告罪；第二百四十六条的侮辱罪、诽谤罪；第二百八十七条之一非法利用信息网络罪；第二百八十七条之二帮助信息网络犯罪活动罪；第二百九十一条之一编造、故意传播虚假信息罪；第二百九十九条侮辱国旗、国徽罪；第三百六十三条制作、复制、出版、贩卖、传播淫秽物品牟利罪；第三百六十四条传播淫秽物品罪；第三百六十五条组织淫秽表演罪等。

以常见的传播淫秽物品牟利罪为例，刑法第三百六十三条第一款规定："以牟利为目的，制作、复制、出版、贩卖、传播淫秽物品的，处三年以下有期徒刑、拘役或者管制，并处罚金；情节严重的，处三年以上十年以下有期徒刑，并处罚金；情节特别严重的，处十年以上有期徒刑或者无期徒刑，并处罚金或者没收财产。"[①] 最高人民法院、最高人民检察院关于办理利用互联网、移动通讯终端制作传播淫秽信息刑事案件的解释中对其中"情节严重"和"情节特别严重"的情形有具体的量化规定。[②]

《未成年人保护法》《预防未成年人犯罪法》等法律规范中明确禁止任何组织和个人向未成年人传播含有淫秽、暴力、凶杀、恐怖、赌博等毒害未成年人身心健康的内容。《刑法修正案（九）》增加了宣扬恐怖主义和

---

① 《中华人民共和国刑法》，刑法网，http：//xingfa.org/。
② 《最高人民法院、最高人民检察院关于办理利用互联网、移动通讯终端、声讯台制作、复制、出版、贩卖、传播淫秽电子信息刑事案件具体应用法律若干问题的解释（二）》，最高人民法院网站，http：//courtapp.chinacourt.org/fabu-xiangqing-302.html。

极端主义、煽动实施恐怖活动罪和非法持有宣扬恐怖主义、极端主义物品罪;增加了非法利用信息网络罪、帮助信息网络犯罪活动罪,以及编造、故意传播虚假恐怖信息罪和编造、故意传播虚假信息罪。增补的这些条款和罪名明确了网络信息内容生产、发布或传播者的法律义务,加强了网络经营者或主管人员应当承担的法律义务,为新媒体视频司法保护提供了新的法律依据,进一步完善了我国刑事立法,更能与《布达佩斯网络犯罪公约》等国际条约接轨。

二 知识产权法律质性分析

知识产权指的是人们就其智力创造的成果依法享有的专有权利。世界知识产权组织(WIPO)认为,知识产权包括有关下列项目的权利:"文学、艺术和科学作品;表演艺术家的表演以及唱片和广播节目;人类一切活动领域内的发明;科学发现;工业品外观设计;商标、服务标记以及商业名称和标志;制止不正当竞争以及在工业、科学、文学或艺术领域内由于智力活动而产生的一切其他权利。"① 简单来说,知识产权主要有两类:一类是著作权(也称版权),另一类是工业产权(即产业产权)。著作权有广义、狭义之分,狭义指作者对作品所享有的一系列权利。广义的著作权还包括邻接权,即作者之外的他人对作品之外的客体享有的一系列专有权利,例如"与著作权有关的权益,是指出版者对其出版的图书和期刊的版式设计享有的权利,表演者对其表演享有的权利,录音录像制作者对其制作的录音录像制品享有的权利,广播电台、电视台对其播放的广播、电视节目享有的权利"②。

中国加入并生效的相关国际条约主要有《保护文学和艺术作品伯尔尼公约》、《保护表演者、录音制品制作者和广播组织罗马公约》(简称《罗马公约》)、《世界知识产权组织版权条约》和《世界知识产权组织表演和录音制品条约》,还批准世界知识产权组织缔结的《视听表演北京条约》,签

① WIPO:《成立世界知识产权组织公约》第 2 条,中国保护知识产权网,http://www.ipr. gov.cn/zhuanti/law/conventions/wipo/wipo_convention/wipo_convention_right.html。

② 《中华人民共和国著作权法实施条例》(根据 2013 年 1 月 30 日《国务院关于修改〈中华人民共和国著作权法实施条例〉的决定》第二次修订)第二十六条,国家知识产权局网站,http://www.sipo.gov.cn/zcfg/zcfgflfg/flfgbq/xzfg_bq/1063543.htm。

署《马拉喀什条约》。2008 年 6 月颁布实施的《国家知识产权战略纲要》（简称《纲要》）提出"依法保护"方针。《纲要》提出到 2020 年"把我国建设成为知识产权创造、运用、保护和管理水平较高的国家"，这一目标已经基本实现，我国具备了向知识产权强国迈进的坚实基础。① 党的十八大以来，知识产权法制不断完善，司法保护不断加强，知识产权民事法律地位进一步明确。我国已经颁布的著作权方面的法律法规以及司法解释，形成了以《著作权法》为核心，包括《著作权法实施条例》《信息网络传播权保护条例》《著作权集体管理条例》等较为完善的版权保护体系。

1. 严格保护视听作品著作权

《著作权法》《著作权法实施条例》《信息网络传播权保护条例》《计算机软件保护条例》等法律法规集中体现了对视频作品与相关软件著作权的保护。《著作权法》明确规定著作权包括发表权、署名权、修改权、保护作品完整权、复制权、发行权、出租权、展览权、表演权、放映权、广播权、信息网络传播权、摄制权、改编权、翻译权、汇编权等相关人身权和财产权。《计算机软件保护条例》规定软件著作权人依法享有发表权、署名权、修改权、复制权、发行权、出租权、信息网络传播权、翻译权以及应当由软件著作权人享有的其他权利。《著作权法》和《著作权法实施条例》明确指出受法律保护的作品类别与含义，包括：文字作品、口述作品、音乐作品、戏剧作品、舞蹈作品、曲艺作品、杂技艺术作品、美术作品、摄影作品、电影作品和以类似摄制电影的方法创作的作品、计算机软件等。然而在网络多媒体环境下，这些作品类别可能打破界限或综合使用。2020 年修订的《著作权法》规定"视听作品中的电影作品、电视剧作品的著作权由制作者享有，但编剧、导演、摄影、作词、作曲等作者享有署名权，并有权按照与制作者签订的合同获得报酬"②。电影、电视剧等

---

① 《〈国家知识产权战略实施十年评估报告〉出炉》，国家知识产权局网站，http://www.cnipa.gov.cn/zcfg/tjxwx/1138900.htm。

② 《中华人民共和国著作权法》（根据 2020 年 11 月 11 日第十三届全国人民代表大会常务委员会第二十三次会议《关于修改〈中华人民共和国著作权法〉的决定》第三次修正），中国人大网，http://www.npc.gov.cn/npc/c30834/202011/848e73f58d4e4c5b82f69d25d46048c6.shtml。

视听作品往往为集体创作的作品，其著作权保护包括视听作品权利归属和参与创作的各类作者两方面。《著作权法》将视听作品整体著作权赋予制片者，并明确规定编剧、导演、摄影、作词、作曲等五类作者对视听作品享有署名权以及对视听作品后续利用行为享有"二次获酬权"。

此外，对于著作权人、邻接权人难以有效行使的合法权利，如著作权法规定的信息网络传播权、放映权、表演权、广播权、出租权、复制权等，依法可以由著作权集体管理组织进行集体管理。我国《著作权法》和《著作权集体管理条例》等法律规范对视听作品的著作权集体管理提供了法律依据。著作权集体管理组织主要有中国电影著作权协会、中国音乐著作权协会、中国音像著作权集体管理协会等。

2. 严格设定著作权侵权的法律责任

关于著作权侵权的法律责任，我国《刑法》《民法典》《著作权法》《著作权法实施条例》《信息网络传播权保护条例》以及司法解释等法律规范中都有体现。著作权侵权的救济重视民事、行政与刑事的衔接，实现综合性法律保护。

著作权侵权的法律责任分为民事、行政和刑事责任。其中民事侵权主要表现为侵犯私权，应当承担的民事责任包括停止侵害、赔礼道歉、消除影响、赔偿损失等。《著作权法》第五十二条列举了著作权民事侵权的十一种情形，比如"使用他人作品，应当支付报酬而未支付的"，侵犯著作权或邻接权的行为，应当承担相应的民事责任。《计算机软件保护条例》列举了民事侵权的六种侵权行为，如"将他人软件作为自己的软件发表或者登记的"。《民法典》规定，当网络用户、网络服务提供者利用网络侵害他人民事权益时应当承担侵权责任。《信息网络传播权保护条例》列举了五种民事侵权行为，比如"通过信息网络擅自向公众提供他人的作品、表演、录音录像制品的"，根据情节轻重，承担民事责任，甚至追究刑事责任。当网络经济向平台经济发展时，尤其要关注网络视频平台企业可能的侵权责任问题，包括直接侵权责任、共同侵权责任、帮助侵权责任。平台只有在具体行为属于自动接入、存储、搜索链接时，才可能依据"避风港"规则抗辩或免责。

著作权侵权行为损害社会公共利益时，还需要承担相应的行政责任，由著作权行政管理部门做出相应的处罚。《著作权行政处罚实施办法》规定了针对不同的侵权行为采取不同的行政管辖、行政处罚和执行程序。依据《行政处罚法》《著作权法》等法律法规，著作权行政管理部门主要查处下列违法行为：著作权法列举的侵权行为，同时损害公共利益的；《计算机软件保护条例》中列举的侵权行为，同时损害公共利益的；《信息网络传播权保护条例》第十八条列举的侵权行为，同时损害公共利益的；以及第十九条、第二十五条列举的侵权行为。著作权行政管理部门可以对著作权侵权行为采取的处罚措施包括责令停止侵权、警告、罚款、没收违法所得、没收侵权制品、没收制作侵权复制品的材料和工具设备等。

随着国家知识产权战略的深入实施，对著作权侵权的刑事救济也不断加强。《著作权法》《信息网络传播权保护条例》《计算机软件保护条例》等法律法规中都有相关民刑衔接、行刑衔接的法律规定。《刑法》的修正加大了对侵犯著作权及其相关权利的惩罚力度，其中第三章第七节为侵犯知识产权罪，与视频作品相关的主要有第二百一十七条侵犯著作权罪、第二百一十八条销售侵权复制品罪等。其中第二百一十七条规定："以营利为目的，有下列侵犯著作权或者与著作权有关的权利的情形之一，违法所得数额较大或者有其他严重情节的，处三年以下有期徒刑，并处或者单处罚金；违法所得数额巨大或者有其他特别严重情节的，处三年以上十年以下有期徒刑，并处罚金：（一）未经著作权人许可，复制发行、通过信息网络向公众传播其文字作品，音乐、美术、视听作品，计算机软件及法律、行政法规规定的其他作品的……"[①] 随着信息网络技术的发展与普及，最高人民法院和最高人民检察院陆续颁布了一批惩治著作权犯罪的司法解释和办案规范，对知识产权案件审判工作进一步具体化，有利于依法惩治知识产权犯罪活动。

3. 严格限定著作权合理使用范围

合理使用制度是对著作权权利的限制和例外，《世界知识产权组织表演和录音制品条约》《视听表演北京条约》等国际条约以及各国著作权法中都有相关规定。《信息网络传播权保护条例》第六条规定了几种合理使

---

① 《中华人民共和国刑法修正案（十一）》（2020年12月26日第十三届全国人民代表大会常务委员会第二十四次会议通过），中国中央人民政府网站，http://www.gov.cn/xinwen/2020-12/27/content_5573660.htm。

用情形，包括通过信息网络提供他人作品，属于下列情形的，可以不经著作权人许可，不向其支付报酬：为介绍、评论某一作品或者说明某一问题，在向公众提供的作品中适当引用已经发表的作品；为报道时事新闻，在向公众提供的作品中不可避免地再现或者引用已经发表的作品；为学校课堂教学或者科学研究，向少数教学、科研人员提供少量已经发表的作品；国家机关为执行公务，在合理范围内向公众提供已经发表的作品；将中国公民、法人或者其他组织已经发表的、以汉语言文字创作的作品翻译成的少数民族语言文字作品，向中国境内少数民族提供；不以营利为目的，以盲人能够感知的独特方式向盲人提供已经发表的文字作品；向公众提供在信息网络上已经发表的关于政治、经济问题的时事性文章；向公众提供在公众集会上发表的讲话。① 这些合理使用的法律条款是封闭式规定，在网络传播技术和视频产品形态日益丰富的环境下，司法实践有可能创造性地运用立法规定进行裁决。针对新兴的短视频著作权保护，其著作权权利限制要特别注意合理使用制度的具体应用。在每种具体情形的适用上，可以用著作权法实施条例规定的"三步检验法"和最高人民法院审判意见中规定的"四个标准"进行适当的扩充性解释。比如引用别人的短视频进行再创作，极少的或不构成主干内容的相同表达，应认为构成适当引用的合理使用情形，而借鉴创意、表达不相同或不构成实质性相似时，则是新创作的短视频作品。②

表 3-2　知识产权法律规范质性分析

法律规范	重点摘录	概念化	范畴化
《中华人民共和国刑法》（2020 年修订）	第二百一十七条　以营利为目的，有下列侵犯著作权情形之一，违法所得数额较大或者有其他严重情节的，处三年以下有期徒刑或者拘役，并处或者单处罚金；违法所得数额巨大或者有其他特别严重情节的，处三年以上七年以下有期徒刑，并处罚金：（一）未经著作权人许可，复制发行其文字作品，音乐、电影、电视、录像作品，计算机软件及其他作品的……	A1 营利目的 A2 判刑罚款	AA1 知识产权侵犯（A1、A6、A7、A8、A9、A29） AA2 刑事处罚（A2、A23）

① 《信息网络传播权保护条例》（2013 年修订），国家知识产权局网站，http：//www.sipo.gov.cn/zcfg/zcfgflfg/flfgbq/xzfg_bq/1063546.htm。
② 丛立先：《短视频著作权保护的核心问题》，《出版参考》2019 年第 3 期。

续表

法律规范	重点摘录	概念化	范畴化
《中华人民共和国民法典》（2020 年）	第一百二十三条　民事主体依法享有知识产权。知识产权是权利人依法就下列客体享有的专有的权利：（一）作品；（二）发明、实用新型、外观设计；（三）商标；（四）地理标志；（五）商业秘密；（六）集成电路布图设计；（七）植物新品种；（八）法律规定的其他客体。①	A3 依法专有发明设计	AA3 知识产权（A3、A18、A24、A27、A28）
《中华人民共和国著作权法》（2020 年修订）	第五十二条　有下列侵权行为的，应当根据情况，承担停止侵害、消除影响、赔礼道歉、赔偿损失等民事责任：（一）未经著作权人许可，发表其作品的；（二）未经合作作者许可，将与他人合作创作的作品当作自己单独创作的作品发表的；（三）没有参加创作，为谋取个人名利，在他人作品上署名的；（四）歪曲、篡改他人作品的；（五）剽窃他人作品的；（六）未经著作权人许可，以展览、摄制视听作品的方法使用作品，或者以改编、翻译、注释等方式使用作品的，本法另有规定的除外；（七）使用他人作品，应当支付报酬而未支付的；（八）未经视听作品、计算机软件、录音录像制品的著作权人、表演者或者录音录像制作者许可，出租其作品或者录音录像制品的原件或者复制件的，本法另有规定的除外；（九）未经出版者许可，使用其出版的图书、期刊的版式设计的；（十）未经表演者许可，从现场直播或者公开传送其现场表演，或者录制其表演的；（十一）其他侵犯著作权以及与著作权有关的权利的行为。②	A4 停止侵害、赔偿损失 A5 侵权行为界定 A6 擅自使用 A7 冒名顶替 A8 破坏作品 A9 剽窃作品	AA4 民事处罚（A4、A12、A16） AA5 行为监管（A5、A26、A34）

---

① 《中华人民共和国民法典》（2020 年 5 月 28 日第十三届全国人民代表大会第三次会议通过），中国人大网，http://www.npc.gov.cn/npc/c30834/202006/75ba6483b8344591abd07917e1d25cc8.shtml。

② 《中华人民共和国著作权法》（根据 2020 年 11 月 11 日第十三届全国人民代表大会常务委员会第二十三次会议《关于修改〈中华人民共和国著作权法〉的决定》第三次修正），中国人大网，http://www.npc.gov.cn/npc/c30834/202011/848e73f58d4e4c5b82f69d25d46048c6.shtml。

续表

法律规范	重点摘录	概念化	范畴化
《中华人民共和国民法典》（2020）	第一千一百九十五条　网络用户利用网络服务实施侵权行为的，权利人有权通知网络服务提供者采取删除、屏蔽、断开链接等必要措施。通知应当包括构成侵权的初步证据及权利人的真实身份信息。网络服务提供者接到通知后，应当及时将该通知转送相关网络用户，并根据构成侵权的初步证据和服务类型采取必要措施；未及时采取必要措施的，对损害的扩大部分与该网络用户承担连带责任。	A10 网络用户 A11 利用网络侵害他人权益 A12 侵权责任 A13 通知停止 A14 网络服务提供者 A15 未采取必要措施 A16 连带责任	AA6 调节对象（A10、A14、A25） AA7 网络犯罪（A11） AA8 正方防卫（A13、A17、A31、A32） AA9 义务履行监督（A15）
《关于专利等知识产权案件诉讼程序若干问题的决定》（2018）	当事人对发明专利、实用新型专利、植物新品种、集成电路布图设计、技术秘密、计算机软件、垄断等专业技术性较强的知识产权民事案件第一审判决、裁定不服，提起上诉的，由最高人民法院审理。	A17 诉讼程序	
《中华人民共和国著作权法实施条例》（2013 年修订）	第十九条　使用他人作品的，应当指明作者姓名、作品名称；但是，当事人另有约定或者由于作品使用方式的特性无法指明的除外。 第二十七条　出版者、表演者、录音录像制作者、广播电台、电视台行使权利，不得损害被使用作品和原作品著作权人的权利。①	A18 著作权人及其作品受法律保护	

---

① 《中华人民共和国著作权法实施条例》，国家知识产权局网，http://www.sipo.gov.cn/zcfg/zcfgflfg/flfgbq/xzfg_bq/1063543.htm。

续表

法律规范	重点摘录	概念化	范畴化
《信息网络传播权保护条例》（2013年修订）	第十八条　违反本条例规定，有下列侵权行为之一的，根据情况承担停止侵害、消除影响、赔礼道歉、赔偿损失等民事责任；同时损害公共利益的，可以由著作权行政管理部门责令停止侵权行为，没收违法所得，非法经营额5万元以上的，可处非法经营额1倍以上5倍以下的罚款；没有非法经营额或者非法经营额5万元以下的，根据情节轻重，可处25万元以下的罚款；情节严重的，著作权行政管理部门可以没收主要用于提供网络服务的计算机等设备；构成犯罪的，依法追究刑事责任。（一）通过信息网络擅自向公众提供他人的作品、表演、录音录像制品的；（二）故意避开或者破坏技术措施的……①	A19 不得损害公共利益 A20 责令停止侵权 A21 没收违法所得 A22 没收设备 A23 追究刑事责任	AA10 维护国家安全和社会稳定（A19） AA11 行政处罚（A20、A21、A22）
《著作权集体管理条例》（2013年修订）	第四条　著作权法规定的表演权、放映权、广播权、出租权、信息网络传播权、复制权等权利人自己难以有效行使的权利，可以由著作权集体管理组织进行集体管理。②	A24 著作权集体管理	
《音像制品管理条例》（2020年修订）	第三十六条　音像制品批发单位和从事音像制品零售、出租等业务的单位或者个体工商户，不得经营非音像出版单位出版的音像制品或者非音像复制单位复制的音像制品，不得经营未经国务院出版行政主管部门批准进口的音像制品，不得经营侵犯他人著作权的音像制品。	A25 音像制品从业单位 A26 音像制品经营管理	

---

① 《信息网络传播权保护条例》（根据2013年1月30日《国务院关于修改〈信息网络传播权保护条例〉的决定》修订），中央人民政府网站，http://www.gov.cn/zhengce/2013-02/08/content_2602617.htm。

② 《著作权集体管理条例》，中央人民政府网站，http://www.gov.cn/gongbao/content/2014/content_2692718.htm。

法律规范	重点摘录	概念化	范畴化
《实施国际著作权条约的规定》（2020年修订）	第三条　本规定所称国际著作权条约，是指中华人民共和国参加的《伯尔尼保护文学和艺术作品公约》和与外国签订的有关著作权的双边协定。	A27 外国作品著作权	
《计算机软件保护条例》（2013年修订）	第二十三条　除《中华人民共和国著作权法》或者本条例另有规定外，有下列侵权行为的，应当根据情况，承担停止侵害、消除影响、赔礼道歉、赔偿损失等民事责任：（一）未经软件著作权人许可，发表或者登记其软件的；（二）将他人软件作为自己的软件发表或者登记的；（三）未经合作者许可，将与他人合作开发的软件作为自己单独完成的软件发表或者登记的；（四）在他人软件上署名或者更改他人软件上的署名的；（五）未经软件著作权人许可，修改、翻译其软件的；（六）其他侵犯软件著作权的行为。①	A28 计算机软件保护	
《中华人民共和国知识产权海关保护条例》（2018年修订）	第十六条　海关发现进出口货物有侵犯备案知识产权嫌疑的，应当立即书面通知知识产权权利人。知识产权权利人自通知送达之日起3个工作日内依照本条例第十三条的规定提出申请，并依照本条例第十四条的规定提供担保的，海关应当扣留侵权嫌疑货物，书面通知知识产权权利人，并将海关扣留凭单送达收货人或者发货人。知识产权权利人逾期未提出申请或者未提供担保的，海关不得扣留货物。②	A29 进出口货物侵犯知识产权 A30 书面通知 A31 提出申请 A32 提供担保 A33 依法扣留	AA12 合法权利保护（A30、A33）

---

① 《计算机软件保护条例》，国家网信办网站，http://www.cac.gov.cn/2013-02/08/c_126468744.htm。

② 《中华人民共和国知识产权海关保护条例》（根据2018年3月19日《国务院关于修改和废止部分行政法规的决定》第二次修订），中央人民政府网站，http://www.gov.cn/zhengce/2020-12/27/content_5574739.htm。

续表

法律规范	重点摘录	概念化	范畴化
《最高人民法院、最高人民检察院、公安部关于办理侵犯知识产权刑事案件适用法律若干问题的意见》（2011）	以营利为目的，未经著作权人许可，通过信息网络向公众传播他人文字作品、音乐、电影、电视、美术、摄影、录像作品、录音录像制品、计算机软件及其他作品，具有下列情形之一的，属于刑法第二百一十七条规定的"其他严重情节"：（一）非法经营数额在五万元以上的；（二）传播他人作品的数量合计在五百件（部）以上的；（三）传播他人作品的实际被点击数达到五万次以上的；（四）以会员制方式传播他人作品，注册会员达到一千人以上的；（五）数额或者数量虽未达到第（一）项至第（四）项规定标准，但分别达到其中两项以上标准一半以上的；（六）其他严重情节的情形。①	A34 严重情节认定	

三　网络安全法律质性分析

党的十八大以来，对网络空间安全的认识，已经被提升到国家主权与国家安全的高度。网络空间是现实社会在网络领域的延伸，我国已出台《国家安全法》《网络安全法》《反恐怖主义法》《电子签名法》《电子商务法》《全国人民代表大会常务委员会关于维护互联网安全的决定》《电信条例》《互联网信息服务管理办法》《计算机信息网络国际联网安全保护管理办法》等相关法律法规（见表3-3），此外，传统法律如民法、刑法、经济法等，经过修订完善同样可以延伸至网络空间，这些法律规范共同保障着网络空间的社会安全与传播秩序。

网络安全包括网络运行安全、网络信息安全以及关键信息基础设施安全等，网络信息安全包括网络数据安全与信息内容安全。因此，从广义上网络安全涵盖了信息内容禁止性法律规范，这在信息内容法律规范中有所体现。

---

① 《最高人民法院、最高人民检察院、公安部印发〈关于办理侵犯知识产权刑事案件适用法律若干问题的意见〉的通知》（法发〔2011〕3号），最高人民法院网，http://www. court. gov. cn/fabu-xiangqing-2903. html。

表 3-3　网络安全法律规范的质性分析

法律规范	重点摘录	概念化	范畴化
《刑法修正案（九）》（2015）	第二百八十六条之一　网络服务提供者不履行法律、行政法规规定的信息网络安全管理义务，经监管部门责令采取改正措施而拒不改正，有下列情形之一的，处三年以下有期徒刑、拘役或者管制，并处或者单处罚金：（一）致使违法信息大量传播的；（二）致使用户信息泄露，造成严重后果的；（三）致使刑事案件证据灭失，情节严重的；（四）有其他严重情节的。①	A1 网络服务提供者 A2 不履行义务 A3 责令采取改正措施 A4 拒不改正 A5 判刑并罚款 A6 后果严重	AA1 调节对象（A1、A10、A16、A23、A28） AA2 义务履行监督（A2、A4、A6） AA3 行政处罚（A3、A29、A30、A31） AA4 刑事处罚（A5、A13）
《中华人民共和国国家安全法》（2015）	第二十五条　国家建设网络与信息安全保障体系，提升网络与信息安全保护能力，加强网络和信息技术的创新研究和开发应用，实现网络和信息核心技术、关键基础设施和重要领域信息系统及数据的安全可控；加强网络管理，防范、制止和依法惩治网络攻击、网络入侵、网络窃密、散布违法有害信息等网络违法犯罪行为，维护国家网络空间主权、安全和发展利益。②	A7 建设网络信息安全保障体系 A8 加强网络管理 A9 国家网络空间主权安全	AA5 网络安全保护管理（A7、A8、A18） AA6 维护国家安全和社会稳定（A9）
《中华人民共和国网络安全法》（2016）	第二十七条　任何个人和组织不得从事非法侵入他人网络、干扰他人网络正常功能、窃取网络数据等危害网络安全的活动；不得提供专门用于从事侵入网络、干扰网络正常功能及防护措施、窃取网络数据等危害网络安全活动的程序、工具；明知他人从事危害网络安全的活动的，不得为其提供技术支持、广告推广、支付结算等帮助。③	A10 全体公民 A11 网络运行安全 A12 网络数据安全	AA7 保障网络安全（A11、A12、A19、A24、A25、A26、A27）

---

① 《中华人民共和国刑法修正案（九）》（2015 年 8 月 29 日第十二届全国人大常委会第十六次会议通过），中国法院网，https：//www.chinacourt.org/law/detail/2015/08/id/148402.shtml。

② 《中华人民共和国国家安全法》（2015 年 7 月 1 日第十二届全国人民代表大会常务委员会第十五次会议通过），中国人大网，http：//www.npc.gov.cn/npc/c10134/201507/5232f27b80084e1e869500b57ecc35d6.shtml。

③ 《中华人民共和国网络安全法》（2016 年 11 月 7 日第十二届全国人民代表大会常务委员会第二十四次会议通过），中国人大网，http：//www.npc.gov.cn/npc/c30834/201611/270b43e8b35e4f7ea98502b6f0e26f8a.shtml。

续表

法律规范	重点摘录	概念化	范畴化
《全国人民代表大会常务委员会关于维护互联网安全的决定》（2011）	为了保障互联网的运行安全，对有下列行为之一，构成犯罪的，依照刑法有关规定追究刑事责任：（一）侵入国家事务、国防建设、尖端科学技术领域的计算机信息系统；（二）故意制作、传播计算机病毒等破坏性程序，攻击计算机系统及通信网络，致使计算机系统及通信网络遭受损害；（三）违反国家规定，擅自中断计算机网络或者通信服务，造成计算机网络或者通信系统不能正常运行。①	A13 追究刑事责任 A14 犯罪行为认定 A15 入侵损害计算机信息系统	AA8 行为监管（A14） AA9 网络犯罪（A15、A20、A21、A22）
《中华人民共和国反恐怖主义法》（2018 年修订）	第十九条　电信业务经营者、互联网服务提供者应当依照法律、行政法规规定，落实网络安全、信息内容监督制度和安全技术防范措施，防止含有恐怖主义、极端主义内容的信息传播；发现含有恐怖主义、极端主义内容的信息的，应当立即停止传输，保存相关记录，删除相关信息，并向公安机关或者有关部门报告。②	A16 电信业务经营者、互联网服务提供者 A17 防止恐怖主义、极端主义内容传播 A18 落实监管制度和防范措施 A19 处置违法信息	AA10 维护国家安全和社会稳定（A17）
《中华人民共和国反不正当竞争法》（2019）	第十二条　经营者不得利用技术手段，通过影响用户选择或者其他方式，实施下列妨碍、破坏其他经营者合法提供的网络产品或者服务正常运行的行为：（一）未经其他经营者同意，在其合法提供的网络产品或者服务中，插入链接、强制进行目标跳转；（二）误导、欺骗、强迫用户修改、关闭、卸载其他经营者合法提供的网络产品或者服务；（三）恶意对其他经营者合法提供的网络产品或者服务实施不兼容；（四）其他妨碍、破坏其他经营者合法提供的网络产品或者服务正常运行的行为。③	A20 妨碍网络产品或服务正常运行 A21 不正当竞争	

① 《全国人民代表大会常务委员会关于维护互联网安全的决定》，国家网信办网站，http：//www.cac.gov.cn/2000-12/29/c_133158942.htm。

② 《中华人民共和国反恐怖主义法》（2015 年 12 月 27 日第十二届全国人民代表大会常务委员会第十八次会议通过，根据 2018 年 4 月 27 日第十三届全国人民代表大会常务委员会第二次会议《关于修改〈中华人民共和国国境卫生检疫法〉等六部法律的决定》修正），中国人大网，http：//www.npc.gov.cn/npc/c30834/201806/d256505a5c254abdb07e2ff5d89 2d5d6.shtml。

③ 《中华人民共和国反不正当竞争法》（根据 2019 年 4 月 23 日第十三届全国人民代表大会常务委员会第十次会议《关于修改〈中华人民共和国建筑法〉等八部法律的决定》修正），中国人大网，http：//www.npc.gov.cn/npc/c30834/201905/9a37c6ff150c4be6a549d5 26fd586122.shtml。

法律规范	重点摘录	概念化	范畴化
《中华人民共和国电信条例》（2016年修订）	第五十七条 任何组织或者个人不得有下列危害电信网络安全和信息安全的行为：（一）对电信网的功能或者存储、处理、传输的数据和应用程序进行删除或者修改；（二）利用电信网从事窃取或者破坏他人信息、损害他人合法权益的活动；（三）故意制作、复制、传播计算机病毒或者以其他方式攻击他人电信网络等电信设施；（四）危害电信网络安全和信息安全的其他行为。	A22 危害电信网络安全和信息安全	
《计算机信息网络国际联网安全保护管理办法》（2011）	第十条 互联单位、接入单位及使用计算机信息网络国际联网的法人和其他组织应当履行下列安全保护职责：（一）负责本网络的安全保护管理工作，建立健全安全保护管理制度；（二）落实安全保护技术措施，保障本网络的运行安全和信息安全；（三）负责对本网络用户的安全教育和培训；（四）对委托发布信息的单位和个人进行登记，并对所提供的信息内容按照本办法第五条进行审核。	A23 互联网机构 A24 管理制度 A25 技术措施 A26 安全教育 A27 内容审核	
《中华人民共和国治安管理处罚法》（2012年修订）	第二十九条 有下列行为之一的，处五日以下拘留，情节较重的，处五日以上十日以下拘留：（一）违反国家规定，侵入计算机信息系统，造成危害的；（二）违反国家规定，对计算机信息系统功能进行删除、修改、增加、干扰，造成计算机信息系统不能正常运行的；（三）违反国家规定，对计算机信息系统中存储、处理、传输的数据和应用程序进行删除、修改、增加的；（四）故意制作、传播计算机病毒等破坏性程序，影响计算机信息系统正常运行的。	A28 行政拘留 A29 侵入计算机信息系统 A30 违规操作计算机信息系统 A31 故意传播计算机病毒	

法律规范	重点摘录	概念化	范畴化
《关键信息基础设施安全保护条例》（2021）	第十五条　专门安全管理机构具体负责本单位的关键信息基础设施安全保护工作，履行下列职责：（一）建立健全网络安全管理、评价考核试制度，拟订关键信息基础设施安全保护计划……①	A32 关键信息基础设施安全保护	

网络犯罪包括将网络作为犯罪工具和将网络作为犯罪对象等犯罪形式，前者如网络赌博、网络诈骗，后者如制造、传播计算机病毒，非法侵入计算机信息系统等犯罪形式。根据《网络安全法》第六十三条规定，危害网络安全，或者为其提供技术支持、程序、工具，或者提供广告推广、支付结算等帮助，尚不构成犯罪的，由公安机关处以拘留、罚款等处罚。并且规定，受到治安管理处罚的人员，五年内不得从事网络安全管理和网络运营关键岗位的工作；受到刑事处罚的人员，终身不得从事网络安全管理和网络运营关键岗位的工作。根据《刑法》《最高人民法院、最高人民检察院关于办理危害计算机信息系统安全刑事案件应用法律若干问题的解释》相关规定，明知他人实施破坏计算机信息系统、程序等犯罪行为，仍为其提供相应技术、程序、工具，或互联网接入、服务器托管、交易结算、广告服务等，可以认定为共同犯罪。刑法对网络安全违法犯罪活动的刑事惩罚主要体现在第二百八十五条、第二百八十六条、第二百八十七条，这些条款不仅明确规定对非法侵入计算机信息系统等网络犯罪活动的惩罚，还明确了网络服务提供者必须履行的信息网络安全管理义务，加强了网络安全管理方面的行刑衔接。比如刑法规定了非法侵入计算机信息系统罪、非法获取计算机信息系统数据罪、破坏计算机信息系统罪、拒不履行信息网络安全管理义务罪、非法利用信息网络罪、帮助信息网络犯罪活动罪等不同犯罪及其惩罚措施。

我国网络安全法律规范不断完善，尤其是新颁布或修订的法律法规加强了网络服务平台的安全管理义务以及关键信息基础设施运营者的安全保护义务。《治安管理处罚法》《刑法》等明确规定了网络服务提供者在网络

---

① 《关键信息基础设施安全保护条例》，中央人民政府网站，http：//www.gov.cn/zhengce/content/2021-08/17/content_5631671.htm。

安全管理方面的法律义务和责任。《治安管理处罚法》第三十二条规定，网络服务提供者不履行信息网络安全管理义务，经公安机关或者其他监管部门责令改正而拒不改正的，可以处五日以下拘留或者情节较重的处五日以上十日以下拘留。根据《刑法》第二百八十六条之一的规定，网络服务提供者不履行法律、行政法规规定的信息网络安全管理义务，经监管部门责令采取改正措施而拒不改正，可以处三年以下有期徒刑、拘役或者管制。

《关键信息基础设施安全保护条例》把电信、广电、互联网等公共通信和信息服务的重要网络设施纳入关键信息基础设施保护范围，并对其运营者和网络安全管理者规定了相应的法律义务和责任。按照《网络安全法》第三十四条、第二十一条的规定，关键信息基础设施的运营者应当履行的安全保护义务，包括设置专门的安全管理机构和负责人，对从业人员进行网络安全教育和培训，对重要系统和数据库进行容灾备份，制定网络安全事件应急预案，采取技术措施防范计算机病毒和网络攻击等。《刑法》《网络安全法》《全国人民代表大会常务委员会关于维护互联网安全的决定》《关键信息基础设施安全保护条例》在保护网络运行安全和网络信息安全方面力度加大，保障关键信息基础设施安全，相关立法与《布达佩斯网络犯罪公约》等国际条约更加接轨。

四　个人信息法律质性分析

随着信息产业的发展，各种数据与信息包括个人信息的收集、储存、开发与利用日益商业化，人们在享受个人定制网络信息等诸多便利的同时，也面临着个人信息可能泄漏或者非法侵犯带来的风险。所谓公民个人信息，是指以电子或者其他方式记录的能够单独或者与其他信息结合识别特定自然人身份或者反映特定自然人活动情况的各种信息，[①] 包括姓名、身份证件、通信住址、账号密码、财产状况、行踪轨迹、医疗记录、人事记录、照片等。有些个人信息尤其是个人私生活的敏感信息属于个人隐

---

① 《最高人民法院、最高人民检察院关于办理侵犯公民个人信息刑事案件适用法律若干问题的解释》（法释〔2017〕10号），中国法院网，https：//www.chinacourt.org/law/detail/2017/05/id/149396.shtml。

私。个人隐私又称私人生活秘密，保护个人隐私是指私人生活安宁不受他人非法干扰，私人信息保密不受他人非法搜集、刺探和公开。[①] 有些个人隐私属于个人信息，有些又不是。因此，个人信息与个人隐私互相交叉，彼此联系。在司法实践中，利用信息网络非法获取、买卖公民个人信息并以此从事违法犯罪活动的案例屡见不鲜；私下调查婚外情或为了打击报复，偷拍偷录视频，侵犯他人隐私等人身权益现象也并不罕见。

我国对个人信息依法加以保护，比如《刑法》《民法典》《网络安全法》《电子商务法》《消费者权益保护法》《个人信息保护法》等有相关规定（见表3-4）。《民法典》在人格权编下设"隐私权和个人信息保护"专章，对隐私信息和个人信息依法规范，其配套法律规范也在加速推进。《个人信息保护法》中提出的个人在个人信息处理活动中的权利包括信息决定、信息保密、信息查询、信息更正、信息删除、信息转移等权利，与欧盟的《一般数据保护法案》相接近。

表3-4　个人信息法律规范质性分析

法律规制	内容摘录	概念化	范畴化
《刑法》（2020）	第二百五十三条之一　违反国家有关规定，向他人出售或者提供公民个人信息，情节严重的，处三年以下有期徒刑或者拘役，并处或者单处罚金；情节特别严重的，处三年以上七年以下有期徒刑，并处罚金。	A1 违法出售个人信息 A2 判刑并罚款	AA1 侵犯个人信息（A1、A4、A9、A15、A21、A22） AA2 刑事处罚（A2、A10）
《中华人民共和国民法典》（2020）	第一千零三十四条　自然人的个人信息受法律保护。 个人信息是以电子或者其他方式记录的能够单独或者与其他信息结合识别特定自然人的各种信息，包括自然人的姓名、出生日期、身份证件号码、生物识别信息、住址、电话号码、电子邮箱、健康信息、行踪信息等。 个人信息中的私密信息，适用有关隐私权的规定；没有规定的，适用有关个人信息保护的规定。[②]	A3 法律保护个人信息	AA3 个人信息保护（A3、A13）

---

① 张新宝：《从隐私到个人信息：利益再衡量的理论与制度安排》，《中国法学》2015年第3期。
② 《中华人民共和国民法典》（2020年5月28日第十三届全国人民代表大会第三次会议通过），中国人大网，http://www.npc.gov.cn/npc/c30834/202006/75ba6483b8344591abd07917e1d25cc8.shtml。

续表

法律规制	内容摘录	概念化	范畴化
《中华人民共和国网络安全法》（2016）	第四十三条 个人发现网络运营者违反法律、行政法规的规定或者双方的约定收集、使用其个人信息的，有权要求网络运营者删除其个人信息；发现网络运营者收集、存储的其个人信息有错误的，有权要求网络运营者予以更正。网络运营者应当采取措施予以删除或者更正。	A4 违法违约收集使用 A5 要求删除更正	AA4 正方防卫（A5）
《中华人民共和国消费者权益保护法》（2013 修订）	第二十九条 经营者收集、使用消费者个人信息，应当遵循合法、正当、必要的原则，明示收集、使用信息的目的、方式和范围，并经消费者同意。经营者收集、使用消费者个人信息，应当公开其收集、使用规则，不得违反法律、法规的规定和双方的约定收集、使用信息。经营者及其工作人员对收集的消费者个人信息必须严格保密，不得泄露、出售或者非法向他人提供。经营者应当采取技术措施和其他必要措施，确保信息安全，防止消费者个人信息泄露、丢失。	A6 合法收集使用个人信息 A7 严格保密 A8 防止泄露个人信息	AA5 保护个人信息安全（A6、A7、A8、A19）
《中华人民共和国电子签名法》（2019 年修订）	第三十二条 伪造、冒用、盗用他人的电子签名，构成犯罪的，依法追究刑事责任；给他人造成损失的，依法承担民事责任。	A9 违法电子签名 A10 追究刑事责任 A11 承担民事责任	AA6 民事处罚（A11）
《中华人民共和国未成年人保护法》（2020 年修订）	第七十二条 信息处理者通过网络处理未成年人个人信息的，应当遵循合法、正当和必要的原则。处理不满十四周岁未成年人个人信息的，应当征得未成年人的父母或者其他监护人同意，但法律、行政法规另有规定的除外。①	A12 信息处理者 A13 保护未成年人个人隐私 A14 处理未成年人个人信息	AA7 调节对象（A12、A18、A23） AA8 保护个人合法权利（A14）

① 《中华人民共和国未成年人保护法》（2020 年 10 月 17 日第十三届全国人民代表大会常务委员会第二十二次会议第二次修订），中国人大网，http://www.npc.gov.cn/npc/c30834/202010/82a8f1b84350432cac03b1e382ee1744.shtml。

法律规制	内容摘录	概念化	范畴化
《中华人民共和国广告法》（2018 年修订）	第四十三条　任何单位或者个人未经当事人同意或者请求，不得向其住宅、交通工具等发送广告，也不得以电子信息方式向其发送广告。以电子信息方式发送广告的，应当明示发送者的真实身份和联系方式，并向接收者提供拒绝继续接收的方式。①	A15 未经同意发送广告 A16 明示身份 A17 接受拒绝	AA9 合法权利保护（A16、A17、A24、A25）
《中华人民共和国个人信息保护法》（2021）	第五十八条　提供重要互联网平台服务，用户数量巨大、业务类型复杂的个人信息处理者，应当履行下列义务：（一）按照国家规定建立健全个人信息保护合规制度体系，成立主要由外部成员组成的独立机构对个人信息保护情况进行监督……②	A18 互联网平台服务 A19 保护个人信息	
《最高人民法院、最高人民检察院关于办理侵犯公民个人信息刑事案件适用法律若干问题的解释》（2017）	第五条　非法获取、出售或者提供公民个人信息，具有下列情形之一的，应当认定为刑法第二百五十三条之一规定的"情节严重"：（一）出售或者提供行踪轨迹信息，被他人用于犯罪的；（二）知道或者应当知道他人利用公民个人信息实施犯罪，向其出售或者提供的；（三）非法获取、出售或者提供行踪轨迹信息、通信内容、征信信息、财产信息五十条以上的；（四）非法获取、出售或者提供住宿信息、通信记录、健康生理信息、交易信息等其他可能影响人身、财产安全的公民个人信息五百条以上的。	A20 "严重情节"认定 A21 提供个人信息帮助犯罪 A22 非法获取个人重要信息数量多	AA10 行为监管（A20）

---

① 《中华人民共和国广告法》（根据 2018 年 10 月 26 日第十三届全国人民代表大会常务委员会第六次会议《关于修改〈中华人民共和国野生动物保护法〉等十五部法律的决定》修订），中国人大网，http://www.npc.gov.cn/npc/c12435/201811/c10c8b8f625c4a6ea2739e3f20191e32.shtml。

② 《中华人民共和国个人信息保护法》（2021 年 8 月 20 日第十三届全国人民代表大会常务委员会第三十次会议通过），中央人民政府网站，http://www.gov.cn/xinwen/2021-08/20/content_5632486.htm。

法律规制	内容摘录	概念化	范畴化
《江苏省广播电视管理条例》（2018）	第二十四条　信息网络传播视听节目服务单位应当履行对用户的承诺，保护用户信息，不得进行虚假宣传或者误导用户，不得做出对用户不公平不合理的规定。①	A23 信息网络传播视听节目服务单位 A24 履行对用户的承诺 A25 平等合理对待用户	

　　智能算法为网络广告的个性化、精准化推送带来了便利，但有可能侵犯个人信息或对他人正常生活造成不必要的干扰，《广告法》第四十三条规定，任何单位或者个人未经当事人同意或者请求，不得以电子信息方式向其发送广告。即使同意发送广告也应当明示发送者的真实身份和联系方式，并提供拒绝接收的方式。《网络安全法》加大了侵犯个人信息违法行为的处罚力度，也为行政执法提供了法律依据，其中第六十四条规定，网络运营者、网络产品或者服务提供者违法侵害个人信息，由有关主管部门责令改正，处以警告、罚款、没收违法所得等处罚；情节严重的，可以责令暂停业务、停业整顿、关闭网站、吊销业务许可证或者营业执照。随着《刑法修正案（九）》、"两高"《解释》等法律规范的颁布实施，我国个人信息刑法保护的格局基本确立。"两高"《解释》不仅明确，像"人肉搜索""通过信息网络或者其他途径发布公民个人信息的"行为，认定为"非法提供"；还规定"违反国家有关规定，通过购买、收受、交换等方式获取公民个人信息，或者在履行职责、提供服务过程中收集公民个人信息"，均属于刑法第二百五十三条之一规定的"非法获取公民个人信息"。刑法第二百五十三条之一为侵犯公民个人信息罪，非法获取、出售或者提供公民个人信息，情节严重的，处三年以下有期徒刑或者拘役；情节特别严重的，可以处三年以上七年以下有期徒刑。"两高"《解释》对刑法侵犯公民个人信息罪中的"情节严重"和"情节特别严重"有具体规定，如出

---

① 《江苏省广播电视管理条例》（2018 年 1 月 24 日江苏省第十二届人民代表大会常务委员会第三十四次会议通过），江苏省人民政府网站，http://www.jiangsu.gov.cn/art/2018/2/7/art_59202_7481429.html。

售或提供的行踪信息用于犯罪，非法获取、出售或者提供行踪、通信、征信、财产信息五十条以上等行为构成侵犯公民个人信息罪中的"情节严重"的情形。另外，设立出售或者提供公民个人信息违法犯罪活动的网站、通讯群组，情节严重的，依照刑法第二百八十七条之一的规定，构成非法利用信息网络罪。《最高人民法院关于审理利用信息网络侵害人身权益民事纠纷案件适用法律若干问题的规定》第十二条不仅规定网络用户或者网络服务提供者利用网络公开他人基因信息、医疗资料、犯罪记录、家庭住址、私人活动等个人隐私和其他个人信息，造成损害的应当承担侵权责任，同时还规定了六种例外情形，比如自然人书面同意；为促进社会公共利益；为学术研究或者统计目的；已合法公开的个人信息；合法渠道获取的个人信息等。此外，互联网信息传播监管的法律规范还规定了对行政执法人员违法犯罪行为的法律责任。《刑法》《电信条例》等法律法规对执法人员玩忽职守、滥用职权、徇私舞弊，构成犯罪的，依法追究刑事责任；尚不构成犯罪的，依法给予行政处分。

总之，新媒体视频法律规范体系涉及信息内容、知识产权、网络安全以及个人信息等方面的法律规范，它们之间并非完全独立，而是彼此有机联系。这些法律规范往往跨越了宪法、行政法、刑法等法律部门的界限，如果仅仅从单个部门法的角度来观察难免会顾此失彼。①

五　开放编码结果综合分析

通过上述开放性编码笔者共发掘概念114个，通过深入分析、研究和比较将得到的概念进一步抽象化，归纳为如下21个副范畴。

表3-5　开放性编码形成的概念与范畴

编号	副范畴	概念及概念的描述
1	维护国家安全和社会稳定	禁止传播淫秽物品、不得危害国家安全、不得扰乱社会秩序、不得妨碍文化遗产保护、不得使用国家机关形象、不得损害公共利益、维护网络空间主权安全、防止恐怖主义内容传播
2	刑事责任	判刑并罚款、追究刑事责任

① 陈璐：《个人信息刑法保护之界限研究》，《河南大学学报》（社会科学版）2018年第3期。

编号	副范畴	概念及概念的描述
3	行为监管	组织播放淫秽音像制品、侵权行为界定、音像制品经营管理、"严重情节"认定、犯罪行为认定
4	网络违法犯罪	利用计算机传播淫秽信息、利用网络侵害他人民事权益、制作违法网站、传播违法活动信息、入侵损害计算机信息系统、故意传播计算机病毒、妨碍网络产品服务正常运行、恶性竞争、危害电信网络安全和信息安全
5	保护个人合法权利	保护英雄烈士事迹和精神、禁止向未成年人传播有害信息、不得损害未成年人身心健康、不得侵害他人名誉、不得危害人身财产安全
6	传播载体	电影、网络广告、广播电视、音像制品、网络出版物
7	内容监管	电影内容限制、广告禁止情形、节目内容限制、音像制品内容限制、出版物内容限制、国际联网信息内容限制、互联网信息内容限制
8	调节对象	网络用户、网络服务提供者、文艺团体单位、音像制品从业单位、全体公民、电信业务经营者、互联单位、接入单位及其法人和其他组织、信息网络视听节目服务单位、互联网信息服务提供者、信息处理者
9	承担应尽责任	对网络使用行为负责、提高节目质量
10	合法权利保护	及时断开侵权链接、书面通知、依法扣留、明示身份、接受拒绝、严格保密个人信息、履行对用户的承诺、平等合理对待用户
11	网络安全管理	计算机信息网络国际联网安全保护管理、建设保障体系、加强网络管理、落实监管制度和防范措施
12	行政责任	吸毒人员行业限制、责令停止侵权、没收违法所得、没收设备、责令采取改正措施、行政拘留和罚款
13	知识产权侵犯	营利目的、擅自使用、冒名顶替、破坏作品、剽窃作品、进出口货物侵犯知识产权
14	知识产权	发明设计专利权、著作权人及其作品受法律保护、著作权集体管理、外国作品著作权、计算机软件保护
15	民事责任	共同侵权责任、侵权责任、连带责任、承担民事责任
16	正当防卫	通知停止、诉讼程序、提出申请、提供担保、要求删除更正
17	义务履行监督	未采取必要措施、不履行义务、拒不改正、后果严重
18	保障网络安全	网络运行安全、网络数据安全、健全管理制度、落实技术措施、加强安全教育、进行登记审核、处置违法信息

续表

编号	副范畴	概念及概念的描述
19	侵犯个人信息	违法出售个人信息、违法违约收集使用、违法使用电子签名、未经同意发送广告、提供个人信息帮助犯罪、非法获取个人重要信息数量多
20	个人信息保护	法律保护个人信息、保护未成年人个人隐私
21	保护个人信息安全	合法收集使用、严格保密个人信息、采取措施防止泄露

　　通过对副范畴进行轴心式编码，将 21 个副范畴归纳为如下 7 个主范畴（见表 3-6）。（1）目的复杂性。肯勒斯·埃伦伯格（Kenneth M. Ehrenberg）把法律解释为一种制度化的抽象的人工制品，这意味着法律是人类创造的目的明确的产品，旨在规范人们的行为。[①] 法律明确规范人们行为的模式和标准，并起到指引、评价、预测、惩戒等功能，具体的法律规范涉及的领域非常宽广，因而法律的目的功能具有多样性和复杂性。（2）主体多样性。互联网相关法律规范对象包括网络服务提供商、传播载体、服务内容和服务对象等，既包括网络服务商、网民等社会组织和个体，又包括广播电视、电影、互联网等传播载体。（3）内容广泛性。随着数字信息技术的广泛应用和不断发展，法律法规体系与时俱进，对新型的网络犯罪、数字化知识产权和个人信息保护等给予了回应。（4）权利行使。国家以法律形式明确主体享有的权利，知识产权、个人信息等受法律保护，若遭到非法侵犯，被侵权人可以依法维护自身权益。（5）义务履行。奥斯丁认为义务一定是与命令联系在一起的，"当命令被表达出来时，一个义务也就被设定了"。[②] 义务是一种约制，一旦违反就可能承担不利后果。法律在保护合法权利的同时，也规定了个人和组织应该履行的相关义务，如保护个人信息安全，保障网络安全，保障他人的合法权利不受侵犯。（6）加强管理。基于信息网络服务提供者等中介在网络空间中的特殊地位，法律设置相应

---

① Kenneth M. Ehrenberg, *Law Is an Institution an Artifact and a Practice*, Oxford Univorsity Press, 2018, pp. 177-191.

② 〔英〕约翰·奥斯丁:《法理学的范围》，刘星译，北京大学出版社，2013，第 22 页。

的信息网络安全管理义务，以保障网络社会公共安全。（7）法律惩罚。惩罚理论主要有两种：结果主义和报应主义。法定惩罚制度，从威慑和改造角度来看，是基于社会整体成本和收益。为了维护公共秩序，法律对违法违规行为规定相应的民事、行政和刑事处罚，从而保障信息网络传播和网络运行领域的公共安全。

表 3-6　主轴性编码结果

编号	主范畴	副范畴	关系的内涵
1	目的复杂性	维护国家安全和社会稳定、保护个人合法权利	法律作为一种制度规范，在不同领域规范人们行为的模式和标准，发挥指引、评价、预测、惩戒等功能。
2	主体多样性	传播载体、调节对象	互联网相关法律规范对象包括网络服务提供商、传播载体、服务内容和服务对象等。
3	内容广泛性	网络违法犯罪、知识产权侵犯、个人信息侵犯	随着数字信息技术的广泛应用和不断发展，法律规范体系对新型的网络犯罪、数字化知识产权和个人信息保护等给予了法律回应。
4	权利行使	知识产权、正当防卫、个人信息保护	知识产权、个人信息以及其他合法权利受法律保护，若遭到非法侵犯，被侵权人可以依法维护自身权益。
5	义务履行	合法权利保护、承担应尽责任、保障网络安全、保护个人信息安全	法律规定公民享有的权利，也规定了相应的义务，如保护个人信息安全，保障网络安全，保障他人合法权利不受侵犯。
6	加强管理	内容监管、行为监管、义务履行监督、网络安全保护管理	基于信息网络服务提供者等中介在网络空间中的特殊地位，法律设置相应的网络安全管理义务，以保障网络社会安全。
7	法律惩罚	行政处罚、民事处罚、刑事处罚	法律对违法行为规定相应的民事、行政和刑事处罚标准，保障网络信息安全和网络运行安全。

　　通过对副范畴的继续考察，可以将其归纳为四个核心范畴。围绕这些核心范畴的故事线可以概括为：我国信息网络领域的法律规范不断完善，从总体看具有目的复杂性、主体多样性和内容广泛性的特征，通过预防和

综合治理，保障网络信息安全和网络运行安全，提升了我国互联网信息传播领域的法治水平。

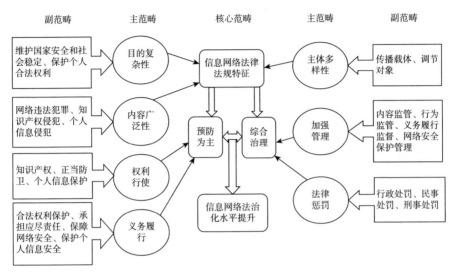

图 3-1　编码过程与编码结果

第二节　法治保障的机制创新

中国各级司法部门聚焦司法办案这个中心工作任务，坚持以需求和问题为导向，加强法院基础设施和信息化建设，积极稳妥推进司法保障体制机制改革，逐步探索出一些具有创新性的司法保障工作机制，先后成立了互联网法院和知识产权法院，针对互联网案件日益增多的特点，探索实施网络在线审理机制，以及统一在网络公开各级法院的裁判文书，不仅提升了中国司法案件的透明度和全球影响力，也促进并提升了法院审判工作质量和效率。

一　行刑衔接工作机制

行刑衔接工作机制指的是行政执法与刑事司法衔接工作机制。一般来说，行刑衔接强调行政执法机关在查办违法行为中，一旦发现违法行为涉嫌犯罪就及时移送公安机关或人民检察院以追究刑事责任。从权力关系的视角看，行刑衔接是行政权、司法权以及法律监督权的衔接配合。① 其背后实质上是国家公权力之间的衔接问题。中国人民大学法学院田宏杰认为，应该以行政优先为原则、刑事先理为例外进行行刑衔接机制的构建安排。"行政优先的行刑衔接程序的设计和运行，不仅是对行政犯罪本质的科学回归，而且是行政效率和司法公正的应有之义。"②

行刑衔接最初是在国务院《关于整顿和规范市场经济秩序的决定》中提出来的。2001 年 7 月，国务院颁布《行政执法机关移送涉嫌犯罪案件的规定》，第一次以法律法规的形式全面系统地规范了行刑衔接机制，其中第十一条规定"行政执法机关对应当向公安机关移送的涉嫌犯罪案件，不得以行政处罚代替移送"。以及第十三条"公安机关对发现的违法行为，经审查，没有犯罪事实……但依法应当追究行政责任的，应当及时将案件移送同级行政执法机关"③。这些规定明确了行政权、司法权等公权力机关应该双向互相衔接，以及移送的具体办法。最高人民检察院 2001 年及时颁布《人民检察院办理行政执法机关移送涉嫌犯罪案件的规定》；2006 年最高人民检察院、全国整顿和规范市场经济秩序领导小组办公室、公安部、监察部联合发布《关于在行政执法中及时移送涉嫌犯罪案件的意见》，对行刑衔接做出一系列具体规定。至此，中国特色的行刑衔接机制基本框架初步形成。

2011 年，中共中央办公厅、国务院办公厅转发了国务院法制办等部门《关于加强行政执法与刑事司法衔接工作的意见》，进一步强调行刑衔接工作应该建立联席会议制度、信息共享平台以及案件咨询制度，为行刑衔接提供政策制度指导。2014 年 10 月，党的十八届四中全会审议通过的《中共中央关于全面推进依法治国若干重大问题的决定》，其中对行刑衔接提出明确要求："健全行政执法和刑事司法衔接机制，完善案件移送标准和程序，建立行政执法机关、公安机关、检察机关、审判机关信息共享、案情通报、案件移送制度，坚决克服有案不移、有案难移、以罚代刑现象，实现行政处

①　蒋云飞：《论基于权力关系分析的行刑衔接机制》，《湖南行政学院学报》2019 年第 3 期。
②　田宏杰：《行政优于刑事：行刑衔接的机制构建》，《人民司法》2010 年第 1 期。
③　国务院：《行政执法机关移送涉嫌犯罪案件的规定》（2001 年），中央人民政府网站，http：//www.gov.cn/gongbao/content/2001/content_60972.htm。

罚和刑事处罚无缝对接。"① 2017 年 1 月，环保部、公安部和最高人民检察院联合印发《环境保护行政执法与刑事司法衔接工作办法》；2019 年 5 月，应急管理部、公安部、最高人民法院、最高人民检察院联合发布《安全生产行政执法与刑事司法衔接工作办法》。这一系列重大决定、重要文件和法律规范，对于指导行政执法机关和司法机关共同打击违法犯罪具有重要意义。

为了健全行刑衔接工作机制，从中央到地方建立了行刑衔接工作领导机构与联席会议制度。全国打击侵犯知识产权和制售假冒伪劣商品工作领导小组由市场监督管理总局、知识产权局、国家网信办、国家版权局、文化和旅游部、公安部等部门组成，其办公室设在市场监督管理总局。广东、江苏、福建等地方行刑衔接工作联席会议制度也先后建立，确保公权力机关行刑衔接在统一领导下的分工协作。

此外，我国建立了从中央到地方的行刑衔接信息共享平台，以保障行刑衔接无缝对接。全国打击侵犯知识产权和制售假冒伪劣商品工作领导小组办公室建立了行政执法与刑事司法衔接中央平台，该平台成为执法部门和司法部门的信息共享平台。广东、山东等地也建立了行刑衔接信息网络平台，各部门有专人负责规范录入信息，定期向检察机关报送行政执法案件及移送情况。信息共享平台与工作机制的建立与完善，有利于解决有案不移、有案难移等问题。

根据法律法规和相关司法文件，各地及时制定行刑衔接的法规制度，完善行刑衔接案件移送标准和程序规范。四川、江苏、山东等地均制定并颁布了行政执法与刑事司法衔接工作的地方法规。这些地方法规、规章制度为行刑衔接提供了制度保障，对规范案件移送和受理，加强公权力机关的协调配合具有重要指导意义。广州市还在全国率先建立了行刑衔接指引体系，包括《广州市行政执法与刑事司法衔接临界点指引》《广州市行政执法与刑事司法衔接证据指引》《广州市行政执法与刑事司法衔接程序指引》，从实体、证据、程序等三个方面建立行刑衔接指引体系，方便行刑

① 《中共中央关于全面推进依法治国若干重大问题的决定》（2014 年 10 月中国共产党第十八届中央委员会第四次全体会议通过），共产党员网，http：//news. 12371. cn/2014/10/28/ARTI1414492334767240. shtml。

衔接的具体化、明确化、标准化，为行刑衔接提供了制度保障和操作规范。其中"证据指引"以表格形式对可能构成犯罪的 900 多项行政违法行为的行政处罚依据、可能构成犯罪的罪名、刑事处罚依据、刑事立案追诉标准、犯罪证明要求等方面进行指引，具有很强的实践指导性。

二 网络在线审理机制

知识产权法院、互联网法院是我国在信息网络时代加强知识产权司法保护而先后成立的专业性新型法院。北京、上海、广州三地分别设立知识产权法院，集中审理辖区内知识产权案件，其中北京知识产权法院属于中级人民法院。到 2018 年年底，上述三个知识产权法院共受理案件 90578 件，审结 74007 件，结案率 81.7%。此外，我国在南京、武汉、成都、杭州、海口等地共设立多个知识产权法庭，跨区域集中管辖部分知识产权案件。2019 年 1 月，根据全国人大常委会的决定成立最高人民法院知识产权法庭，完善了中国特色知识产权司法保护体系。2017 年 8 月我国首家互联网法院即杭州互联网法院成立，主要受理辖区内互联网相关的初审案件，包括互联网著作权纠纷、利用互联网侵害他人人格权纠纷、互联网行政管理引发的行政纠纷等。2018 年 2 月，上海长宁区人民法院设立全市首家互联网审判庭，由专业法庭专业审理互联网纠纷案。2018 年 9 月，北京互联网法院、广州互联网法院先后成立。互联网法院实行"网上纠纷网上审理"，可以实现证据材料在线提取、诉讼文书在线送达等，司法效率明显提高。杭州互联网法院成立一年受理互联网案件 1.2 万起，审结 10646 起，线上庭审平均用时 28 分钟，平均审理期限 41 天，一审服判息诉率 98.6%。2018 年 12 月，北京互联网法院受理的第一起著作权案件就是抖音诉伙拍小视频著作权纠纷案，法院首次认定涉案短视频是受《著作权法》保护的作品，同时支持"避风港原则"，认为及时删除不构成侵权。这起判例有利于推动短视频创作的著作权保护。2019 年 5 月，北京菲林律师事务所诉北京百度网讯科技有限公司著作权纠纷案，北京互联网法院认为被告未经许可，在百家号平台向公众提供了被诉文章内容，侵害了原告的信息网络传播权，一审判决被告百度公司在百家号平台上刊登道歉声明以消除影响，并赔偿原告经济损失 1560 元。但北京互联网法院也认为，涉案文章中由统计分析软件智能生成的图形不构成图形作品，由软件自动生成的分析报告也不构成著作权法意义上的作品。这是全国首例计算机软件智能生成内容的著作权纠纷案，该判决对 AI 智能生成内容的著作权保护有一定的影响和启示。[①] 总之，互联网法院、知识产权法院的设立，不仅有利于知识产权的司法保护与创新探索，而且有利于提升审判效能和审案机制改革。

当事人对互联网法院做出的判决、裁定提起上诉的案件，原则上由中级人民法院审理。但北京、广州互联网法院审理的互联网著作权纠纷、互联网域名纠纷的上诉案件，分别由北京、广州知识产权法院受理，业务上接受相应知识产权法院监督指导。

在互联网法院、知识产权法院探索实践的基础上，我国逐步完善了相关审判机制，包括通过互联网诉讼平台在线审理机制。《最高人民法院关于互联网法院审理案件若干问题的规定》第五条规定："互联网法院应当建设互联网诉讼平台，作为法院办理案件和当事人及其他诉讼参与人实施诉讼行为的专用平台。通过诉讼平台作出的诉讼行为，具有法律效力。"[②]《最高人民法院关于知识产权法庭若干问题的规定》其中第四条规定："经当事人同意，知识产权法庭可以通过电子诉讼平台、中国审判流程信息公开网以及传真、电子邮件等电子方式送达诉讼文件、证据材料及裁判文书等。"[③] 上海知识产权法院发布《远程视频审理案件操作规则》，借助互联网诉讼平台等现代网络技术、平台，审判人员、案件当事人、委托诉讼代理人等诉讼参与人可以在线完成开庭、调解、听证、咨询、勘验、宣判等审判活动。这是庭审方式的创新，有利于快速审理简单案件，既能确保审判公开透明，又能节约司法资源，提高审判效率，加快推进知识产权审判体系现代化。

三　审判"三合一"机制

知识产权审判"三合一"是指由人民法院知识产权审判庭统一审理知

---

① 北京互联网法院民事判决书（2018）京 0491 民初 239 号。
② 最高人民法院：《最高人民法院关于互联网法院审理案件若干问题的规定》，最高人民法院网站，http：//courtapp. chinacourt. org/fabu-xiangqing-116981. html。
③ 最高人民法院：《最高人民法院关于知识产权法庭若干问题的规定》，最高人民法院网站，http：//courtapp. chinacourt. org/fabu-xiangqing-137481. html。

识产权民事、行政和刑事案件。这是知识产权司法体制机制的全方位改革。最高人民法院发布的《关于在全国法院推进知识产权民事、行政和刑事案件审判"三合一"工作的意见》，要求各级人民法院知识产权审判部门更名为知识产权审判庭，并对"三合一"工作的组织设置、案件管辖、队伍建设、工作机制等做出明确规定，这标志着知识产权审判"三合一"制度走向成熟。知识产权审判"三合一"改革，有利于统一司法标准，提高审判质量，降低诉讼成本，增强司法机关和行政机关执法合力，实现知识产权的全方位救济和司法公正，从而更好地保护权利人的合法权益。

全国第一家建立知识产权庭的基层法院即上海浦东新区法院，早在1996年就率先探索知识产权民事、行政、刑事案件的"三合一"审判机制，被誉为可复制推广的"浦东经验"。到2014年上海三级法院全面实施知识产权"三合一"审判机制。"三合一"并非一个审判业务庭内部民事、行政和刑事审判业务的简单叠加。为克服单一民事审判业务视野的局限，人民法院知识产权审判庭可以根据实际需要重新配置审判力量，可以配备专门从事刑事审判和行政审判的法官，也可以由刑事审判庭法官、行政审判庭法官与知识产权庭法官共同组成合议庭审理相关案件。① 随着知识产权案件增加和审判经验的不断积累，江苏各级法院已经实现由知识产权庭法官组成合议庭审理刑事、行政案件，专业审判能力迅速提高。知识产权庭由原来的民事审判庭向综合性审判业务庭转变，以适应不同性质审判工作的需要。

四 裁判文书公开机制

中国裁判文书网是全国法院公布裁判文书的统一平台，覆盖刑事、民事、行政、赔偿、执行等不同案件类型，对类似案件具有重要指导意义，对于法学研究和法制宣传也有重要影响。裁判文书是人民法院审判工作的最终产品，是承载全部诉讼活动、实现定分止争、体现司法水平的重要载体。裁判文书及时全面公开，不仅是司法公开的重要举措，也是提

---

① 最高人民法院：《关于在全国法院推进知识产权民事、行政和刑事案件审判"三合一"工作的意见》（2016），http://www.chinaiprlaw.cn/index.php? id=4273。

升司法能力、保障司法公正的重要举措。最高人民法院颁布《关于人民法院在互联网公布裁判文书的规定》，进一步规范各级法院通过网络依法、全面、及时、规范地公布裁判文书，有利于促进司法公正，提升司法公信力。

中国裁判文书网2013年7月上线，受到国内外广泛关注。2015年12月改版升级，增加了一键智能查询、关联文书查询、个性化服务等功能，还开通蒙古语、藏语、维吾尔语、朝鲜语和哈萨克语五种民族语言文书，更好地满足少数民族需求。与此同时，法院进一步细化文书上网范围、具体要求和工作流程，不断完善裁判文书公开技术，推动裁判文书网络化、信息化与学术研究。北京、上海、江西、重庆等法院将裁判文书智能纠错、自动排版、隐私屏蔽、格式处理、一键上网等功能嵌入网上办案系统，提高了裁判文书公开的自动化水平。广州海事法院依托其英文网站，将裁判文书译成英文上网公开。目前，我国裁判文书网络公开系统实现了各级法院全覆盖、案件类型全覆盖和办案法官全覆盖。

裁判文书公开是司法公开的关键一环，也是人民法院强化司法公信、接受人民监督的重要标志。为保障裁判文书公开工作规范有序，《最高人民法院裁判文书上网公布暂行办法》颁布，这是第一个专门规范裁判文书公开的制度性文件。① 最高人民法院还发布《关于人民法院在互联网公布裁判文书的规定》等一系列规范性文件，不断推动各级法院裁判文书的网络公开进程，完善工作流程和工作规范。"公开为原则，不公开为例外。"除法律规定的特殊情形以及个别不宜公开的外，各级法院具有法律效力的判决书、裁定书、决定书一般均应在裁判文书网公布。中国裁判文书公开量和网络访问量增长态势明显，到2019年7月，中国裁判文书网已公开裁判文书7346万份，网站访问量已突破300亿次，已成为全球最大的裁判文书数据库。② 法院依托信息技术将裁判文书公开纳入审判流程管理，裁判文书公开由原来需要专门机构集中上传转变为办案法官在办案平台一键公

---

① 张先明：《最高法院裁判文书首次集中上网》，《人民法院报》2013年7月3日。
② 最高人民法院：《中国法院的司法改革（2013—2018）》，人民法院出版社，2019，第42页。

布，同时法院还完善了对公众的反馈和意见的处理机制、裁判文书公开督导机制。

我国充分运用大数据、云计算等新兴技术，推动裁判文书信息的深度应用。最高人民法院成立了司法案例研究院，开通司法案例网，推动中外经典案例的宣传、研究和交流。中国法律应用数字网络服务平台"法信"上线，该平台涵盖裁判文书、典型案例、法律文件、学术论文等各类法学文献 2000 万篇，共计超过 100 亿字。这是"互联网+"和大数据时代推进法院信息化、智慧化建设的重要举措，有力推动审判工作向智能化、现代化转变。

第三节　法治的基本绩效

法治是国家治理体系和治理能力的重要依托，全面依法治国是国家治理的一场深刻革命。面对我国传媒市场化转型以及正在实施的混合所有制改革，全面依法治理网络显得尤为重要。我国《刑法》《网络安全法》《著作权法》《信息网络传播权保护条例》《互联网信息服务管理办法》等法律法规对互联网安全以及包括网络视听在内的互联网信息传播提供了法律保障，《英雄烈士保护法》《反恐怖主义法》《国旗法》《国歌法》等法律法规也为司法机关依法打击淫秽色情、恐怖暴力、侮辱英烈等非法信息传播提供了有力武器。

互联网成为人们重要的生活和工作方式，网络犯罪也在不断增加。我国《刑法修正案（九）》增设了拒不履行信息网络安全管理义务罪、非法利用信息网络罪、帮助信息网络犯罪活动罪等网络犯罪罪名。司法审判机关对网络传播非法信息、利用个人信息从事诈骗等违法犯罪活动加大了刑事打击力度。根据中国司法大数据研究院发布的《网络犯罪特点和趋势》，2016 年至 2018 年，全国各级法院一审审结的网络犯罪案件 4.8 万多起，在刑事案件总量中占比小，但是增速较快，2017 年增长 32.6%，2018 年增加 50.9%。从被告人刑事处罚结果看，普遍量刑为有期徒刑，占比95.6%，其中 57.2% 被判处有期徒刑三年（不含）以下刑期。网络犯罪案件中诈骗案件占比最高，主要利用微信、QQ 和支付宝进行诈骗，一些网络诈骗案件是获取公民个人信息后有针对性地实施犯罪。①

一　严打非法信息传播

首先，重视对淫秽色情视频传播的刑事处罚。全国"扫黄打非"办、公安机关、网信部门等联合打击网络传播淫秽色情信息，行政执法机关与司法机关通过行刑衔接工作机制，不断加大对淫秽色情视频传播的刑事处罚力度。近年来，通过出租服务器、QQ、微信、网盘、网络直播等传播淫秽物品牟利而获罪的司法案件时有报道。其中快播公司传播淫秽物品牟利案被最高人民法院列为 2016 年推动法治进程十大案件之一。深圳快播科技有限公司基于流媒体技术，为网络用户提供视频信息服务。一审法院认为快播公司负有网络安全管理义务但拒不履行，公司以牟利为目的放任淫秽视频大量传播的行为构成传播淫秽物品牟利罪的单位犯罪。法院判决快播公司犯传播淫秽物品牟利罪，判处罚金一千万元；快播公司王某等四名主管人员犯传播淫秽物品牟利罪，分别被判处三年六个月至三年不等的有期徒刑并处罚金。二审法院维持了一审判决。快播案涉及网络传播、技术中立与法律边界等问题，加上庭审直播，广受社会关注和学界讨论。

中美在打击网络犯罪方面建立高级别联合对话机制。两国执法机构在网络传播儿童色情、商业窃密、网络诈骗、利用技术和通信组织策划和实施恐怖活动等案件进行协查合作。② 2016 年 2 月，公安部通过与美国国土安全部合作协查，迅速抓获涉嫌网络传播儿童淫秽信息的犯罪嫌疑人孙某，以及涉嫌性侵、猥亵儿童并制作淫秽色情信息的犯罪嫌疑人黄某。

其次，依法打击恐怖暴力、侮辱英烈等非法视频传播。在《英雄烈士保护法》施行之际，西安摩摩信息技术有限公司通过自媒体账号"暴走漫画"在"今日头条"平台发布短视频，篡改《囚歌》内容，损害叶挺烈

---

① 中国司法大数据研究院：《网络犯罪特点和趋势（2016-2018）》，中国司法大数据服务网，http://data.court.gov.cn/pages/index.html。
② 王旭东：《砥砺前行　做无形世界的守护者——改革开放以来网络安全保卫工作巡礼》，《人民公安报》2018 年 12 月 2 日。

士名誉，引发舆论关注。陕西西安一审法院判决摩摩公司在国家新闻媒体予以公开道歉，并向原告支付精神抚慰金十万元。法院认为涉案视频篡改《囚歌》内容，亵渎了叶挺烈士的革命精神，损害了烈士名誉，不仅对其亲属造成精神痛苦，也伤害了社会公众的民族和历史感情，损害了社会公共利益，故被告行为构成名誉侵权。①

2018 年 7 月，福建省首例宣扬恐怖主义案在三明市中级法院审理和宣判，法院判处被告人黄某有期徒刑六个月，缓刑一年，并处罚金两千元。2017 年 8 月黄某通过个人微信号转发十二段血腥恐怖短视频供他人浏览，涉案视频内容主张以暴力等极端手段危害甚至剥夺他人生命。法院认为黄某的行为符合法律规定的宣扬恐怖主义罪的犯罪构成要件。2018 年 8 月，呼和浩特市中级人民法院判处被告樊某犯非法持有宣扬恐怖主义、极端主义物品罪，判处有期徒刑一年一个月，罚金一千元。2019 年 3 月，扬州市中级人民法院一审判决被告林某犯非法持有宣扬恐怖主义、极端主义物品罪，判处有期徒刑六个月，罚金二千元。这是《英雄烈士保护法》《反恐怖主义法》颁布实施后出现的一些新型司法案件，扩大了刑法打击力度和范围，有利于维护社会安全稳定。不过，有学者认为该类案件呈现犯罪手段网络化、司法规制范围模糊和裁判尺度不统一的特点。②

此外，依法处罚涉毒艺人及其作品。公安部门破获的涉毒案件屡屡令人震惊，其中不乏演艺明星，他们常被媒体曝光存在吸毒、非法持有毒品、容留他人吸毒等违法行为。比如演员张某容留他人吸毒案被一审法院判处有期徒刑十个月，罚金二千元。《上海市禁毒条例》《山东省禁毒条例》作为地方法规，率先对吸毒艺人参与主创的影视作品传播进行惩罚。《上海市禁毒条例》规定，邀请或者播出因吸毒行为被公安机关查处未满三年或者尚未戒除毒瘾的人员作为主创人员参与制作的广播电视节目、文艺演出、电影、电视剧，对邀请方、播出方处十万元到二十万元的罚款。对吸毒艺人代言的商业广告播出行为也有相应的罚则。

---

① 《叶挺烈士近亲属叶正光等诉西安摩摩信息技术有限公司名誉侵权纠纷一案一审宣判》，中国法院网，https://www.chinacourt.org/article/detail/2018/09/id/3516296.shtml。
② 梅传强、臧金磊：《网络宣扬恐怖主义、极端主义案件的制裁思路——对当前 20 个样本案例的考察》，《重庆大学学报》（社会科学版）2019 年第 5 期。

二　遏制知识产权侵权

最高人民法院知识产权法庭的成立，标志着中国特色知识产权司法保护体系进一步完善。近年来，全国法院加大对知识产权违法犯罪行为的惩罚力度。2018 年全国法院新收知识产权民事、行政和刑事案件 33.5 万起，同比上升 41.2%；其中地方各级法院新收著作权民事、行政、刑事案件分别为 19.5 万起、17 起、156 起，形成一批具有重大影响的裁决。①《中国法院知识产权司法保护状况》显示，地方各级人民法院 2019 年共审结侵犯知识产权刑事一审案件 5075 起，同比上升 24.9%。知识产权案件逐步增加，审理难度加大，裁决结果的社会影响不断扩大，被侵权人获得的赔偿总体来说不断提高。

首先，加强视听作品著作权保护。广播电视节目不再成为网络新媒体的"免费午餐"。山东广电网络有限公司诉中国联合网络通信有限公司山东省分公司等不正当竞争一案，山东省高级人民法院认为山东联通公司、海看网络公司在发展互联网电视（IPTV）业务中，未经许可擅自使用广电网络公司的电视信号，构成不正当竞争。二审法院山东高院认为一审判决赔偿金额过低，改判为原审被告赔偿山东广电网络经济损失五千万元。这个案件尽管没有通过《著作权法》中广播组织权调整而适用反不正当竞争法予以保护，但该案中的高额赔偿说明未经授权的广播电视节目网络转播不受法律保护。

短视频逐渐形成新产业，短视频的司法保护案件日益增加。2019 年 4 月，在全国首例网络广告使用短视频侵害著作权一案，北京海淀区人民法院认为，涉案短视频属于具有独创性的类电作品，原告享有涉案视频著作权；上海一条网络科技有限公司未经许可，擅自将涉案短视频在微信公众号和微博账号"一条"进行商业广告宣传并收取广告费用。法院判决上海一条网络科技有限公司向原告赔礼道歉并赔偿经济损失五十万元。

侵犯视听作品著作权不仅要承担民事赔偿责任，还可能涉及刑事处罚。在天津吉吉影院网侵犯影视作品著作权一案中，秦某向胡某租赁服务器，开

---

① 最高人民法院知识产权审判庭编《中国法院知识产权司法保护状况（2018）》，人民法院出版社，2019，第 2~5 页。

设吉吉影院网，未经权利人许可直接向公众提供七万部影视作品链接，广告获利近百万元。天津南开区人民法院以侵犯著作权罪判处秦某有期徒刑三年六个月，并处罚金四十万元；判处胡某有期徒刑一年并处罚金二万元。

其次，信息网络传播权受法律保护。尽管信息网络传播行为的认定标准在司法裁判中仍存争议，但网络平台链接侵权的案件时有发生。北京奇艺世纪科技有限公司诉上海幻电信息科技有限公司侵犯信息网络传播权一案，奇艺公司购买了涉案节目《快乐大本营》的独家信息网络传播权，幻电公司未经授权在其运营的 B 站及客户端链接播出该视频。上海知识产权法院二审认为，幻电公司不存在将涉案节目置于网络中的行为，未直接提供作品，不涉及直接侵权，但幻电公司在向被链网站服务器发送请求、提取视频文件过程中，应当负有注意义务却没有采取有效措施防止侵权行为的发生。二审法院判决幻电公司的行为侵犯了奇艺公司的信息网络传播权，应承担赔偿责任。乐视网信息技术（北京）股份有限公司诉上海千杉网络技术发展有限公司著作权侵权及不正当竞争纠纷案，乐视网对《老严有女不愁嫁》等涉案作品享有独占专有信息网络传播权。北京朝阳区人民法院认为，被告运营的电视猫通过破解视频资源链接地址参数的方式，获取可用链接向用户提供视频播放，无论从技术还是法律规定的角度看均不属于合法、普通的链接行为，该行为是一种非法的盗取行为，侵犯了乐视网的信息网络传播权。同时电视猫绕开乐视网会员收费机制、广告播放环节，占用其带宽资源的行为，构成不正当竞争。一审法院判决千杉公司赔偿乐视网经济损失五十万元。

对于体育比赛网络转播的司法保护，不同法院对于具体的体育赛事转播类案件适用法律及构成要件的理解不同，导致司法裁判出现差异。新浪网诉凤凰网侵犯著作权及不正当竞争纠纷一案，北京知识产权法院推翻一审判决对于体育赛事转播画面构成作品的认定，认为涉案赛事公用信号所承载的连续画面不符合电影作品的固定要件和独创性要求，不构成《著作权法》上的电影作品，判决凤凰网不构成侵权及不正当竞争。央视国际网络有限公司诉世纪龙信息网络有限责任公司侵害信息网络传播权一案中，广州市中级人民法院认为被告侵犯了原告作为录音录像制作者的信息网络传播权，判决被告赔偿原告央视国际经济损失等共计二十万元。在央视国际诉华夏城视网络电视股份有限公司著作权侵权及不正当竞争纠纷案中，深圳福田区人民法院认为体育赛事直播节目未达到著作权标准范畴，属于录像品范畴，未经授权予以转播构成不正当竞争，因而一审法院判决被告赔偿央视国际经济损失十二万元。央视国际诉我爱聊公司侵犯著作权及不正当竞争纠纷一案，北京海淀区人民法院认为体育赛事转播行为不是广播组织权的保护范畴，未经授权的转播行为构成不正当竞争。有学者认为，著作权法可以为承载体育赛事直播画面的公用信号提供邻接权保护，将广播组织者转播权的范围扩展至网络转播。①

再次，计算机软件和程序受著作权法保护。奥多比公司与深圳中青宝互动网络股份有限公司侵害计算机软件著作权纠纷一案，奥多比公司是涉案 Photoshop 系列软件的著作权人，受我国著作权法保护。广东省高级人民法院维持一审判决，认为中青宝未经授权，以经营为目的复制使用奥多比公司涉案软件，构成侵害软件著作权，判令中青宝公司赔偿奥多比公司经济损失五十万元。侵犯计算机软件和程序的著作权，不仅要承担民事赔偿，还有可能涉及刑事责任。深圳某科技公司产品经理胡某侵犯音乐 App 软件著作权获刑六个月。为研发"车载音乐云盘"项目，公司为胡某及其团队提供良好物质和技术条件进行 App 软件、U 盘开发与运营。当 App 研发项目完成并在手机应用商店上线后，胡某却通过注册的另一家科技公司非法销售同款 U 盘，其目标代码与原公司产品目标代码完全相同。深圳市南山区人民法院认为，胡某以营利为目的，未经许可复制发行其计算机软件，构成侵犯著作权罪，判处胡某有期徒刑六个月。据统计，2015 年 1 月到 2019 年 6 月，仅上海知识产权法院受理侵害计算机软件著作权纠纷 394 起，审结 351 起。

另外，网络游戏著作权也受法律保护。文化部颁布的《网络游戏管理办法》对网络游戏进行了界定：网络游戏是指由软件程序和信息数据构成，通过互联网、移动通信网等信息网络提供的游戏产品和服务。业界对网络游戏作品性质的认识不同，或将其当作一个整体，或将其拆分成各种

---

① 褚瑞琪、管育鹰：《互联网环境下体育赛事直播画面的著作权保护——兼评"中超赛事转播案"》，《法律适用（司法案例）》2018 年第 12 期。

元素，在司法实践中，对网络游戏作品性质的判定主要有三类：计算机软件作品；美术、文字和音乐作品；电影作品。腾讯科技（深圳）有限公司、深圳市腾讯计算机系统有限公司诉北京光宇在线科技有限公司不正当竞争一案，北京海淀区人民法院认为，光宇公司开发运营涉案游戏《最萌英雄》，其中大量游戏角色形象抄袭腾讯公司享有独家运营权的《英雄联盟》，主观故意明显，构成不正当竞争。判决光宇公司赔礼道歉、消除影响，并赔偿腾讯公司经济损失一百万元。在上海壮游信息科技有限公司诉广州硕星信息科技有限公司等网络游戏著作权侵权纠纷案中，壮游公司享有网络游戏《奇迹 MU》的独家运营权，硕星公司开发的网页游戏《奇迹神话》授权给维动公司独家运营。一审浦东新区人民法院认为，网络游戏画面具有独创性且能复制，可作为"类电影作品"保护，《奇迹神话》的整体画面与《奇迹 MU》构成实质性相似，侵犯了原告的复制权和信息网络传播权。二审上海知识产权法院基本维持原判，判令原审被告赔偿上海壮游公司经济损失四百万元。[①] 该案体现出司法保护的新倾向，即从网络游戏的拆分保护模式到整体保护模式的探索。

总之，随着知识产权保护意识的提高，综合运用民事、刑事和行政诉讼手段强化知识产权保护，已经成为越来越多权利人的选择。在司法保护方面，增设专门的互联网法院和知识产权法院，互联网案件审理模式创新，效率不断提高。最高人民法院通过发布著作权侵权典型案件，有利于各级法院参考，版权审判规则逐渐完善。司法裁判文书网络公开，接受社会监督，更加公开透明。

三　重点保障网络安全

威胁网络空间安全的因素多种多样，具体来说，典型的危害网络安全的行为主要有行为否认，非授权访问，违规操作，截获信息，伪造和篡改、散布虚假信息，拒绝服务攻击和计算机病毒。[②] 中国严厉打击各种网

[①] 上海浦东新区人民法院民事判决书（2015）浦民三（知）初字第 529 号和上海知识产权法院民事判决书（2016）沪 73 民终 190 号。

[②] 齐爱民、王基岩：《论威胁网络空间安全的十大因素及其立法规制》，《河北法学》2014 年第 8 期。

络犯罪，依法严厉打击黑客攻击、侵入和破坏计算机信息系统，网络诈骗，网络盗窃，网络赌博等违法犯罪活动。

首先，依法打击破坏计算机信息系统行为。付某某等破坏计算机信息系统案列为最高人民法院网络犯罪指导性案例之一，涉案人员通过租赁服务器，使用恶意软件修改互联网用户路由器、浏览器设置，强制网络用户访问指定网站进行流量劫持，再将用户流量出售给杭州久尚科技有限公司，非法获利七十五万元；上海一审法院判决被告人付某等犯破坏计算机信息系统罪，判处有期徒刑三年缓刑三年。① 据统计，2014 年 1 月到 2018 年 11 月，全国法院审结非法侵入计算机信息系统、非法获取计算机信息系统数据等危害计算机信息系统安全刑事案件 1866 起，生效判决人数 3263 人。

其次，严厉打击利用网络从事传统犯罪活动。随着信息网络的日益普及，各种诈骗、盗窃、赌博等传统犯罪有向网络蔓延态势。洪某等开设赌场案列为最高人民法院网络犯罪指导性案例之一，涉案人员以营利为目的，通过邀请人员加入微信群的方式招揽赌客，根据竞猜游戏网站的开奖结果进行赌博，江西一审法院认为洪某等人的行为已构成开设赌场罪，判决被告人洪某等四人犯开设赌场罪，分别判处有期徒刑四年并处罚金。②

互联网、广电网、电信网等是关键信息基础设施，各类网络运营者和使用者都应该履行网络安全法律义务和责任。在备受社会关注的徐玉玉被电信诈骗案中，山东临沂市高考录取新生徐玉玉被犯罪嫌疑人以发放助学金的名义，实施电信网络诈骗骗走九千九百元。徐玉玉与父亲到公安机关报案，回家途中心脏骤停，送医院抢救无效死亡。临沂市中级人民法院审理查明，被告人陈某在诈骗犯罪中起组织指挥作用，以非法占有为目的，非法获取高考学生信息十万条，冒充国家机关工作人员，拨打诈骗电话一万余次，骗得钱款三十一万元，特别在诈骗徐玉玉过程中，直接拨打诈骗

---

① 上海浦东新区人民法院刑事判决书（2015）浦刑初字第 1460 号。
② 孙航：《依法严惩网络犯罪最高人民法院发布第 20 批指导性案例》，中国法院网，https：//www.chinacourt.org/article/detail/2018/12/id/3629696.shtml。

电话，骗取钱款，造成徐玉玉死亡。临沂市中级人民法院以诈骗罪判处陈某无期徒刑，剥夺政治权利终身，并处没收个人全部财产，以侵犯公民个人信息罪判处有期徒刑五年并处罚金，决定执行无期徒刑，剥夺政治权利终身，并处没收个人全部财产；其他六名被告人以诈骗罪判处十五年到三年不等的有期徒刑并处罚金。[1] 与该案关联因出售徐玉玉个人信息的杜某犯侵犯公民个人信息罪，判处有期徒刑六年并处罚金。

四 严格保护个人信息

随着信息数字化产业化发展，公民个人信息通过网络被非法窃取、买卖的问题突出，侵犯公民个人信息犯罪案件时有发生。据统计，2009 年 2 月至 2015 年 10 月，全国法院共审结出售、非法提供公民个人信息，非法获取公民个人信息刑事案件 969 起，生效判决人数 1415 人。"两高"《关于办理侵犯公民个人信息刑事案件适用法律若干问题的解释》颁布实施以来，2017 年 6 月到 2018 年年底，全国法院审结侵犯公民个人信息刑事案件 2971 起，生效判决人数 5734 人。侵犯公民个人信息犯罪往往与其他犯罪如敲诈勒索、电信网络诈骗等结合，形成从非法收集、窃取到交易的犯罪链。

首先，跟踪偷拍上司或官员涉及侵犯个人信息。2018 年 12 月，浙江省临海市人民法院一审判决，被告人池某犯侵犯公民个人信息罪，判处有期徒刑二年并处罚金。此前身为警察的池某跟踪拍摄上司通奸而引起社会关注。法院审理查明，被告人池某出于报复目的，涉案期间通过安装摄像头、GPS 定位系统以及利用警察身份调取监控视频等方式，非法获取与其有矛盾纠纷或查处其违纪的不特定人员的行踪轨迹等个人信息，并保存在网盘和移动硬盘。一审法院认为，被告人池某非法获取公民个人信息，情节严重，其行为已构成侵犯公民个人信息罪。[2] 此后，与此案有关的官员周某因受贿罪被浙江台州市黄岩区人民法院判处有期徒刑五年三个月并处罚金。

---

[1] 山东省临沂市中级人民法院刑事判决书（2017）鲁 13 刑初 26 号。
[2] 浙江省临海市人民法院刑事判决书（2018）浙 1082 刑初 898 号。

在吴某等侵犯公民个人信息、骗取贷款案中,湖南省一审法院认为,益阳市房地产开发商吴某因不满法院的裁判和执行,雇请"私家侦探"张某等人,采取秘密安装 GPS 定位器等方式,对多名法官及他人进行定位、跟踪、偷拍,非法获取公民行踪轨迹和财产信息,构成侵犯公民个人信息罪。一审法院以侵犯公民个人信息罪判处吴某等人四年至一年二个月不等的有期徒刑并处罚金。上诉后,常德市中级人民法院二审维持原判。对于以反腐或社会监督为名进行跟踪偷拍,是否受法律保护,社会上存在不同声音。这是我国第一起雇请侦探偷拍官员涉及违法犯罪的案件,在法治进程中具有重要意义,即使偷拍有正当目的和理由,但涉及违法犯罪同样承担法律责任。

其次,私家侦探非法跟踪拍摄他人侵犯公民个人信息。2018 年 10 月,杭州西湖区人民法院一审判决,被告人赵某、王某犯侵犯公民个人信息罪,判处二人有期徒刑三年,缓刑三年并处罚金。一审法院审理查明,被告人赵某等人成立法律咨询公司,实际上主要从事婚外情调查。在涉案期间非法拍摄公民个人视频五百多段,向委托人提供行踪轨迹报告,还非法获取并向他人提供公民个人信息,非法获利十二万元。①

另外,非法抓取其他公司用户信息涉及不正当竞争。北京微梦创科网络技术有限公司(新浪微博)诉北京淘友天下技术有限公司(脉脉)等不正当竞争一案,北京市一审法院认为,社交软件脉脉非法抓取、使用新浪微博用户信息等行为构成不正当竞争,判决其停止不正当竞争行为,消除影响,赔偿原告经济损失二百万元。上诉后,北京知识产权法院终审维持原判。这是我国首例用户信息不正当竞争纠纷案,暴露出互联网企业经营活动中对用户信息保护普遍存在的问题,警示互联网平台要合法使用用户数据,消费者要加强个人信息保护。

在智能算法时代,移动手机客户端收集的个人信息非常多,欧美个人数据权的法律和司法保护对我国也产生重要影响。比如我国地方法院开始探索个人信息被遗忘权的司法保护。任某诉北京百度网讯科技有限公司一

① 余建华:《"私家侦探"侵犯公民个人信息获刑》,《人民法院报》2018 年 10 月 17 日,第 3 版。

案，被称为我国首例被遗忘权案。本案争议的焦点在于百度相关搜索服务显示的涉及任某的检索词是否侵犯了原告的姓名权、名誉权以及被遗忘权。二审法院查明，百度公司在相关搜索中推荐的任某及"陶氏教育"与相关学习法的词条是对网络用户搜索相关检索词内容与频率的客观反映，属于客观、中立、及时的技术平台服务，并无侵害任某所主张权益的过错与违法行为。关于被遗忘权，二审法院认为，我国并无"被遗忘权"的法律规定，亦无该权利类型；依据一般人格权主张其被遗忘权应属一种人格利益，必须证明利益正当性和保护的必要性，但本案原告不能证明上述正当性和必要性。① 故二审法院驳回上诉，维持原判。法院在对被遗忘权的权利系谱的认定上，并未采纳"隐私权说"或"个人信息权说"，而是从人格利益的法律定位展开分析。该案是我国对被遗忘权保护的首次正式回应，具有里程碑意义。最高人民法院司法案例研究院在评论中认为，此类案件应当"适用个人信息权进行调整，采用一般人格权的法律适用路径保护被遗忘权，是舍本求末，是在法律适用上绕道而行"②。有专家认为"被遗忘权实质是信息删除，其价值追求在于信息自决……信息主体并非有权删除由他人控制的全部个人信息，被遗忘权的保护还需要明确具体的标准"③。也就是说，未来的司法保护应该明确哪些个人数据在何种情况下可以由数据主体有权利申请删除。

从法律的界定来看，个人信息与个人隐私存在着密切关联。曼森在他的《信息时代的四个伦理议题》一文中指出，有两种力量威胁到我们的隐私权：一是信息技术的发展以及人们不断增长的获取、交换信息的能力；二是一些人为了获得利益而随意利用一些他们认为有价值的信息。④ 因此，大数据时代的个人信息司法保护依然任重道远。

---

① 北京市第一中级人民法院民事判决书（2015）一中民终字第 09558 号。
② 最高人民法院司法案例研究院 2018 年 4 月 20 日的官方微博，https：//weibo.com/6054592707/GcVr83xNp？type＝comment。
③ 张建文、李倩：《被遗忘权的保护标准研究——以我国"被遗忘权第一案"为中心》，《晋阳学刊》2016 年第 6 期。
④ Richard O. Mason，"Four Ethical Issues of the Information Age"，*MIS Quarterly*，Vol. 10，No. 4（March 1986）.

本章小结

互联网成为现代生活方式，为人们的工作和生活提供了便利，但是也导致网络违法犯罪大量发生。网络犯罪案件数量每年以30%以上的速度增长，占犯罪总数的三分之一。① 网络空间不是法外之地，为了打击网络违法犯罪活动，我国完善了部际联席会议等领导机制，改进了互联网文化综合执法机制，建立了执法信息共享机制，加强了行政执法与刑事司法的衔接。同时，各级司法部门聚焦司法办案这个中心工作，不断加强法院基础设施和信息化建设，稳妥推进司法保障体制机制创新，在创设互联网法院和知识产权法院的基础上，不断探索和完善网络在线审理机制、审判"三合一"机制以及裁判文书公开机制，不仅提升了我国司法透明度和全球影响力，也提升了审判工作质量和效率。

加强互联网领域立法，依法规范网络行为。这是全面推进依法治网、依法办网和依法上网的长效机制。我国在网络安全、知识产权、信息传播、个人信息保护等与新媒体视频产业密切相关的法律法规建设和实施保障方面取得显著进步。以《刑法》《民法典》《网络安全法》《电子商务法》《电影产业促进法》《广告法》《英雄烈士保护法》等法律为代表的法律制度创新，把我国互联网新媒体法治水平推进到了一个新阶段。比如《网络安全法》是我国治理网络安全方面第一部法律；《刑法修正案（九）》增设了拒不履行信息网络安全管理义务罪、非法利用信息网络罪、帮助信息网络犯罪活动罪等新罪名。司法审判机关对网络传播非法信息、利用个人信息从事诈骗活动等违法犯罪行为加大了刑事打击力度，取得了明显成效。

但是，网络犯罪的司法实践十分复杂，可能存在一些基层公检法机关在处理部分案件时没有很好理解立法者本意的情况。② 新修订的《著作权

---

① 参见中央网信办网络综合协调管理和执法督查局局长尤雪云2018年12月在互联网刑事法制高峰论坛上的发言，http://www.criminallaw.com.cn/article/? id=16981。

② 参见中国刑法学研究会副会长、中国政法大学刑事司法学院教授曲新久2018年12月在互联网刑事法制高峰论坛上的发言。

法》加强了对视听作品著作权分类保护，并引入惩罚性赔偿制度，显著提高违法成本。有专家认为，《网络安全法》在具体的罪名上与刑法条文实现了技术对接，但在工作机制上还需完善网络安全领域的行刑衔接。[①] 因此，法律法规与司法体制机制的完善不会一蹴而就，需要在实践中进一步加强立法的科学性、加大司法的透明度以及推动监督的法治化。

---

① 参见最高人民检察院法律政策研究室副主任缐杰 2017 年 12 月在互联网刑事法制高峰论坛上的主题发言。

第四章　新媒体视频经济性监管

产业政策是各国政府为了实现一定的经济和社会目标而对产业的形成和发展进行干预的各种政策的总和。国家产业政策对包括互联网视听平台在内的影视文化产业的发展具有重大影响，甚至发挥着决定性作用。贝克认为，针对市场机制在影视文化传媒领域的弊端与不足，要使市场得以健康运行，则政策补助和结构干预等政府规制就是重要的条件。[①]事实上，各国在认识到市场的缺陷后，均强化了政府"有形之手"的干预调控。

市场体系越成熟，各国政府越重视运用财税金融等经济手段对市场进行干预、影响和调控。监管主体根据客观经济规律和物质利益原则，运用财政、税收、价格、金融等经济杠杆调节经济利益主体之间的关系，以实现较高的经济效益和社会效益。与法律、行政监管等其他监管方式比较，经济性监管是一种间接的监管方式，一般情况下必须通过市场机制发挥作用。

第一节　政府产业投入项目化

随着科技进步和经济发展，文化信息产业在国民经济中所占比重日益增加，重要性愈加突显。国务院 2009 年颁布《文化产业振兴规划》，第一

---

① 〔美〕查尔斯·埃德温·贝克：《媒体、市场与民主》，冯建三译，上海人民出版社，2008，第 445 页。

次把文化产业定位为国家战略性产业。中共十七届六中全会通过《中共中央关于深化文化体制改革推动社会主义文化大发展大繁荣若干重大问题的决定》，提出把文化产业建设成为国民经济支柱性产业，要完善文化产品评价体系和激励机制，加大财政、金融、税收、用地等方面的扶持力度，进一步鼓励社会资本进入文化产业。中共十八届三中全会通过《中共中央关于全面深化改革若干重大问题的决定》，对文化体制改革作了重要部署，提出要完善现代文化管理体制，健全现代文化市场体系，促进传统媒体和新兴媒体融合发展，鼓励各类市场主体公平竞争，允许文化企业跨地域、跨行业和跨所有制的并购与重组，进一步引导金融资本、社会资本与文化资源相结合，以推动文化产业繁荣发展。中共中央在《关于繁荣发展社会主义文艺的意见》中要求实施网络文艺精品创作与传播计划，大力发展优秀的网络文艺作品，促进优秀文艺作品走出去；坚持政府引导与市场调节相结合，创新财政资金投入与管理，通过项目补贴、政府采购、贷款贴息等扶持方式，健全文艺创作的资助体系。《电影产业促进法》以法律规范的形式促进电影产业发展，强调各级政府将电影产业纳入国民经济和社会发展规划，国家引导文化产业资金（基金）的投入，明确金融、税收、用土等方面的扶持政策。这些不同时期的影视文化产业政策，不仅奠定了影视文化产业发展的基本框架和路径选择，而且指明了各类市场主体参与产业发展的评价与激励机制。

一　国家电影产业专项激励

国家通过立法和产业扶持政策鼓励、支持和引导电影产业发展。首先，国家设立电影事业发展专项资金。这是国家支持民族电影事业发展、发挥宏观调控而设立的政府性基金，也是世界各国通行做法。国家电影事业发展专项资金管理委员会办公室为中宣部直属事业单位，作为常设机构，各省也相应设立省级管委会和省级电影资金办。《国家电影事业发展专项资金征收使用管理办法》规定了电影专项资金缴纳主体、征缴程序、使用范围和法律责任等，其中规定："办理工商注册登记的经营性电影放映单位，应当按其电影票房收入的5%缴纳电影专项资金""电影专项资金由省级管委会办公室负责按月征收""电影专项资金按照4∶6比例分别缴入中央和省级国库"。① 电影专项资金主要资助影院建设和设备更新改造，重点制片基地建设，少数民族语电影的译制，优秀国产影片的制作、发行与放映，全国电影票务综合信息管理系统等项目。

《中央级国家电影事业发展专项资金预算管理办法》明确了资金使用范围和资助标准。中央级电影专项资金预算分为中央本级支出预算和补助地方支出预算两部分。据国家电影资金办公示，2016 年度国家电影事业发展专项资金对《长城》《我们诞生在中国》《美人鱼》《大鱼海棠》《西游记之孙悟空三打白骨精》《功夫熊猫 3》等二十部优秀国产影片进行了资助。2019 年中央补助地方国家电影事业发展专项资金共 97404 万元，其绩效目标主要是引导影院放映国产影片，力争国产影片票房占总收入的55%；支持中西部县城数字影院和 15 省乡镇影院建设完成共 707 家以上；完成少数民族语电影译制 885 部次等。

各省级政府制定了国家电影事业发展专项资金征收使用管理办法。例如，《山东省国家电影事业发展专项资金征收使用管理办法》明确规定国家电影事业发展专项资金的缴纳主体、征收缴库程序、级次分享比例和使用范围等。山东对电影专项资金地方留成部分，其中 67% 每年分两次返还各上缴电影专项资金的经营性电影放映单位；其余 33% 用于省电影事业支出，包括资助影院建设改造、电影产业园区建设、优秀国产影片制作发行放映等。② 根据 2020 年修订的《北京市国家电影事业发展专项资金征收使用管理办法》，该专项资金主要用于资助影院建设、少数民族语电影译制、全国电影票务综合信息管理系统维护、优秀国产影片发行和放映的奖励等。③《广东省财政厅、广东省新闻出版广电局关于

---

① 财政部、国家新闻出版广电总局：《国家电影事业发展专项资金征收使用管理办法》（财税〔2015〕91 号），中央人民政府网站，http://www.gov.cn/xinwen/2015-09/09/content_2927425.htm。

② 山东省财政厅、山东省新闻出版广电局：《关于印发〈山东省国家电影事业发展专项资金征收使用管理办法〉的通知》（鲁财教〔2016〕35 号），《山东省人民政府公报》2016 年第 22 期，第 87~90 页。

③ 中共北京市委宣传部、北京市财政局：《关于印发〈北京市国家电影事业发展专项资金征收使用管理办法〉的通知》（京宣发〔2020〕49 号），北京市电影局网站，http://www.bjdyj.gov.cn/zwxx/tzgg/1875c6c438f4460fa33241f3575b0b9e.html。

国家电影事业发展专项资金省级分成部分征收使用实施办法》对广东国家电影专资的使用作了详细规定。广东省文化繁荣发展专项资金主要用于奖励国产优秀电影制作发行和放映以及国际影视展馆建设，如2019年扶持一批国家优秀电影《我爱你，中国》《白蛇传·情》《变化中的中国》《熊出没·原始时代》等。

其次，设立电影精品专项资金。它和电影事业发展专项资金是并列的两个为促进电影繁荣发展而先后设立的电影资助项目。二者资金使用范围略有不同，资助影片项目也各有侧重，原则上不会对同一影片重复资助。电影精品专项资金的前身是影视互济电影精品专项资金，后改为由中央财政预算安排，它围绕电影制作进行资助，主要用于支持优秀国产影片创作生产和宣传推广、电影人才队伍建设、国产电影新技术推广应用等。《电影精品专项资金管理办法》规定了专项资金使用范围、具体评审规定及资助标准。资金主要资助中国电影华表奖和夏衍杯优秀电影剧本奖的评选和奖励；资助优秀国产影片剧本创作、摄制、宣传推广包括海外推广活动；资助电影人才队伍建设；资助电影新技术、新工艺的推广应用；资助购买农村电影公益性放映版权；资助打击电影走私盗版、保护电影版权；还包括财政部批准的其他支出。2019年6月，国家电影局公示年度第一批电影精品专项资金资助项目，对电影《树上有个好地方》《卓远的梦想》《那些名字那些年》等二十四部优秀国产电影项目给予资助。2019年8月，国家电影局公示年度第二批电影精品专项资金资助项目，对夏衍杯优秀电影剧本征集、第十届扶持青年优秀电影剧作计划以及优秀国产电影《中国女排》《青年叶剑英》《熊出没·原始时代》《当我们海阔天空》《把丰收留在树上》等六十九个项目予以资助。

山东省2019年度影视精品专项资金项目扶持、奖励的项目包括电影《要活着去天堂》、电视剧《遍地书香》、纪录片《给盲人讲电影》、电视动画片《多宝一家人》等。在打造影视产业集群的过程中，有实力的地方政府对影视产业发展的激励力度更大。北京市相继出台了涵盖影视内容创作、影院建设、"走出去"等领域的产业发展扶持政策。《北京市提升广播影视业国际传播力奖励扶持专项资金管理办法》《北京市多厅影院建设补贴管理办法》《北京市国家电影事业发展专项资金征收使用管理办法》《关于保护利用老旧厂房拓展文化空间的指导意见》等政策先后发布，形成具有北京特色的影视政策体系，进一步激励影视作品原创，优化影视产业发展环境，发挥影视产业在带动整个文化创意产业中的战略引领功能。

最后，通过文化产业发展专项资金扶持电影产业发展。根据财政部颁布的《文化产业发展专项资金管理办法》，专项资金主要用于支持文化产业重点项目，包括影视产业发展项目、对外文化贸易发展项目，以及党中央、国务院确立的项目等。① 扶持的项目分为一般项目和重大项目两类，扶持方式包括项目补助、绩效奖励、贷款贴息、保费补贴等。2018 年文化产业发展专项资金重大项目方面，财政部通过转移支付，北京、江苏、浙江等 23 个省份获得 19854 万元专项资金。这些省份获得的专项资金主要用于文化服务出口奖励。2019 年，北京、天津、上海等 15 个省份共获得该项目 7700 万元专项资金。2019 年度文化产业发展专项资金中央对地方转移支付资助项目，包括《觉醒年代》《中国 1949·香山之春》《邓小平小道》《中国制造》等十八部影视剧。2019 年度文化产业发展专项资金中央本级扶持项目包括电影《熊猫小丸子》、庆祝新中国成立 70 周年电视剧、庆祝新中国成立 70 周年纪录片等。

此外，各地方政府文化产业发展专项资金也用于支持影视产业发展。《上海市市级宣传文化专项资金管理办法》提出对动漫游戏、电影、网络视听、数字出版等影视文化产业项目进行扶持。《浙江省文化产业发展转移支付资金管理办法》《江苏省省级现代服务业（文化）发展专项资金使用管理办法》《福建省文化产业发展专项资金管理办法》《湖南省文化产业发展专项资金管理办法》等文化产业发展专项资金管理规定，采取直接奖励、项目补助、贷款贴息等方式，重点扶持文化产业基地（园区）和动漫游戏、文化创意等文创产业发展。福建省文化产业发展专项资金 2018 年度扶持项目包括电影《太阳和月亮》《利刃破冰》、综艺节目《两岸好声音》、海峡两岸新媒体创业服务平台、海峡两岸影视制作漳州基地等 57 个项目。广东省文化繁荣发展专项资金 2018 年度扶持资助 57 个项目，包括

---

① 《财政部关于印发〈文化产业发展专项资金管理办法〉的通知》（财教〔2021〕64 号），财政部网站，http://www.mof.gov.cn/gp/xxgkml/kjs/202104/t20210430_3695931.htm。

南方财经频道全媒体平台建设与运营、面向未来的互联网电视运营平台建设、广东省广电网络全媒体聚合云服务平台建设、《神兽金刚3》动漫及衍生产品系列开发、广电新媒体融合业务平台建设、动画片《飞天少年》创作等。

二 政府奖励视听传媒项目

我国施行文化传媒产业扶持政策，通过财政、税收、金融等经济上的激励或补贴，提升企业短期绩效，引导文化传媒企业市场改制、兼并重组、做大做强，呼应社会主义核心价值观传播，主动承担更多社会责任。在文化事业向产业转型过程中，政府对多元市场主体的视听传媒产品或服务进行奖励或补助，逐渐实行项目管理制度。

国家广电总局设立网络视听节目内容建设专项经费和电视剧引导扶持专项资金，专门用于奖补优秀原创电视剧、网络剧、网络视听节目及年度创新案例等，以此引导和优化网络视听节目内容生态结构，促进传统媒体与新兴媒体融合发展。2017年9月，国家新闻出版广电总局、商务部、财政部等联合发布的《关于支持电视剧繁荣发展若干政策的通知》指出，电视剧和网络剧实施统一管理，加强对电视剧编剧的培训与剧本扶持，形成优秀剧本遴选、资助与推广机制，加大对电视剧、网络剧发展的财政投入。2018年度电视剧引导扶持专项资金对《大江大河》《人民的财产》《读心》等35个项目进行了扶持。2019年度电视剧引导扶持专项资金对《井冈山儿女》《老酒馆》《特赦1959》等25个剧本项目进行扶持。

根据《网络视听节目内容建设专项经费使用管理暂行办法》和《网络视听节目内容建设扶持项目评审章程》，国家广电总局对2019年度优秀网络视听作品《纸短情长》《中国唯一手语律师：替无声世界辩护》《太空十讲——生命源于一场大爆炸》《奇遇人生第1期》《独家记忆》等49个项目进行扶持补助。这些项目涉及优秀短视频新闻类和非新闻类、优秀网络纪录片、优秀网络视听专题节目、优秀网络综艺节目、优秀网络剧、优秀网络动画片短片和系列片、优秀网络电影长片和短片、优秀大学生剧情短片、优秀大学生纪实短片、优秀网络音频节目等多个类别。各省也着手建设相应的专项资金扶持网络视听内容。山东、福建等地方也相应出台了网络视听节目内容建设专项资金使用管理办法。

2018年11月，国家广电总局公布中国经典民间故事动漫创作工程（网络动画片）2017年重点扶持项目，包括《无敌小鹿》（爱奇艺）、《观海策》（腾讯视频）、《巷食传说》（武汉博润通文化科技股份有限公司）等五部作品。国家新闻出版广电总局还实施了"原动力"中国原创动漫出版扶持计划，2017年评选扶持网络漫画、网络动画、民文译制漫画图书等105个项目，其中包括《皮皮鲁安全特工队》、《末世之战》、《少年师爷》系列动画、《泰山小将》、《敦煌》等网络动画和网络漫画。2019年8月，国家广电总局下发《关于推动广播电视和网络视听产业高质量发展的意见》，提出设立广播电视和网络视听产业发展项目库，聚焦高新技术开发与应用、精品制作与衍生开发、智慧广电与网络融合、海外"走出去"推广等五类项目，将入库项目对接政府扶持资金和产业投资基金，引导市场资源向优质项目集中，促进产业升级。

根据《中国文化艺术政府奖动漫奖评奖办法》，动漫奖每三年评选一次，设六个分项，评奖数量共二十个，分别为最佳动漫作品、最佳动漫创作者或团队、最佳动漫国际市场开拓、最佳动漫教育机构、最佳动漫形象、最佳动漫技术等。2018年2月文化部公示第三届动漫奖获奖名单，《大鱼海棠》《西游记之大圣归来》《犟驴小红军》等十一部作品获最佳动漫作品，包含漫画、电视动画片、动画电影、网络动漫、动漫舞台剧等类别；吉林动画学院、中国美术学院获最佳动漫教育机构；阿狸、小鸡彩虹获最佳动漫形象；《超级飞侠》获最佳动漫国际市场开拓奖。

各地方政府也分别出台鼓励影视文化传媒产业发展的奖励扶持政策。根据《上海市促进文化创意产业发展财政扶持资金实施办法》，上海市文化创意产业推进领导小组办公室2018年对407个文化创意产业项目予以资助，包括上海墨工文化传播有限公司的智拍（短视频智能拍摄制作及发布平台）、上海阅客信息科技有限公司的唔哩（互联网媒体资讯内容开放平台）、上海黄鲸影视传媒有限公司的《哈哈亚洲》系列短视频渠道推广、上海漫讯文化传播有限公司的时尚200秒、上海旭田文化传媒有限公司的《三分》短视频多媒体播出平台等。根据《厦门市进一步促进影视产业发展的若干规定》，厦门市对影视企业落户、电影发行、电视剧本创作和交易、动画作品播映、影视基地建设等进行奖励或财政补贴。在对影视动画作品播映奖励方面："原创影视动画作品，在中央电视台黄金时段首次播出的，按每分钟一千五百元的标准，给予一次性奖励；在上星动漫频道和省级上星综合频道黄金时段首次播出的，按每分钟七百五十元的标准，给予一次性奖励；同一企业同一项目累计奖励不超过二百万元。""在优酷土豆、乐视网、爱奇艺、搜狐视频、腾讯视频、PPTV 聚力等国内重点网络平台首轮播出的动画作品，按照播出合同交易金额的 3% 给予出品企业奖励，最高不超过五十万元。"① 此外，北京、浙江、山东等地也出台了相应的影视文化产业扶持政策。

影视文化传媒企业按照产业扶持政策获得中央和地方财政补助。华谊兄弟是国内知名的影视制作公司，电影、电视剧的播放权和版权收入是公司重要营业收入，其影视作品广泛出现在家庭智能电视、视频网站、手机客户端等平台，可以说，它是新媒体视频内容市场重要参与者，处于视频内容产业链上游。根据华谊兄弟上市公司公告，公司及子公司（含全资、控股子公司）2018 年累计获得 8645 万元政府补助。② 该上市公司及旗下子公司获得政府补助的来源包括北京市电影专项资金管理委员会、北京市文学艺术界联合会、北京市新闻出版广电局、深圳市科技创新委员会、深圳市南山区财政局、深圳市南山区文化产业发展办公室、上海市地方税务局松江区分局、上海市松江区投资促进服务中心、浙江省新闻出版广电局、浙江横店影视产业实验区、中共金华市委宣传部、浙江东阳市财政局、合肥市财政局、深圳市社会保险基金管理局等。获得补助的原因或项目主要为文化产业扶持资金、电影事业发展专项资金、国产影片奖励、国家电影专项资金返还、网络视听人才作品扶持项目、文化精品扶持项目、影院建设奖励补贴、高新技术项目、企业研究开发资助、经济园区企业支持、发债融资奖励、国际企业高新技术企业认定奖补助、专利资助、商贸流通业资助项目、人才住房补助、稳岗补贴等。其中一次性获得政府补助最多的是浙江

① 厦门市人民政府：《厦门市进一步促进影视产业发展的若干规定》，厦门市人民政府网站，http：//www.xm.gov.cn/zwgk/flfg/sfwj/201908/t20190821_2328228.htm。
② 骆民：《华谊兄弟：累计获得 8645 万元政府补助》，中国证券网，http：//ggjd.cnstock.com/company/scp_ggjd/tjd_ggkx/201812/4309609.htm。

东阳美拉传媒有限公司，该公司 2018 年 7 月获得浙江横店影视产业实验区产业扶持资金 1210 万元补助。[①] 引人关注的是，华谊兄弟此前以 10.5 亿元投资拿下某著名导演控股的东阳美拉 70% 的股权，此交易遭资本市场的质疑。

政府对文化传媒企业的补助，实质上是公共资源的重新分配，如果企业的利益相关者不能共享发展成果，意味着分配低效。作为对接受政府补助的反哺，文化传媒企业往往会积极履行社会责任。有研究表明，政府补助短期内可以提高企业经济绩效，但从真实业绩的全要素生产率来看，其作用是表面的、低效的；政府补助对企业长期收益的提升还会产生负面影响，因此从长期来讲，上市公司想要通过政府补助的方式来提高公司绩效是不可能的。如果企业太依靠政府补贴，反而容易滋生"寻租行为"。从社会绩效来看，政府补助推动了企业践诺社会责任，然而由于政治成本的存在，政府补助对企业社会责任的影响在非国有上市公司中更为显著。[②] 由于我国市场经济并不完善，法制仍不健全以及政府补助过程不透明，有研究者担心，"如果政府补贴没有被用于提高劳动生产率，增强核心竞争力，则将引发企业经营绩效下滑、运作效率降低等诸多问题，从而难以推动文化产业的发展与繁荣"。[③]

除了财政奖励和补助外，税收政策的调整变化也是政府对影视文化传媒企业经济性监管的重要手段之一。国家对列入高新技术企业的影视公司，按 15% 优惠税率征收企业所得税。当然，企业要获得高新技术企业资格，需要满足科技人员占比、研发费用占比等规定。统计显示，我国 24 家影视类上市公司 2017 年实现利润总额为 129.72 亿元，所得税纳税总额为 16.48 亿元，平均所得税率为 12.7%。比当年可比的 A 股上市公司 20.1% 的平均所得税率低很多。[④] 其中一家影视类上市公司 2017 年利润 8.2 亿元，

① 华谊兄弟：《华谊兄弟传媒股份有限公司关于获得政府补助的公告》，公告编号：2018-101，http://pdf.dfcfw.com/pdf/H2_AN201812111267414962_1.pdf。
② 曾繁荣、吴蓓蓓：《政府补助的社会与经济绩效研究》，《财会通讯》2018 年第 24 期。
③ 车南林、唐耕砚：《政府补贴对文化传媒上市企业经营绩效的影响》，《当代传播》2018 年第 2 期。
④ 袁京力：《影视行业税收征管乱象，谁之错？》，《证券市场周刊》2018 年第 89 期。

但其财务报表中所得税费用一项只有 240 万元，计算出其年度税率仅
0.3%。我国影视行业发展迅速，优秀作品不断涌现，产业竞争力明显提
升。但是影视产业商业化发展过程中也暴露出一些问题，比如有的明星获
得极不合理的天价片酬，有的明星采取"阴阳合同"偷逃税款。从税收公
平角度，收紧影视行业的税收监管乃为必然趋势。2018 年 10 月，经税务
部门的调查，国内某知名影视明星被责令按期缴纳税款、滞纳金、罚款
8 亿多元，这是税务机关近年来处理的个人偷逃税款金额最大的案件。影
视明星偷税漏税事件遭到曝光，但另外一些收入极高的网络直播红人也
涉及个人所得税问题未必为税务部门所关注。国家税务总局要求各级税
务机关加强影视行业税收征管，规范税收秩序。尤其是重申了税法的严
肃性，增加"倒查倒追条款"。"影视行业纳税人享受税收优惠政策不符
合相关规定的，税务机关将依法追缴已享受的减免税款，并按照税收征
管法等有关规定处理。"① 对存在税收违法行为要依法处理，并列入税收
"黑名单"。

由于历史的原因，各地在推进影视产业集群化发展过程中使用了税收
优惠政策，造成影视企业在不同地区的实际税率可能不一致。经国家广电
总局批准，2004 年全国第一个国家级影视产业试验区浙江横店影视产业试
验区成立，吸引一大批影视明星在此成立工作室。高收入的影视明星成立
工作室不仅降低了税率，有些地区在此基础上还实行核定征收等极优惠税
率。按照国家税务总局的通知要求，影视工作室将逐步终止定期定额征收
方式，改为查账征收。横店影视工作室此前的核定征收率为 3.5%。若改
为查账征收后，适用税率为 5% 至 35% 的五级超额累进税率。② 核定征收与
查账征收的税率有时竟相差十倍，各地在招商引资时往往避重就轻。最新
的相关税法针对这一漏洞作出了回应与完善，直指影视明星的个人独资或
合伙企业。根据《个人所得税法实施条例》第六条规定，个人所得中经营
所得包括"个体工商户从事生产、经营活动取得的所得，个人独资企业投

---

① 郁琼源:《国家税务总局要求各级税务机关加强影视行业税收征管》，新华网，http：//
www.xinhuanet.com/2018-07/13/c_1123123727.htm。

② 肖扬:《影视公司危机来了? 这锅别让"税改"背》，《北京青年报》2018 年 9 月 10 日。

资人、合伙企业的个人合伙人来源于境内注册的个人独资企业、合伙企业生产、经营的所得"①。影视明星的个人所得、经营所得按新的税法税率进行征收。但有些地方政府有相应的税收返还奖励,以此吸引招商引资。

政府财政扶持有时还会以基金的形式进行。北京影视出版创作基金由北京市新闻出版广电局发起设立,旨在繁荣精品创作;推进新闻出版广播影视事业健康发展的公益性、政策性基金主要来源于市级财政;基金管理办公室设在市新闻出版广电局规划发展处。2017 年优秀网络视听节目征集评选中共征集作品 196 部,评选出网络剧《法医秦明》、网络电影《特种兵王 2 使命抉择》、网络纪录片《了不起的匠人第二季》、网络动画片《西游记的故事》等 46 部优秀作品,获得北京影视出版创作基金奖励 640 万元。2018 年北京影视出版创作基金共征集影视出版作品 975 个,除原有的电影、广播电视、报刊、网络视听节目类型外,增加新媒体出版、数字出版等项目,经过资格认定、初审、复审、理事会审议等程序,共 370 个项目获得补贴和奖励,累计 2.18 亿元,其中广播电视、网络视听作品 95 部获扶持 9000 万元,涌现出《中国女排》《中国合伙人 2》《我们的四十年》《觉醒年代》《最美的青春》《勿忘初心》等一批影视精品力作。北京文化发展基金会由北京市委宣传部直接领导,旗下有 798 艺术、当代艺术推广、青年电影、华语电影等 22 个专项基金。上海文化发展基金会受中共上海市委宣传部和市财政局委托,对市文化艺术项目进行评审资助及监管评估。2018 年对电视连续剧剧本《小欢喜》《华东战场机密 1946》等重大文艺创作项目进行资助。

三　政府文创基金市场转向

影视文化产业是轻资产行业,对知识产权难以评估,没有足够的固定资产担保,具有投入大、回收期限长、不确定性等特点,造成融资困难,这是制约产业发展的重要瓶颈。借鉴基金的运作模式,成立独立核算的资

① 《中华人民共和国个人所得税法实施条例》(2018 年 12 月 18 日中华人民共和国国务院令第 707 号第四次修订),国税总局网站,http://www.chinatax.gov.cn/n810341/n810755/c3960202/content.html。

金池，对文化产业进行组合投资，已经成为国际上大型私募基金、政府文化产业投资基金通行的运作模式。[①] 与私募股权基金不同，国有（控股）文化产业投资基金作为政府投资的准市场工具，起到代理政府引导社会资本投资文化产业的作用，发挥文化产业资源整合与结构调整的功能。文化产业既有市场属性又具有意识形态属性，属于准公共产品，作为准市场工具的文化产业投资基金为文化产业投融资提供了新的渠道。[②] 与财政直接投资的区别在于，政府文化产业投资基金能够将效率与公平有机融合，平衡政策性与商业性、政府公共职能与市场逐利需求的关系。[③] 2019 年文化产业发展专项资金预算为 3.23 亿元，比 2018 年执行专项资金减少 27.03亿元，下降 89.3%；主要是因为从 2019 年起中央财政通过政府投资基金对文化产业予以支持，相关转移支付资金转列中央本级。[④] 从专项资金转移支付变为政府投资基金，国家文化产业发展专项资金开始改变投入方式，对影视文化产业扶持侧重发挥市场机制。

2009 年我国在《文化产业振兴规划》中提出创设国家级文化产业投资基金，这是为适应市场经济规律而对国有资本管理方式的重大改变。中国文化产业投资基金管理有限公司由财政部、中银国际、中国国际电视总公司、深圳国际文化产业博览交易会有限公司等联合投资成立，先后完成对人民网、新华网、中国出版、中投视讯、骏梦游戏、万方数据、欢瑞世纪、百事通、开心麻花、丝路数码、华视影视、玄机科技、炫彩互动、微影时代、华奥星空、畅达传媒、心动游戏、芒果 TV、时代院线等文化企业项目投资，累计投资 35 亿元。其中中国出版传媒股份有限公司、人民网、新华网等均已公开上市，产业基金根据市场规律进行投资管理。

2011 年《中共中央关于深化文化体制改革推动社会主义文化大发展大

---

① 王家新：《构建财政支持文化产业发展的新格局》，《中国文化产业发展报告（2012-2013）》，社会科学文献出版社，2013。
② 黄亮：《国有文化产业投资基金的作用发挥及政策建议》，《齐齐哈尔大学学报》（哲学社会科学版）2015 年第 8 期。
③ 朱尔茜：《政府文化产业投资基金：基于公共风险视角的理论思考》，《财政研究》2016年第 2 期。
④ 财政部：《关于 2019 年中央对地方转移支付预算的说明》，财政部网站，http：//yss. mof. gov. cn/2019zyczys/201903/t20190329_3209194. html。

繁荣若干重大问题的决定》再次提出要设立国家文化发展基金，扩大相关文化基金和专项资金规模。此后，地方政府及国有资本也纷纷成立文化产业投资基金，它们大多由国有资本率先发起引导社会资本参与投资，实行市场化独立管理运营。2019 年 8 月，国家广电总局颁布的《关于推动广播电视和网络视听产业高质量发展的意见》中明确鼓励广播电视和网络视听重点企业发起设立股权投资基金，积极参与市场的并购与重组；引导私募股权基金、创业投资基金等进入政策许可的产业领域，加大对小微企业有成长潜力的项目的融资支持。[①] 目前比较有影响力的文化产业投资基金有华人文化产业投资基金、上海众源母基金、上海文化产业股权投资基金、上海文化产业发展投资基金、上海文广文化创新创业基金、芒果文创股权投资基金、广东文化产业投资基金、湖南文化旅游产业投资基金、浙江省文化产业投资基金、中国青年文体创新创业基金、建银国际文化产业基金等。根据目标企业所处阶段不同，产业基金区分为天使基金、风投基金、产业投资基金等，分别对应风险偏好企业的种子期、成长期和 IPO 前期。我国文化产业投资基金经过多年的发展，已经形成了有限合伙制、契约制和公司制三种模式。《公司法》《合伙企业法》《证券投资基金法》《创业投资企业管理暂行办法》《私募投资基金监督管理暂行办法》等一系列与产业基金发展有关的法律法规，保护和支持文化产业投资基金的规范发展。

华人文化产业投资基金成立时间最早，资金来源充沛，在国内外文化传媒领域投资并购版图庞大。华人文化产业投资基金成立之初出资方包括文汇新民联合报业集团和上海东方传媒集团控股的上海东方惠金文化产业投资有限公司、上海大众集团资本股权投资有限公司、国开金融有限责任公司、宽带资本、招商局中国基金下属的深圳天正投资有限公司等机构。华人文化产业投资基金在投资战略上注重打造影视娱乐产业闭环，比如与外资星空传媒合资成立星空华文传媒公司，旗下灿星制作公司出品的《中国达人秀》《舞林大会》《中国好声音》《出彩中国人》等节目在多个电视台与网络平台播出，实现影视综艺从创意、投资到制作、播出等各环节的

[①]　国家广播电视总局：《关于推动广播电视和网络视听产业高质量发展的意见》（2019），《卫星电视与宽带多媒体》2019 年第 6 期。

完整产业链。华人文化产业投资基金从浙报传媒购得财新传媒 40% 的股权，成为其第一大股东。此外，华人文化产业投资基金还投资爱奇艺、梨视频、哔哩哔哩、芒果 TV，又与阿里巴巴、腾讯以及苏州元禾控股有限公司等共同投资成立华人文化控股集团，在进一步融资的同时，加强国内外影视传媒产业投资并购，旗下正午阳光、引力影视、深蓝影业、邵氏兄弟、热波传媒等各具实力。华人文化产业投资基金与国际资本的合作也颇有经验，与 IMAX 成立中国电影基金，与美国梦工厂等合作建立东方梦工厂，进军动画技术研发、动画影视制作、数码游戏、主题乐园等领域。

我国已有一百多只活跃的文化产业发展基金，开始初步形成多元化、多层次的投融资体系。由于投资主体不同，承担的职能与角色以及运用的投资工具不同，文化产业发展基金呈现出主体多元化与职能多层次的特点。大体上说，中央和地方政府财政主导的影视文化产业基金，主要发挥宏观调控、产业引导、企业改制、精品奖补等功能，以弥补市场失灵造成的结构性问题；互联网公司、传媒集团等实体机构成立的基金重在探索项目孵化与股权投资，提高资本回报率和产业竞争力；其他私募股权基金遵循投资回报最大化原则，充分发挥市场对文化产业资源的配置效应。[1] 值得注意的是，基金风险投资中的资金供给者、风险投资者、风险投资企业家或职业经理人三方形成多种不同层次的委托代理关系。由于信息不对称，委托人和代理人之间的利益并不总是一致，因此，应该完善对代理人的行为监督与激励机制，以保障委托人的利益目标实现。[2] 对于国有资本主导的影视文化产业投资项目，也应该逐步完善委托人与代理人之间的责任与激励机制。

第二节　企业外贸激励制度化

影视文化产业作为特殊产业，海外市场并非天然开放。中国加入世界

---

[1]　王妮娜：《论多层次文化发展基金体系的建构》，博士学位论文，中国社会科学院研究生院，2015。

[2]　陈关金：《风险投资中联合投资的第三重委托代理关系研究——基于道德风险视角》，《中国商论》2014 年第 2 期。

贸易组织谈判时，美国将允许美国资本进入中国电影市场及增加中国对美国电影的进口配额作为谈判条件。美国商务部在对外贸易司中成立了电影处，专门为影视业国际贸易提供支持。① 加入世贸组织后，中国与世界各国的经贸往来日益紧密。中国影视产业的市场化步伐加快，新兴互联网领域的商业化与放松管制，均吸引着国际资本以及众多创投基金的投资；同时，中国影视与互联网企业国际合作与竞争力提升，必然转向海外开拓市场。不可否认，国家改革开放战略与文化产业外贸激励政策在其中发挥着至关重要的作用。

一 鼓励文化企业"走出去"

中国加入世贸组织之后，开始积极推动文化产业"走出去"工程。中国早期发布的《国务院关于进一步加强和改进文化产品和服务出口工作的意见》《关于鼓励和支持文化产品和服务出口的若干政策》等产业政策，奠定了我国文化产业"走出去"的基本框架，提升了影视文化产业参与国际贸易的积极性。2014 年 3 月，《国务院关于加快发展对外文化贸易的意见》颁布，明确了对外文化贸易的基本原则、发展目标和政策措施，延续了早期影视文化产业政策的主要精神，国家继续加大对财税、金融、保险等经济政策的支持力度，鼓励和支持国有、民营、外资等各类所有制文化企业开展合法的对外文化贸易，培育一批具有国际竞争力的文化企业集团，形成具有核心竞争力的文化产品，扭转长期以来形成的文化产品和服务贸易逆差。2014 年 5 月，国家颁布的《关于支持电影发展若干经济政策的通知》中提出在文化产业发展专项资金中安排资金支持中国电影"走出去"，支持电影企业上市融资。2017 年 9 月，国家新闻出版广电总局、财政部、商务部等发出《关于支持电视剧繁荣发展若干政策的通知》，支持优秀电视剧"走出去"，完善电视剧出口激励机制，加大对电视剧出口扶持奖励力度，扶持国产电视剧译制、国际版本制作，支持各类市场主体通过并购、合资、合作等方式开办中国影视节目播出频道，创建海外制作和传播平台。

---

① 朱新梅：《推动中国影视走出去对策研究》，《中国广播电视学刊》2018 年第 10 期。

此外，网络游戏、动漫也是中国文化产业"走出去"的重要代表，我国实施中国原创网络游戏海外推广计划和动漫游戏产业"一带一路"国际合作计划，鼓励动漫、网游企业参与国际市场竞争。国家相关部委发布的《关于推动我国动漫产业发展的若干意见》《关于扶持我国动漫产业发展的若干意见》等对动漫企业出口贸易出台了具体的产业激励政策，激发了企业的对外投资贸易热情，促进了文化产业对外贸易发展。此后，我国对外文化贸易尤其是文化产品对外贸易快速增长，民营企业保持第一大出口主体地位。2019 年我国文化产品进出口总额 1114.5 亿美元，同比增长 8.9%；其中出口 998.9 亿美元，增长 7.9%，进口 115.7 亿美元，增长 17.4%。

依照《关于进一步推进国家文化出口重点企业和项目目录相关工作的指导意见》，国家通过直接奖励、项目补助、贷款贴息、保费补助等多种方式支持影视文化企业出口贸易。依据国家 2007 年颁布的《文化产品和服务出口指导目录》，每两年评选发布国家文化出口重点企业和重点项目名录。2019—2020 年度国家文化出口重点企业和重点项目分别为 335 家、129 项，同比分别增加 37 家和 20 项。文化出口重点企业包括央视动画、中视国际、华录百纳、爱奇艺、优酷、完美世界、掌趣科技、天匠动画、第一财经、柠萌影视、游族信息、华策影视、华谊兄弟、新丽传媒、芒果影视、中国国际电视总公司、江苏广电国际传播有限公司、深圳广播电影电视集团等；文化出口重点项目包括中国电视长城平台、影视文化进出口企业协作体、互联网电视海外传播项目、芒果 TV 自建全球文化输出平台、国际影视文化译制服务平台、《了不起的匠人》、《这就是灌篮》、"熊出没"系列作品、纪录片《睦邻》中缅合拍项目等。优酷不仅入围国家文化出口重点企业，而且网络节目《了不起的匠人》《这就是灌篮》被列入国家文化出口重点项目；优酷爱、爱奇艺等网络平台自制网络节目、网络剧纷纷出海，在东南亚和非洲产生较大影响。国家文化出口基地包括北京天竺综合保税区、上海市徐汇区、江苏省无锡市、中国（浙江）影视产业国际合作区、西藏文化旅游创意园区等 13 个基地。我国正通过政策引导、市场培育和财政扶持，促进影视文化产业和技术升级，提升影视文化出口企业的竞争力，缩小贸易逆差和改善国际信息传播失衡状况。我国支持文化产业和旅游产业融合发展。2019 年度"一带一路"文化产业和旅游产业国际合作重点项目，包含中柬文化创意园、"熊出没"系列动漫作品营销推广、《中国动漫》纪录片制作与海外推广发行、网络游戏《完美世界》、动画 App《宝宝巴士》等 45 个项目。①

我国"走出去"工程经济激励主要集中在财政奖补、税收优惠和金融支持以及国家主导突破贸易壁垒等方面。资金支持分为贷款贴息、项目补助、奖励、保费补助等形式，税收优惠包括出口退税、免征关税、营改增等形式，金融支持主要有鼓励上市融资、信贷支持、贷款贴息、鼓励金融机构对影视企业股权投资等。《文化产业发展专项资金管理暂行办法》《中央级国家电影事业发展专项资金预算管理办法》等规定明确对在海外电影市场取得突出成绩的国产影片国内出品单位给予扶持和奖励。《国务院关于加快发展对外文化贸易的意见》不仅明确了扶持重点，对国家文化出口重点企业和重点项目加大扶持力度；同时还阐明了税收、金融、保险等政策扶持措施，"对国家重点鼓励的文化产品出口实行增值税零税率，鼓励金融机构探索适合对外文化贸易特点的信贷产品和贷款模式，开展海外并购融资、应收账款质押贷款等业务"。② 对影视文化产业出口贸易合规企业实行税收优惠。2015 年 10 月，财政部、国家税务总局发布了《关于影视等出口服务适用增值税零税率政策的通知》，其中规定境内单位和个人向境外单位提供广播影视节目的制作和发行服务、软件服务、信息系统服务等应税服务，适用增值税零税率政策。根据《关于推动我国动漫产业发展的若干意见》，企业出口动漫产品享受出口退税，政府奖励企业出口动漫版权，对动漫企业在境外提供劳务而获得的收入不征收营业税，境外已缴纳的所得税款还可予以抵扣。③ 根据《动漫企业认定管理办法（试行）》，文化和旅游部发布享受扶持政策的动漫企业认定名单，发放"动漫企业证书"，

---

① 《文化和旅游部关于公布 2019 年度"一带一路"文化产业和旅游产业国际合作重点项目的通知》，中央人民政府网站，http://www.gov.cn/xinwen/2019-09/24/content_5432540.htm。

② 国务院：《国务院关于加快发展对外文化贸易的意见》（国发〔2014〕13 号），中央人民政府网站，http://www.gov.cn/zhengce/content/2014-03/17/content_8717.htm。

③ 《国务院办公厅转发财政部等部门关于推动我国动漫产业发展若干意见的通知》（国办发〔2006〕32 号），中央人民政府网站，http://www.gov.cn/gongbao/content/2006/content_310646.htm。

相关动漫企业按照规定可享受税收优惠政策。国家公布的 2018 年通过认定的动漫企业名单包括北京徒子文化有限公司、上海渔阳网络技术有限公司、武汉一玩科技有限公司、江西艺里云文化传媒有限公司等 45 家公司。2018 年 4 月，财政部、国家税务总局《关于延续动漫产业增值税政策的通知》重申对符合规定的动漫企业实施减免增值税优惠政策。

北京、上海、湖南、江苏等地方政府纷纷出台《关于加快发展对外文化贸易的实施意见》，参考国家评价办法制定评价标准和发布省级文化出口重点企业和重点项目，出台促进影视文化产业"走出去"的扶持政策，不仅把影视文化出口贸易纳入电影事业发展专项资金和文化产业发展专项资金扶持范围，甚至还出台针对影视产业园区或基地、重点企业出口贸易等的专项扶持政策。

二 创新"搭船出海"模式

在中央和地方扶持政策的引领下，中国影视企业"走出去"总体规模呈上升趋势，出口规模不断扩大，类型不断丰富，仅 2017 年中国影视内容产品和服务出口超 4 亿美元。[①] 影视出口逐渐形成国有和民营企业多元主体参与、协调发展的对外贸易格局。

1. 政府搭建影视文化交流平台

中央加强统筹指导，完善协调机制，制定国家"一带一路"文化交流合作专项计划，实施丝绸之路文化项目、丝绸之路影视桥、丝路书香等项目。[②] 政府每年有计划地组织影视机构参加有重要影响力的国际影视节，设立展台并举办相关推介活动。同时，"一带一路"对接非洲发展，为中非广播影视产业合作带来更多机遇。大力实施中非影视合作工程，积极推动中非媒体合作，有效提升中非媒体国际话语权，支持非洲数字电视发展，缩小数字鸿沟。国家相关部门公布的《关于推动广播电视和网络视听产业高质量发展的意见》，要求扩大广播电视对外贸易和文化交流，加大

---

① 祖薇：《中国影视内容产品去年出口超 4 亿美元》，《北京青年报》2018 年 10 月 23 日，A16 版。

② 《中共中央关于繁荣发展社会主义文艺的意见》（2015 年 10 月 3 日），中央人民政府网站，http://www.gov.cn/xinwen/2015-10/19/content_2950086.htm。

电视剧、纪录片等作品海外推广力度，实施"视听中国·公共外交"播映工程，讲好中国故事，传播好中国声音。① 实施广播电视国际传播项目，巩固拓展丝绸之路影视桥、中非影视合作、友邻传播、电视中国剧场等工程项目，扩大覆盖面，增强影响力。在"一带一路"倡议下，政府积极开展跨文化交流，搭建中外影视文化交流与传播平台，促进影视产业对外贸易与发展。

首先，促进中外官方媒体合作交流。媒体合作是中国与"一带一路"沿线国家合作的重要领域，政府积极推动中外媒体交流合作，通过媒体项目合作，共同推进文化交流。中国先后与俄罗斯、中东欧、东盟等国家或国际组织联合开展双边媒体年活动，共同推进媒体合作。在全面战略协作伙伴关系的基础上，中俄两国签署媒体合作协议，共同举办中俄媒体交流年，双方共同完成了"中俄头条"双语移动客户端、《你好，中国》系列纪录片等200多个合作项目。中国与中东欧国家领导人签署《里加纲要》，确定共同举办中国与中东欧国家媒体年活动，开展了中东欧主题电影展、中捷合拍动画片《熊猫和小鼹鼠》等50多个合作项目，增进人民友谊和互相了解。在与东盟国家合作方面，举办媒体交流年，共同开展项目合作，深化双方战略伙伴关系。广西南宁台联合东盟国家主流电视媒体共同举办"春天的旋律"跨国春晚，已连续举办十二届，2019年的跨国春晚同时在缅甸卫星电视台、越南胡志明市电视台、STAR老挝电视台、柬埔寨国家电视台等东盟国家播出。

其次，丝绸之路影视桥工程纳入国家战略规划。我国实施丝绸之路影视桥和丝路书香工程。丝绸之路影视桥面向"一带一路"沿线国家和地区，以影视内容、渠道建设、技术设备为支撑，重点推进丝绸之路国际电影节、影视精品译配和创作、媒体跨境采访等项目。到2018年年底，丝绸之路影视桥工程已实施五期，推进中外合作项目四百多个。在影视精品译制方面，中国与沿线国家签订互译出版协议，实施重点影视配译工程。中

---

① 《总局印发〈关于推动广播电视和网络视听产业高质量发展的意见〉的通知》（广电发〔2019〕74号），国家广播电视总局网站，http://www.nrta.gov.cn/art/2019/8/19/art_113_47132.html。

国国际广播电台在缅甸设立中缅影视译制基地，先后译制完成《海上丝绸之路》《指尖上的中国》等纪录片，通过全媒体国际传播平台在东盟国家播出，这是中国影视精品本土化译制与传播的积极尝试。在中外机构合作方面，推出了一批影视作品，如中印合拍的电影《功夫瑜伽》、中捷合拍的动画片《熊猫和小鼹鼠》、中俄合拍的电视剧《晴朗的天空》、中英合拍的纪录片《孔子》等。国家广电总局每年评选一批丝绸之路影视桥工程项目，2019 年度"熊猫小记者"全球追访第三季、"丝绸之路万里行"第 6季、系列微纪录片《丝路匠心》、动画片《丝路大遗址》等项目入选，一些民营影视传媒企业也有优秀项目入选。丝绸之路国际电影节作为"丝绸之路影视桥工程"的重点项目，以影视作品为纽带，促进沿线国家影视文化交流，以推动民族国家相互了解与经济发展。

此外，中非影视合作工程也提升到国家战略高度。国家推出中非影视合作工程，又称"1052 工程"，主要是每年精选 10 部电视剧和 52 部电影，外加 5 部动画片和 4 部纪录片，分别译制成英语、阿拉伯语、斯瓦希里语等，在一些非洲国家的主流媒体播出。该工程后来更名为"中非影视合作创新提升工程"，通过政府购买服务的方式招标采购影视配译和推广项目。该工程已完成英语、法语、斯瓦西语、豪萨语等多语种 200 多部中国影视作品的配译，在非洲 40 多个国家播出。

2. 中外联合影视制作与推广

国际影视合作是推动影视作品进入国际主流社会的重要方式，也是国际影视产业发展的重要特征之一。中国已经与英国、法国、日本、俄罗斯、韩国、印度、新加坡、澳大利亚、加拿大、意大利、新西兰等 22 个国家签署了政府间合作拍摄电影协议。例如，中国与英国政府签署的《关于合拍影片的协议》，规定了合拍影片资格条件、资格撤回、投资的最低比例、独享的附加优惠、国际义务等内容；中日、中韩等国签署的合作拍摄电影的协议中还规定，合拍影片全面享受各自国家法律法规授予的国产电影的所有利益。这样合拍影片就不受进口电影配额限制，还有可能获得政府资金扶持和税收减免。此外，中国与"一带一路"沿线 15 个国家签署了电影合拍协议，与新西兰、英国签署了电视合拍协议，通过影视合作拍摄，共同推出一批优秀的影视节目，实现在多个国家和地区的联合译制、联合播出。中外联合制片这种"借船出海"的方式有利于中外资源重组，快速有效实现海外传播。中外合拍片不只是演员、场景、投资方面的资源置换，更扩展到剧本、影视作品摄制、发行等各方面的合作。2014 年、2015 年、2016 年我国分别有 77 部、94 部、96 部合拍影片获得立项。其中，中美合拍电影在国际电影传播中占有重要地位。比如中美合拍的电影《长城》先后在欧、美、亚、非 30 多个国家和地区播映，票房收入超预期。

在动画领域，中国动画制作企业与"一带一路"沿线的捷克、哈萨克斯坦、俄罗斯等国的国家电视台或影视企业合作拍摄《阿廖沙和龙》《阿拜之路》等动漫作品，促进了中国与丝路沿线国家之间动画电影的交流与合作。中国与捷克合拍《熊猫与小鼹鼠》、与俄罗斯合拍《熊猫与开心球》、与新西兰合拍《熊猫和奇异鸟》以及与南非合拍《熊猫和小跳羚》等，共同打造的"熊猫 IP"，形成独特的影视文化风景。

港台与内地电影合拍更早，《内地与香港关于建立更紧密经贸关系的安排》签署生效后，合拍影片不受电影进口配额限制因而获得快速发展，《建党伟业》《建国大业》《建军大业》《湄公河行动》《智取威虎山》《红海行动》等影片，体现了合拍片的最新成果。有学者认为，港台与内地合拍电影带来的市场化理念、工业化制作、电影管理体制、职业精神、平民意识、娱乐精神等，都使中国电影工业受益匪浅。①

中外合拍的影视生产机制，由以前的电影制片厂和电视台为合作主体、特事特办的状态，向多元市场主体、政府政策规范的市场机制转变，中外合拍片数量增长迅速。但是，影视贸易领域的逆差仍然存在，尤其是以美国好莱坞电影为代表的西方影视工业，在跨文化传播和交流中长期占据强势主导地位的状况没有改变。比如 2016 年中国电视剧进口总额为 20.99 亿元人民币，出口总额 3.69 亿元人民币，贸易逆差 17.30 亿元人民币。

3. 借道国际影视传媒和新媒体平台

随着"一带一路"国际合作的深入开展，中央电视台、中国国际电视台总公司联合亚欧非多国主流媒体成立丝路电视国际合作共同体，包括美

① 陈旭光：《改革开放四十年合拍片：文化冲突的张力与文化融合的指向》，《当代电影》2018 年第 9 期。

国国家地理频道、埃及国家电视台、塞尔维亚国家电视台、新西兰自然历史公司等 50 多个国家和地区的主流媒体。中国国际电视台总公司是以电视为主的国家文化出口重点企业，采用市场化方式实现中国电视"走出去"，从卖节目到开栏目、建频道，不断开拓中外电视合作平台。与国际媒体合作，先后在越南、南非、英国、塞尔维亚、缅甸、阿联酋、捷克、印度尼西亚、柬埔寨等国开辟中国时段和频道；通过中国电视长城平台集成中外多语种的 33 个频道，在美国、加拿大、澳大利亚等国，以及亚洲、欧洲、拉丁美洲等地落地或通过卫星、网络传播。中国新华新闻电视网节目通过卫星覆盖亚太、北美、欧洲、中东、非洲等地，同时通过各国有线电视网、无线数字电视网、卫星入户网及 IPTV 网在 80 多个国家和地区落地，包括通过美国时代华纳有线电视公司、英国天空广播公司等平台在英美等国播出。在互联网时代，地方媒体也日益提高国际传播能力，如山东广播电视台国际频道泰山电视台，借助中国卫星电视节目长城平台，以卫星、有线、网络等多种方式覆盖越南、泰国、新加坡、马来西亚、韩国、日本、英国、法国、德国、加拿大、澳大利亚等国家和地区，同时开通了手机电视客户端提供下载收看服务。

其他广电机构、影视企业也积极参与"一带一路"国际传播。在地方政府的支持下，陕西广播电视台等在西安发起成立丝路国际卫视联盟，推进国际合作合办电视节目和频道，在联合播出与信息共享等方面加强中外交流与合作。丝路国际卫视联盟包含广西、陕西、宁夏、新疆、东南等国内卫视以及印度、意大利、哈萨克斯坦、吉尔吉斯斯坦等丝路沿线国家主流电视台，共同投资制作的《丝绸之路品牌万里行》《丝路春晚》《丝路国际大学生艺术节》等节目深受沿线国家欢迎。中国电视剧（网络剧）出口联盟由华策影视、华谊兄弟、爱奇艺等影视文化企业发起成立，以项目合作的形式，增加出口贸易途径。出口联盟依托影视产业国际合作实验区，通过与 YouTube 等国外知名网站的合作，搭建影视作品海外播出平台，在美国、以色列等国家开设海外剧场。由中国国际电视总公司发起成立的"影视文化进出口企业协作体"，已有 30 多家影视企业加入，协作体企业 2018 年在海外播出了 467 部作品，在海外交易平台建设和影视节展等方面取得明显成效。华人文化控股集团和华狮电影发行公司等共同打造

"中国电影普天同映"全球发行平台，全球 30 多个国家的城市院线通过这一平台能看到中国的优秀电影。

在国外新媒体平台打造传播矩阵。正如"两微一端"成为中国民众了解新闻信息的第一来源一样，欧美发达国家也经历相似的互联网传媒变革，手机移动端、社交媒体逐渐成为发达国家民众获取新闻信息的重要来源。为了适应这种新的传媒格局变化，人民日报社、新华社、中央电视台等国家级官方媒体纷纷在美国社交媒体中试水，对外坚持"一国一策"传播理念，实施精准化传播，积极利用国外社交媒体，加强互动传播，提升对外传播的贴近性。中国环球电视网已在脸书、推特、谷歌等新媒体网络平台开通官方账户矩阵，积累粉丝的同时提升国际议程设置经验。由于阿拉伯语是"一带一路"沿线国家的主要语言之一，中国环球电视网开设的阿语频道内容丰富、粉丝众多，逐渐成为全球阿语重要信息平台。宁夏广播电视台手机客户端丝路彩虹已上线运营，内容丰富，更新及时，覆盖"一带一路"沿线国家，成为阿语传播中国电视节目的新渠道。此外，民营影视文化企业在对外传播中变得日益重要，世纪优优文化传播股份有限公司做国产影视剧海外新媒体发行业务，陆续建立 Netflix、YouTube 等几十个海外新媒体传播渠道，涵盖视频网站、互联网电视、IPTV 等终端，覆盖海外 200 多个国家和地区。

4. 商业传媒企业跨国投资并购

在国际资本深入中国影视产业链投资布局的同时，腾讯、阿里巴巴、字节跳动、万达等国内商业企业也开始在海外投资并购影视文化企业。

西京集团成功收购英国普罗派乐电视台，并拥有经营管理权，该电视台完成卫星、网络、手机三网合一，覆盖欧洲 40 多个国家和地区，在保留原有节目特色的基础上，共同制作播出一些中国特色的节目。近年来字节跳动在海外的投资并购非常迅速，相继投资了印度新闻聚合平台、美国移动短视频平台等。抖音在国外发展得时间短、增速快，其国际版 TikTok 已经在美国、印度、日本、英国、俄罗斯、德国、法国、阿尔及利亚、埃及、阿联酋、安圭拉、巴基斯坦、巴林、老挝、柬埔寨、新加坡、新西兰、越南、约旦等地推广应用。微信是中国第一个具有国际影响力的社交软件，其国际版 WeChat 在老挝、不丹、马来西亚、马达加斯加、斯威士兰、几内亚比绍等国家和地区推广应用。但整体而言,抖音、微信等中国新媒体"走出去"才刚刚迈出重要的第一步。

具有融资优势和投资管理经验的上市公司对海外影视产业投资并购是企业"走出去"的一种重要方式。阿里影业与斯皮尔伯格的娱乐公司达成战略合作,包括电影投资、联合制作发行与衍生品开发;阿里影业还投资印度在线票务平台。除了发行渠道的海外投资,企业在制片业的海外投资不断取得进展。华人文化产业投资基金与美国华纳兄弟共同出资成立旗舰影业,华人文化产业投资基金领导的财团控股51%,华纳兄弟持股49%。中国企业对海外影视公司的投资并购,不仅在经济上获得商业回报,增加国际发行渠道,更重要的是学习国际电影制作、发行、管理、融资等行业发展经验,增强企业国际竞争力。

三 奖励影视企业海外开拓

为了加强中外影视文化交流,增进民族友谊,促进影视文化对外贸易的发展,平衡文化贸易逆差,国家在产业经济政策中对做出突出成绩的影视文化产品或服务进行扶持或奖励。我国颁布的《国产影片出口奖励暂行办法》,对符合条件的国产或合作拍摄的影片给予奖励;对于境内制片单位出品的影片按其海外票房的千分之二给予奖励,对于境内外合拍影片按其海外票房的千分之一给予奖励;以卖断方式销售给境外影院、电视台、网络或音像市场,无法统计票房的影片,则分别按照影片海外销售合同金额千分之四和千分之二给予奖励。[1] 国家遴选优秀影视作品进行译制和海外推广,遴选展现中华优秀传统文化和国家形象的优秀电视剧、动画片、纪录片进行译制资助,鼓励中国当代影视作品"走出去"。国家广电总局《关于资助优秀影视作品进行俄语译制有关事宜的通知》,要求有明确的俄罗斯及俄语国家区域销售推广计划并能够按时完成作品译配及推广,对符合条件的优秀电影、动画片、纪录片译制项目奖励标准为每项45万元到48万元。

---

[1] 国家广电总局电影管理局:《国产影片出口奖励暂行办法》(2011),国家新闻出版广电总局网站,http://dy.chinasarft.gov.cn/html/www/article/2011/012d8346c4e271ba4028819e2d789a1d.html。

　　在国家电影事业发展专项资金、电影精品专项资金以及文化产业发展专项资金等影视文化发展专项资金中，有一部分是对影视文化企业的对外贸易进行扶持奖励。国家颁布的《关于支持电影发展若干经济政策的通知》提出在文化产业发展专项资金中，安排资金扶持中国电影"走出去"。根据《文化产业发展专项资金管理暂行办法》，专项资金通过项目补助、绩效奖励、贷款贴息等方式推动文化企业"走出去"，对文化企业扩大出口、开拓国际市场、境外投资等给予支持。国家文化产业发展专项资金重大项目主要用于影视文化服务出口奖励，最高奖励 500 万元，其中一些项目是以游戏动漫为主打产品或服务。从 2019 年开始，专项资金使用管理方式有所调整，项目直接补助大幅减少，采取市场化方式运作。重点支持两类项目：一是对重点影视项目直接补助，项目征集、遴选、评审由中宣部牵头；二是采取对文化服务出口奖励，项目征集、遴选、评审由商务部牵头负责。对列入《国家文化出口重点企业目录》，且具有较好文化出口业绩的企业，根据其出口额按比例予以奖励。

　　国家电影事业发展专项资金和电影精品专项资金中也有一部分用于支持中国电影"走出去"。根据《中央级国家电影事业发展专项资金预算管理办法》，对海外发行放映取得突出成绩的国产影片国内出品单位给予奖励，奖励金额最高不超过该片在海外市场取得收入的 1%。国家电影事业发展专项资金管理委员会发布《关于奖励优秀国产影片海外推广工作的通知》，对在海外市场票房收入 100 万元人民币以上的国产电影，中方单位给予奖励，奖励金额最高不超过该片海外电影市场票房收入的 1%。《电影精品专项资金管理办法》规定，资助国产电影"走出去"，包括组织实施中国电影的海外推广活动，参加国际电影节以及境外中国电影展等；按照对等原则在国内举办外国电影展活动。① 原国家新闻出版广电总局颁布的《资助项目单位使用电影精品专项资金管理规定》也明确规定使用范围包括国产电影"走出去"。国家在 2016 年度电影精品专项资金中资助了国产影片海外推广活动、丝绸之路国际电影节、电影《美人鱼》《大唐玄奘》

---

① 财政部：《电影精品专项资金管理办法》，国家新闻出版广电总局网站，http://dy.chinasarft.gov.cn/html/www/article/2018/0162ffdda81c497b402881a6604a2c45.html。

《煎饼侠》《寻龙诀》等电影项目"走出去"。在资金充裕的情况下，可以在电影精品专项资金、地方国家电影事业发展专项资金中把国产电影海外推广活动作为一个单项加以奖励扶持，原则上不再重复奖励扶持文化产业发展专项资金中的重大项目。

动漫游戏产业在跨文化传播与交流中更容易接受，往往能够发挥对外文化贸易的先导和引领作用。早在 2010 年文化部启动动漫游戏产业"走出去"工程，支持相关企业参加海外会展、产品译制和海外推广，对一些游戏企业"走出去"项目进行扶持。根据《动漫游戏产业"一带一路"国际合作行动计划》，遴选动漫游戏产业"一带一路"国际合作重点企业和重点项目，加大对入选企业和项目的政策扶持力度，组织入选企业参加对外文化交流。文化部在 2017 年动漫游戏产业"一带一路"国际项目中扶持苏州功夫家族动漫有限公司等 15 家动漫游戏企业。文化部 2018 年"一带一路"文化贸易与投资重点项目包括"超级飞侠"IP 产业开发、《孔小西与哈基姆 2》等 40 个项目。另外，根据《中国文化艺术政府奖动漫奖评奖办法》，该奖每三年评选一次，设六个分项。① 其中有最佳动漫国际市场开拓奖，《超级飞侠》《喜羊羊与灰太狼系列》《赛尔号系列》《山猫和吉咪之全家乐篇》《格萨尔王》等作品先后获得该项奖。

除了中央颁布的扶持政策外，地方政府也相应出台了促进影视文化产业对外贸易扶持优惠政策。北京市先后发布《关于推动北京影视业繁荣发展的实施意见》《北京市提升出版业传播力奖励扶持专项资金管理办法（试行）》《北京市提升广播影视业国际传播力奖励扶持专项资金管理办法》《北京市国家电影事业发展专项资金征收使用管理办法》等政策促进影视文化产业发展和"走出去"，以加强影视业文化科技深度融合，鼓励与扶持影视文化企业对外贸易，拓展国际市场，打造具有国际影响力的影视之都。如 2018 年北京市共有 106 个项目获得提升广播影视业国际传播力奖励扶持，包括电视剧《镖行天下》、电影《战狼》、纪录片《丹顶鹤》、

---

① 《文化部办公厅关于印发〈中国文化艺术政府奖动漫奖评奖办法〉的通知》，（办产发〔2017〕10 号），文化和旅游部网站，http://zwgk.mct.gov.cn/zfxxgkml/zcfg/gfxwj/202012/t20201204_906327.html。

电视剧《秦时丽人明月心》、电影《滚蛋吧肿瘤君》、蓝海融媒体全球传播云平台等项目。2018 年，北京市一批数字出版产品"走出去"项目获得专项扶持，掌趣科技数字出版产品"走出去"项目、完美世界（北京）网络游戏海外出版输出、龙创手游海外出版输出平台等八项数字出版产品"走出去"项目获得提升出版业国际传播力奖励扶持专项资金奖励。上海出台《关于促进上海电影发展的若干政策》的实施细则，对上海出品的电影赴境外参展，入围世界重要电影节竞赛单元的影片予以资助；对上海出品的电影海外票房 100 万美元以上的优秀影片给予奖励；支持搭建国产电影全球推广及发行放映平台，鼓励电影产业对外贸易和"走出去"。福建省文化产业发展专项资金也有部分用于扶持奖励对外文化贸易取得突出成绩的企业。

第三节　产业竞争加速集群化

党的十八大以来，互联网与电影、广播电视、报刊媒体、音乐、动漫等产业进一步融合，培育出更加繁荣的互联网视听产业市场。网络版权产业快速增长，内容视频化趋势更加显著。截至 2020 年 6 月，我国网络视听用户规模超 9 亿人，网络视频和网络新闻、网络游戏已成为我国网络版权产业的三大重要支柱。2019 年网络视听产业规模达 4541.3 亿元，成为网络娱乐产业的核心；其中短视频产业规模最大，占比 29%，综合视频、网络直播的市场规模占比分别约 20%。[①]

中国是世界第二大电影市场，也是全球成长最快的电影市场之一，在世界电影产业中占有重要地位。在国内电影市场，国产电影和国际电影基本平分秋色。但是，对中国电影产业国际竞争力指数、国际市场占有率、贸易竞争力指数以及显性比较优势指数等指标的调查说明，我国电影产业的国际竞争力依旧较弱。巨大的市场潜力和有利的政策环境为中国电影国际化发展提供了巨大空间，然而我国外贸电影质量、专业人才、企业战略、产业链各环节的支撑产业以及海外市场结构等方面均存在问题，削弱

[①] 前瞻产业研究院：《2020 年中国网络视听用户规模突破 9 亿人，短视频和直播用户持续增长》，http://www.elecfans.com/d/1471908.html。

了电影产业的国际竞争优势。①

美国在《关于产业竞争力的总统委员会报告》中认为，产业竞争力是指"在自由公正的市场条件下，能够在国际市场上提供好的商品和服务，同时又能提高本国人民生活水平的能力"。从这内涵界定来看，影视产业竞争力的培育既要指向国内，又要面向国际，割裂这两个市场之间的联系，政府产业政策的有效性将会受到显著影响。

一 影视产业集群化发展

美国哈佛大学教授迈克尔·波特在其代表作《国家竞争优势》中认为"一个国家的经济体系中，有竞争力的产业通常不是均衡分布的"。② 产业集群，而不单单地是产业集团，是产业竞争力培育与形成的基本形态。影视文化产业集群形成的一个重要条件是全国性的自由竞争市场，以便社会资源从效率低的环节流向效率高的环节，从而最终形成面向国际市场的竞争优势。③ 有学者认为，近年来我国电影产业的繁荣原因之一在于多元市场主体的相对公平的竞争，国有电影集团公司并没有得到产业政策的特别倾斜或保护，国有电影集团公司在我国电影产业的垄断地位并不显著。④ 影视产业竞争力培育的关键在于政策导向鼓励多元化的资本进入，形成相对开放平等的竞争环境。产业政策注重培育统一的国内市场，形成多元主体的公平竞争是优化政府管理和提升产业国际竞争力的逻辑起点，在竞争基础上的适度集中才是国际竞争力培育的基本路径。

产业集群是指在某一特定产业中出现的互相联系密切的大量企业或机构，包括技术开发研究机构在内的相关支撑机构，他们在特定地理空间或区域聚集，并通过协同作用，形成的明显具有持续竞争优势的现象。⑤ 影视文

---

① 石雨仟、徐姗：《中国电影产业国际竞争力水平测算及影响因素分析》，《生产力研究》2019 年第 1 期。

② 〔美〕迈克尔·波特：《国家竞争优势》，李明轩、邱如美译，华夏出版社，2002，第139 页。

③ 朱春阳：《我国影视产业"走出去工程"10 年的绩效反思》，《新闻大学》2012 年第 2 期。

④ 朱春阳：《我国影视产业"走出去工程"10 年的绩效反思》，《新闻大学》2012 年第 2 期。

⑤ Porter, M. E., "Clusters and New Economics of Competition", *Harvard Business Review*, 11 (1998).

化产业集群包含创意主体、制作主体、传播主体、服务主体和延伸主体等产业链，发展模式的形成有赖于城市经济发展所缔造的经济基础、社会结构、产业网络和人才积聚等基础条件。产业集群化发展是我国影视文化产业国际竞争力培育的政策规制方向，目的是推动资源的有效聚合和全国性统一大市场的形成。产业集群化发展既是原有影视工业发展累积到一定程度的必然结果，也是影视企业进一步细分合作、提高各自核心竞争力的市场必然选择。

中共中央关于深化文化体制改革的重大决定中明确提出要优化文化产业布局，规划建设各具特色的文化创业创意园区，发展文化产业集群。国家广电总局发布《关于推动广播电视和网络视听产业高质量发展的意见》，提出积极培育一批符合创新发展方向的广播电视和网络视听专业性或综合性产业基地，推动产业专业化、规模化、高质量发展，发挥影视产业基地的辐射带动和引领示范作用。借鉴其他成功的产业集群发展经验，国家和地方性影视产业基地、动漫产业园区等产业集群逐渐形成规模。《战狼2》涉及20多家企业投入，亦昭示着中国影视产业强烈呼唤企业分工合作的内聚集群化发展方向。

政府在影视文化产业集群的培育和发展中发挥重要作用，通过不断培育主题产业基地、完善产业链、扶优扶强和打造品牌、建立集群创新体系、营造良好发展环境，促进区域产业集群稳步发展和转型升级。国家文化出口重点基地包括北京天竺综合保税区、上海市徐汇区、江苏省无锡市、浙江影视产业国际合作区、西藏文化旅游创意园区等13个。国家对外文化贸易基地是文化和旅游部与北京市合作共建的国家级对外文化贸易服务平台，位于北京天竺综合保税区内。2012年由文化部正式授牌为"国家对外文化贸易基地"；2018年6月，被国家有关部门认定为国家文化出口基地；北京文投国际控股有限公司是其投资建设和运营管理的实体。北京市海淀区、朝阳区均聚集了一批广播影视、网络及计算机服务产业知名企业，星光影视园、国家新媒体产业基地、怀柔影视产业示范区、中央新影纪录影视产业园、中关村多媒体创意产业园等一批影视文化产业基地已投入运营，中央电视台涿州拍摄基地、中央新影华中影视文化产业园、中央新影中原影视文化产业园等是在京外布局的相关影视文化产业项目。

为了打造有国际影响力的影视之都，北京加快影视文创产业引领区建设，促进影视产业资源聚集，先后出台了《北京市实施文化创意产业"投贷奖"联动推动文化金融融合发展管理办法》《深化服务业开放改革促进北京天竺综合保税区文化贸易发展的支持措施》《北京市提升广播影视业国际传播能力奖励扶持政策》《关于加快国家对外文化贸易基地建设发展的意见》《关于推动北京影视业繁荣发展的实施意见》等系列政策，主要从影视基地（园区）建设、产业引导基金、投融资金融支持、外贸奖励与扶持、信息平台建设等方面聚焦影视产业链，引导影视产业集群化发展。北京影视文化企业集聚，与其他城市相比，数量和规模优势明显。据统计，2018 年年底，北京市有广播电视节目制作经营实体机构 9895 家，信息网络传播视听节目机构 125 家，共制作影片 410 部、电视剧 51 部 2325集、电视动画片 16 部 494 集。2018 年北京市规模以上文化企业实现营收10703 亿元人民币，同比增长 11.9%。

上海也是我国影视产业集群培育的重镇。上海出台了《关于加快本市文化创意产业创新发展的若干意见》，提出把上海打造成具有国际影响力的文化创意产业中心。随后发布了《关于促进上海影视产业发展的实施办法》《关于促进上海演艺产业发展的实施办法》《关于促进上海动漫游戏产业发展的实施办法》《关于促进上海网络视听产业发展的实施办法》等配套政策。政府规划引导的影视文创产业园区是产业集群发展的重要载体，在推动产业发展、优化城市布局、促进经济增长等方面发挥着重要引领作用。2018 年上海认定 137 家园区为市级文创园区，其中国家对外文化贸易基地、上海网络视听产业基地、中广国际广告创意产业园等 20 个文创园区为上海市文创产业示范园区。上海市徐汇区列为国家级文化出口重点基地，由华人文化产业投资基金与香港兰桂坊集团、美国梦工厂共同投资的上海梦中心项目，华人文化牵头与美国梦工厂动画公司共同投资的东方梦工厂影视技术有限公司，上海电影集团影视传媒有限公司等均落户在徐汇区。上海着力在松江区打造科技影都，吸引聚鹰堂影视基地等一批影视拍摄基地落户。上海初步形成了浦东国际影视产业园、金沙江路互联网影视产业集聚带等影视制作投资类、车墩影视基地、胜强影视基地等影视取景拍摄类等不同类型的影视产业服务功能区。聚鹰堂影视基地等还列为上海市 2018 年影视文化发展扶持项目。

我国影视产业集群最先成功的是浙江横店影视产业集群。横店从一穷二白发展成亚洲最大的影视拍摄基地，被誉为"东方好莱坞"，被评为首批国家 AAAA 级旅游区。浙江已有 2000 多家影视制作机构，就规模和体量来说仅次于北京，业界甚至有"北有北京，南有浙江"之名声。浙江省先后出台了《加快促进影视产业繁荣发展的若干意见》《关于加快把文化产业打造成为万亿级产业的意见》等重要政策，提出要打造全国影视产业副中心，重点推进横店影视产业实验区、浙江影视产业国际合作实验区、浙江国际影视中心、杭州高新技术产业开发区国家动画产业基地等平台和项目建设，培育一批具有核心竞争力的龙头影视企业；[①] 同时，发挥国家信息经济示范区优势，依托杭州国家数字出版产业基地、乌镇互联网经济创新发展综合试验区、浙江金华数字创意产业试验区，以业态创新、产品创新和内容创新为重点，加快发展网络文学、网络影视、动漫游戏、数字音乐、数字电视、数字教育等数字内容产业。[②] 中国电视剧出口联盟依托浙江影视产业国际合作实验区，搭建全球华语联播体影视内容海外播出平台，加快国际市场拓展步伐。此外，其他一些省市也在集聚资源培育和发展富有区域特色的影视文创产业集群，其中江苏无锡国家数字电影产业园、粤港澳深圳影视文化创意产业园等较为知名。

二　互联网资本跨国并购

根据国家有关网络视听产业高质量发展的政策规定，国家鼓励各种类型的市场主体展开公平竞争和优胜劣汰，推动影视文化资源在统一的全国市场进行流动和配置；推进国有广播影视企业进行现代公司制改革和股份制改造，允许有条件的企业探索混合所有制改革试点，允许影视文化上市公司进行跨地区、跨行业以及跨所有制的并购重组，着力打造综合性影视文化产业集团。

互联网企业等现代企业具有自身的生命逻辑，"随着大企业的成长和

---

① 《浙江省人民政府办公厅关于加快促进影视产业发展的若干意见》（浙政办发〔2017〕88 号），浙江省人民政府网站，http://www.zj.gov.cn/art/2017/8/18/art_1229017139_56548.html。

② 《中共浙江省委浙江省人民政府关于加快把文化产业打造成为万亿级产业的意见》（浙委发〔2017〕36 号）。

对主要经济部门的支配，它们改变了这些部门乃至整个经济的结构"①。我国互联网产业发展出现腾讯、阿里巴巴、百度、字节跳动等具有一定国际竞争力的大型综合性互联网集团。我国移动互联网活跃用户达 11.07 亿人，移动互联网行业集中的趋势非常明显，排名前列的四大派系独立移动客户端总使用时长占比超过 72%，腾讯、阿里巴巴、字节跳动、百度分别达到 43.8%、10.6%、11.3%、6.9%。② 其中字节跳动系增长快速，与腾讯系的差距在缩小。全球前十大互联网企业集团，美国和中国分别占六家、四家。阿里巴巴、腾讯控股已经在国内外证券交易所公开上市，其市值长期位居亚洲上市公司中前列。腾讯的大股东南非报业占股 34%，阿里巴巴由日本软银持股 31.9%，百度则由美国德丰杰持股 25.8%。由于公司章程和股权架构不一样，各个公司的大股东对公司的控制和管理权限不一，一般来说公司管理层对重大投资、发展战略与重要人事变更具有决策权，但大股东的潜在影响也不容小觑。在市场竞争中崛起的互联网新型传媒集团，更倾向于用商业市场逻辑代替传媒政治思维，他们不仅投资研发与掌控互联网信息传播新兴技术，而且在国内外影视文化传媒市场纵横并购，迅速形成垄断竞争格局。"市场经济是竞争经济，竞争就必然会产生垄断。任何一家企业都想扩大市场份额，其中一个最重要的手段就是扩大经营规模，降低生产成本，增加竞争实力，以求得规模效益，反映到媒介上，就是产生媒介集团，所以从某种意义上来说，成熟的媒介市场必然是一个垄断竞争市场。"③ 随着互联网新媒体传播渠道在社会大众中占据的地位日益重要，这些大型的互联网新型传媒集团的影响力就更加突显。如今传统的报刊、电子媒介转型为数字媒介，但在西方国家，垄断资本家对其控制下的媒介干预或明或隐，依然从未中断。因此，美国、澳大利亚等西方国家对传统报刊、电子媒介等传媒行业的股权并购以及受众影响边界等方面有

① 〔美〕小艾尔弗雷德·D. 钱德勒：《看得见的手——美国企业管理革命》，重武译，商务印书馆，1987，第 8、11 页。
② QuestMobile 研究院：《中国移动互联网 2019 春季大报告》，http://www.questmobile.com.cn/research/report-new/29。
③ 李良荣：《垄断·自由竞争·垄断竞争——当代中国新闻媒介集团化趋向透析》，《新闻大学》1999 年第 2 期。

法律管制，试图遏制媒介所有权拥有者对传媒新闻信息传播的过度干预。

互联网科技企业集团借助金融创投资本，在不断融资的同时，通过设立产业投资基金，在相关影视文化传媒领域广泛投资并购。经济实力强大的互联网企业集团成立了众多的创投基金，纷纷参与影视、新闻资讯、社交、在线教育、游戏、音乐、知识付费等各细分领域的文化产业投资（见表4-1）。其中与阿里系相关的产业基金有阿里影业文化产业基金、云锋基金、臻希投资、众海资本、天弘基金等；腾讯系旗下成立的产业基金有腾讯产业投资基金、腾讯产业共赢基金、腾安基金、高腾基金、微影资本等。根据中国独角兽企业发展报告，与文化传媒相关的独角兽企业约20家，这些企业中阿里巴巴、腾讯、百度主导或参与投资的独角兽占比一半以上。所谓独角兽企业，指成立不超过10年，估值超过10亿美元的创新企业。据2019年10月胡润研究院发布的全球独角兽榜，全球494家独角兽企业，中美两国占八成以上，中国、美国独角兽企业数量分别为206家、203家。据恒大研究院发布的中国独角兽报告，截至2018年年底中国独角兽161家、总体估值达到7134亿美元，其中大约一半与腾讯、阿里巴巴、百度、京东有关联；阿里巴巴和腾讯对独角兽带动作用更强，腾讯共"捕获"30家独角兽，包括小红书、车好多、快手、猿辅导等企业；阿里巴巴则为17家独角兽，包括今日头条、小猪短租、旷视科技、商汤科技等。[1] 此外，他们的投资还涉及影视文化传媒上市公司，根据上市公司的公报，腾讯计算机系统有限公司和阿里创业投资有限公司都进入华谊兄弟前十大流通股东。阿里巴巴通过旗下公司成为光线传媒、万达电影、华数传媒、分众传媒等的重要股东。腾讯通过子公司成为掌趣科技重要股东。封面新闻是四川日报报业集团与阿里巴巴联合投资的，《华西都市报》具体运营，包括封面新闻App、封面新闻网、封面新闻微博、封面新闻微信等新媒体产品。这些投资并购仅是腾讯、阿里巴巴、百度等大企业集团具有代表性的部分，并非这些互联网科技公司投资并购的全部。腾讯、阿里巴巴、百度等在互联网领域的投资并购活动非常广泛而且活跃，随着所投资企业的成长以及资源整合，尤其是其中一些企业随后在国内外证券交易所公开上市，它们将获得巨额回报。

---

[1]　任泽平：《2019中国独角兽报告》，《佛山日报》2019年5月7日。

表 4—1 互联网科技企业在影视文化传媒领域的投资并购

企业	投资	社交	视频（直播）	电视	电影	新闻资讯	动漫	游戏	其他	国际
阿里巴巴	投资与并购	新浪微博、陌陌、探探	哔哩哔哩、优酷、土豆、AcFun、来疯直播、二更、Video++	华数传媒、光线传媒、蓝色火焰、耀客传媒	华谊兄弟、万达电影、猫眼影业、博纳影业、果派联合、大地影院、亭东影业、粤科软件、大麦网、灿星文化、V电影	猎云网、虎嗅网、36氪、第一财经、南华早报、财新传天下、钛媒体、博雅、封面新闻		广州简悦	分众传媒、华人文化集团、旷视科技、商汤科技、完美数联、观印象、集英纪科技、小红书	WPP（英国）、Tango、Amblin Partners、Snapchat、NewTV
	自营	来往、钉钉			淘票票、阿里影业	UC头条、大鱼号	神居动漫	阿里游戏、九游	阿里音乐、阿里体育	UC News
腾讯	投资与并购	千聊、派派、抱抱、跳跳网、在行-分答、知乎	哔哩哔哩、快手、斗鱼、龙珠直播、梨视频、呱呱视频、萤火虫视频、《军武次位面》	未来电视、耀客传媒、新丽传媒、优扬传媒	华谊兄弟、猫眼影业、橙天嘉禾、灿星文化、华谊腾讯娱乐、视美影业	趣头条、搜狐、人民视频、财新传媒	徒子文化、绘梦动画、天闻角川、漫漫漫画、风鱼动漫、原力动画	盛大游戏、掌趣科技、任玩堂、西山居、华益天信	小红书、猿辅导、新东方在线、搜狗、阅文集团、华人文化集团、vpkid、喜马拉雅、华扬联众	动视暴雪、Skydance Media、Smule、News dog、Ookbee、Bluehole Studio、Discord、Kamcord、CJ Games、Sanook Online、Miniclip SA、Wattpad、Snap、College Daily、Spotify、Supercell、Dream11、Netmarble

续表

企业	投资	社交	视频（直播）	电视	电影	新闻资讯	动漫	游戏	其他	国际
腾讯	自营	微信、QQ、腾讯微博、全民K歌	腾讯视频、微视、NOW直播	企鹅电视	腾讯影业、企鹅影视	腾讯网、腾讯新闻、天天快报、企鹅号	腾讯动漫	腾讯游戏	企鹅童话	Wechat
	投资与并购		爱奇艺、快手、梨视频、PPStream	联合网视	星美控股	36氪		蓝港在线、07073游戏网	网易云音乐、猎豹移动、华扬联众、百姓网、清微智能、机器之心	8i
百度	自营		好看视频、百度视频			百度新闻、百家号				
今日头条	投资与并购	半次元、老友科技、新智元、Faceu、Vshow	维境视讯、阳光宽频			华尔街见闻、财新新世界说、今日新媒体	快看漫画、声影动漫、半次元		一起作业、机器之心、东方IC	Flipagram、Musical.ly、印尼BABE、Live.me、News Republic、DailyHunt
	自营	悟空问答	抖音、火山小视频、西瓜视频			今日头条、头条号				TikTok

阿里巴巴在电商领域成功后，依托强大的资本优势，连续投资并购国内外传媒企业。粗略统计，阿里巴巴不仅在报刊、影视、社交等媒体进行投资并购，还不断深入构建各种互联网内容生态圈，建立起规模庞大、影响深远的传媒集团。阿里巴巴与浙江日报报业集团合办《淘宝天下》，与浙江出版联合集团合办《天下网商》，还战略投资《商业评论》，收购《南华早报》，战略投资入股第一财经、21世纪传媒等，增强对传统媒体的影响与股权控制。同时，战略投资华数传媒；与四川日报报业集团联合创办封面传媒；与财讯集团等联合打造新媒体无界传媒，增加在新媒体的投资布局。此外，战略投资新浪微博，成为其有影响力的大股东；投资移动社交平台陌陌并成为其大股东。在影视领域，阿里巴巴战略投资上市公司华谊兄弟和光线传媒；全资收购优酷土豆网，在互联网视频领域挤入头部竞争。2014年6月，阿里巴巴以62.44亿港元投资获得上市公司文化中国59.32%股份，成其控股股东，文化中国旗下拥有金鼎影视、中联华盟、丁晟影视工作室等知名影视公司，阿里巴巴收购后将它更名为阿里影业，同时也间接控制了文化中国旗下的《京华时报》《费加罗FIGARO》等报刊。

单一媒体传播进入多媒体综合传播时代，互联网科技企业与传统国有传媒的融合也在不断深化。截至2019年上半年，我国家庭彩电存量5.9亿台，包括3.4亿台传统电视和2.5亿台智能电视。其中家庭联网电视4.54亿台，1.94亿台智能电视通过激活入网，另外2.6亿台传统电视和未激活的智能电视通过IPTV、OTT盒子等联网。国家广电总局先后颁发了七张互联网电视牌照，智能电视只能与上海百视通、浙江华数、芒果TV等七家牌照方进行合作，才能进行互联网影视播放。随着媒介融合与混合所有制改革，有视频业务的互联网公司纷纷与牌照方联合投资或战略入股。未来电视是中国网络电视台、腾讯和中国数字图书馆共同投资创立；银河互联网电视有限公司由中央人民广播电台、江苏省广播电视总台和爱奇艺共同发起成立；阿里巴巴战略入股浙江华数传媒；优酷土豆战略入股国广东方。视频网站通过与互联网电视牌照方的战略合作，完成向智能电视等多屏播放的布局。此外，腾讯注资TCL雷鸟，腾讯、百度和爱奇艺投资创维的酷开网络，华人文化、中央人民广播电台、腾讯和阿里巴巴等共同打造微鲸电视等。中国网络电视台与上海盛大网络发展有限公司达成战略合作，将其内容资源输往盛大，此前腾讯也战略入股了盛大游戏。国有广电传媒、互联网企业、智能电视和智能手机生产商相互或混合投资、战略合作，有利于影视内容由单屏向多屏传播战略转型。

长于内容生产的传统媒体往往缺乏科技创新基因，在网络科技与媒介融合驱动下，传统媒体与互联网企业的合作不断深化。比如人民网与腾讯、歌华有线等联合成立人民视听科技有限公司，推出视频客户端"人民视频"，联合全国党媒发布新闻资讯类短视频和直播内容，实现了实时播报和一键分发。新华社旗下的新华网、中国经济信息社与阿里共同投资成立新华智云科技有限公司，利用"媒体大脑"技术，推出智能生成的新闻视频。此外，传统媒体《河南日报》与百度联合推出的服务平台"河南·百度"，这也是百度与地方媒体共同打造的第一家地方门户网站；河南日报报业集团还与阿里巴巴共建媒体云，进一步推广移动端的新闻资讯服务。上海报业集团与百度合作，联合运营百度新闻上海频道。四川日报报业集团与阿里巴巴联合，共同打造跨屏产品封面新闻，不断推出视频、直播、短视频等新业务。腾讯也以投资、参股、收购等方式，深度参与媒体融合进程，直接或间接地拥有了30多家省级传媒集团的股份。"中国大多数省级媒体集团和腾讯合作建立了大网系列，如新华日报大苏网、南方日报大粤网、湖北日报大楚网、重庆日报大渝网、河南日报大豫网等，党报资本运作形成了新局面。"[1]

互联网新兴传播技术发展迅速，移动直播、短视频、虚拟现实、智能生产视频、智能算法推荐等新技术带来各种新传播业态，导致连接用户的传播渠道甚至传播格局发生重大变化。互联网新闻信息传播商业化、市场化的发展，在为用户赋权的同时，也为商业资本累积与扩张提供了便利，最终会导致互联网新媒体市场由自由竞争走向垄断竞争。西方国家互联网传媒市场高度垄断的事实说明，资本集团追逐垄断利润、控制竞争是市场走向垄断的内在动力，而高科技的开发、应用与迭代加快了这个过程。安邦咨询首席研究员陈功认为："以百度、阿里巴巴、腾讯为代表的互联网

---

[1] 张晓红、周文韬：《党报改革40年》，载张建星主编《中国报业40年》，人民日报出版社，2018。

企业，其垄断地位日益明显。""谷歌退出中国后，百度在搜索引擎市场独步天下，收入份额占市场七成。阿里巴巴占据我国网上交易量的 80%。"①腾讯的微信全球合并用户数超过 10 亿人，占中国总人口的七成以上，QQ 的月活跃账户数仍超 6 亿人。具有外资背景的民营资本集团在电商、社交、媒体资讯、移动支付等领域已处于支配地位，甚至有人认为，这种支配地位已形成中国最重要的信息基础设施之一。"在信息资讯市场上，腾讯、微博控制了社交流量，百度勒住了搜索入口，今日头条占据了新闻分发的头部，几乎所有政府媒体的影响力都必须建立在它们所提供的平台上。"②为此，国家公布《关于平台经济领域的反垄断指南》，以预防和制止平台经济领域的垄断行为，维护消费者利益和社会公共利益。③

全球市场经济环境下，由自由竞争发展为垄断竞争，这是市场发展的必然趋势。互联网产业竞争中存在明显的"马太效应"，跨国公司由追求产业竞争绩效向追求垄断绩效转变。因此，在互联网信息传播市场，由市场竞争形成的垄断地位与法律意义上的反垄断判断标准并不一致，形成市场支配地位与是否滥用市场支配地位是两者不同的关注重点。世界上有结构主义和行为主义两种反垄断规制理念，结构主义主要通过测量垄断主体的市场份额或对市场价格是否具有控制地位。而行为主义既要考察主体的市场份额，也要考察市场主体是否具有反垄断法所禁止的违法行为，市场支配地位本身不违法，而利用市场支配地位限制竞争则违法。④ 在互联网领域，全球反垄断理念由结构主义向行为主义转变。我国互联网领域的反垄断司法实践也非常审慎，强调反垄断法"所关注的重心并非个别经营者的利益，而更关注健康的市场竞争机制是否受到扭曲或者破坏"⑤。但是谁也无法

① Chen Gong, "Google Tax Can Be Used to Curb Chinese Internet Monopolies", *Global Times*, 2015, pp. 12-14, http://www.globaltimes.cn/content/958400.shtml?from=groupmessage&isappinstalled=0.

② 吴晓波：《民营经济与"新半壁江山"》，新浪网，http://finance.sina.com.cn/zl/2018-11-07/zl-ihmutuea7716944.shtml。

③《国务院反垄断委员会关于平台经济领域的反垄断指南》（国反垄发〔2021〕1号），中央人民政府网站，http://www.gov.cn/xinwen/2021-02/07/content_5585758.htm。

④ 肖叶飞：《传媒产业所有权融合与反垄断规制》，《国际新闻界》2013年第4期。

⑤ 张雨：《最高法院公开宣判奇虎诉腾讯垄断纠纷上诉案》，人民网，http://legal.people.com.cn/n/2014/1016/c42510-25847888.html。

否定，市场份额仍然是检验特定企业市场力量或者说企业权力的重要指标之一。根据我国《反垄断法》第十九条第一款规定，"当一个经营者在相关市场的市场份额达到二分之一"时，可以推断该经营者具有市场支配地位。

大众传播革命和现代技术革命互为因果，人们得到的信息传播服务越来越快捷和生动，数量、种类和速度也持续增加。伴随这个过程的是资本的不断累积与传播媒介的集中化、垄断化程度加深。"新闻媒体转制为企业，意味着主导新闻市场的游戏规则和主导其他商品市场的规则是一样的，即经济规律。""如果公共话题的新闻产制不再能为资本增值，或者不再能像以前一样那么有效率地为资本持续增值时，那么公共话题的新闻会在媒体上被压缩，事实上这既是逻辑推论，也是国内媒体改革过程中的现实。"[①] 比如娱乐、服务类信息生产制作部门在传媒组织架构中不断扩张，各种娱乐资讯、真人秀节目掩盖的是严肃的调查性新闻的日益颓势。毫无疑问，传媒市场的资本结构性变化最终会影响其输出的内容结构。在传媒融合与混合所有制改革的背景下，要处理好现代股权资本结构与舆论导向的问题，既促进影视文化传媒产业竞争力的提升，又严格落实党管媒体的重大方针。

三　海外运营本土化协奏

谷歌等发布的中国出海品牌五十强，华为、联想、阿里巴巴、小米、字节跳动位列前五名，腾讯是成长最快的品牌之一，由欢聚时代并购的直播平台BIGO也进入榜单，此外游戏出海企业有6家上榜，包括FunPlus（点点互动）、IGG（天盟数码）、Zenjoy（北京创智优品）、Tap4Fun（成都尼毕鲁科技）、Elex（北京智明星通）、IM30（北京龙创悦动）。英国移动游戏产业媒体评选的2018年全球移动游戏开发商排行榜前五十强中国有十家，包括腾讯、网易、IGG、莉莉丝游戏、趣加游戏、卓杭网络、友塔网络、巨鸟多多等，而2017年该排行榜中国仅有五席。尽管受到版号审批暂停的影响，但腾讯、网易2018年手游营收分别为113亿美元和58亿美元，

---

① 邓理峰：《声音的竞争——解构企业公共关系影响新闻生产的机制》，中国传媒大学出版社，2014，第3页。

开发出《王者荣耀》《荒野行动》等风靡全球的游戏作品。全球手游市场开始向细分领域和创新玩法转向，有的出海企业靠单一爆款进入排行榜，有的是在游戏玩法和推广上有创新突破。

在出海游戏带动下，移动直播和电竞也发展迅速。上海沐瞳科技成功将其官方职业联赛 MPL 引入印度尼西亚、印度等东南亚国家。菲律宾将电竞首次作为正式奖牌项目纳入 2019 年菲律宾东南亚运动会，沐瞳科技的《无尽对决》（英文名 *Mobile Legends：Bang Bang*）作为东南亚流行手游入选比赛项目。游戏企业在海外本土化适应积累了不少经验，在创新体验和玩法的同时，尽量贴近当地市场、文化、宗教甚至移动网络。有些发展中国家的手机相对落后，网络流量少，利用技术做小的游戏包，以及不同语言版本的游戏，使之适应当地低端手机。

无论是国内还是海外市场，各国政府都重视对青少年身心健康的保护，对网络短视频、移动直播、游戏客户端不断加强监管。2019 年 3 月，印度一些地区暂时下线 PUBG Mobile（腾讯旗下游戏），原因是该游戏场面暴力且用户容易上瘾。国内《人民日报》、新华社也曾批评《王者荣耀》对未成年人造成不良影响。短视频、网络直播等内容型产品出海需要符合各国监管法律法规相关规定。TikTok、Bigo Live 这些在海外备受欢迎的网络短视频和移动直播平台因非法收集儿童数据、用户上传违法内容等先后在美国、印度、印度尼西亚等地遭遇过挫折。这些出海的网络服务商一再声称与当地代理机构的合同规定禁止展示非法内容，主播应该对表演内容负全部责任。为应对当地政府监管，他们开始扩充内容审查团队，实施全天候的内容和评论审核。美国加州大学调查发现，在移动网络平台分发的上千款客户端涉嫌违反美国《儿童在线隐私保护法案》，该法案要求在线网络服务商收集 13 岁以下儿童的个人信息前，须得到其父母的验证及同意。

随着互联网与广播、电视、电影等传统媒体的深度融合，传统的电视节目和电视剧等在海外传播过程中日益重视借助互联网来实现对年青群体的精准传播。蓝海电视是专注于中国内容全球传播的非官方英文媒体，传播方式既有卫星电视、有线电视，也有网络电视、手机客户端和全球视频发行平台，覆盖亚洲、欧洲、北美等一百多个国家和地区，有线落地英国、美国等 20 多个国家，开创了中国对外传播的新模式。由于文化背景、思维方式、风俗习惯的差异，聘请外国本土的传媒人进行策划、包装、制作也是运营的方式之一。在与西方媒体的竞争中，内容选择上要适应海外观众，表达方式要符合西方受众习惯。"中国内容，西方表达"。中国国际广播电台希伯来语部拍摄制作的以中国旅游文化为主题的系列节目《玩转中国》，每集 5 分钟，在以色列最大门户网站 WALLA！首页及旅游频道主页播出，累计视频浏览量 9000 万次，而以色列总人口仅 800 多万人。央视北美分台推出了三集视频系列作品《央视记者王冠详解南海仲裁》。针对西方媒体的片面报道，央视记者王冠就所谓南海仲裁事件在电视上公开与美国专家激烈辩论，国内央视新闻、优酷、新浪视频、微博、微信等媒体也纷纷转载报道，视频观看量很快突破千万次，有效地在海内外传播了中国声音。随着各种新兴的视频网站、社交媒体以及移动客户端的强势崛起，全球受众传播渠道重新洗牌，我国对外传播也由原来过度倚重院线和电视台频道，开始向新媒体矩阵等立体传播转向。另外，对于在海外长期深耕的影视媒体而言，制定并实施清晰的传播战略非常重要。美国政府扶持的国际广播电台萨瓦台（SAWA）在中东地区开播，萨瓦台以"向阿拉伯世界受众传播美国价值观，改善美国在中东地区的形象，赢得阿拉伯世界民心"为宗旨，并将传播目标定位于阿拉伯世界年轻一代。[①] 经过多年的受众市场培育，萨瓦台不仅在中东站住了脚，而且影响力超越了传统的美国之音，从中可以看出美国媒体在海外传播有着清晰而精准的传播战略。

　　文化折扣是影视产品海外传播过程中不可避免的问题。不同地理区域的观众对于国外进口的影视产品中的价值观、历史、风格、信仰、社会制度和行为习惯等缺乏必要的了解，或难以认同，会影响或降低影视作品的吸引力、传播力或感染力，产生传播过程中的损耗即文化折扣现象。配音与字幕的使用尽管能在一定程度上减小文化折扣，但语言翻译后可能失去原有的神韵，由此带来的观影体验可能完全不同，因此这不难解释为何在

---

①　马为公：《从美国 SAWA 台到中国 CRI——关于精准传播的实践与启示》，《对外传播》2016 年第 8 期。

国内票房很高的影片在海外却常常遇冷。2016 年中国电影《大唐玄奘》参与角逐奥斯卡最佳外语片奖，由于电影中大量佛教语言没有翻译，导致外国人很难看懂。因此，东西方的思维方式、语言文化甚至观影习惯等，都会深刻影响影视作品的审美体验。从文化群谱的角度看，在跨文化传播时，除了传授两者核心文化价值相同或相近以外，围绕核心文化还存在一个"可接受范围"，它包括"交流中的关注点、诉求点、激动点、疑问点、兴趣点或吸引力点等，传播主体抓住这些交流点，就能赢得'可接受范围'，讯息就不会遭受抵制或排斥，跨文化传播才能顺利进行"①。中外联合制作有利于准确把握影视作品的定位，提高作品传播的精准性，这是减小文化折扣的重要方式之一。针对海外特定人群的影视作品，我国也可与目标国家的相关机构或公司展开合作。湖南电视台与哈萨克斯坦、英国公司合作，制作的电视节目《歌手》在哈萨克斯坦、英国等国家主流媒体广泛传播。

从价值链理论看，影视产业包括市场目标受众分析、节目模式研发、影视制作、销售流通、院线播出以及衍生品开发等环节。在影视文创出口产业集群的基础上，影视企业要在价值链的某些特定环节上提升和保持竞争优势，培育和增强核心竞争力。随着出海企业的增加，我国还需要不断完善海外贸易配套的各种专业服务，比如为海外版权保护和纠纷提供国际法律服务，设立专门的影视国际贸易信息平台，包括建立分级分类的影视版权数据库，为国际传播和对外贸易提供有效的平台支持。

本章小结

为了实现经济和社会发展目标，政府通过制定产业发展规划、产业扶持计划、项目审批政策、投资清单以及财政税收、货币金融等政策对网络视听产业的建设和发展进行引导、扶持和调控。根据《文化产业振兴规划》《中共中央关于繁荣发展社会主义文艺的意见》《国务院关于加快发展

---

① 何晓燕：《从点击的量到传播的质：中国电视剧海外网络平台传播研究》，《现代传播》2018 年第 6 期。

对外文化贸易的意见》等国家政策规定，国家鼓励各种类型的市场主体展开公平竞争和优胜劣汰，推动影视文化资源在全国市场流动和配置；推进国有广播影视企业现代公司制改革和股份制改造，允许有条件的企业探索混合所有制改革试点，允许影视文化上市公司跨地区、跨行业、跨所有制的并购重组。政府创新财政资金投入与管理，从专项转移支付转向政府投资基金；国家对影视文化产业扶持侧重发挥市场机制。政府对多元市场主体的网络视听产品或服务实施项目奖补制度。这些重大政策制度的创新，奠定了互联网视听产业发展的政策框架和路径选择，指明了各类市场主体参与产业发展的评价与激励机制。

互联网科技企业等现代工商企业具有其本身的生命逻辑，"随着大企业的成长和对主要经济部门的支配，它们改变了这些部门乃至整个经济的结构"。[①] 我国互联网产业在发展中出现腾讯、阿里巴巴、百度、字节跳动等具有较强国际竞争力的大型互联网科技集团，它们在提升视听产品国际竞争力的同时，也带来一系列外溢效应。网络视听产业市场的资本结构最终会影响其输出的内容结构。在传统媒体与现代互联网科技公司深化融合以及混合所有制改革的背景下，需要处理好现代股份公司内部治理结构与视听产品舆论导向之间的平衡，做到既促进网络视听产业发展，又贯彻落实党管媒体原则，既激励网络科技企业产品创新，又督促其履行与之匹配的社会责任，政府需要在法治框架下充分发挥财税、金融、价格等经济性监管工具的效能，实现经济性监管体制和机制创新。

---

① 〔美〕小艾尔弗雷德·D. 钱德勒：《看得见的手——美国企业管理革命》，重武译，商务印书馆，1987，第8、11页。

第五章　新媒体视频行业监管

　　各国在推进监管型国家建设的过程中，政府监管的局限性也显现出来。伊恩·艾尔斯和约翰·布雷斯维特的回应性监管理论认为，政府唱"独角戏"的监管模式或完全依靠市场调节的监管方式，"都难以获得最佳的监管质效"，由此提出"混合政府监管和非政府干预手段的第三条道路，核心内容是强调监管主体和监管手段策略的多样化"①。现代监管主体不再局限于单一的政府机构，非政府组织、其他社会力量也参与协同治理，也就是说新媒体视频需要政府、行业、企业、社会等监管主体联合共治。由于网络的开放性，政府监督的边际成本越来越高，行业或企业自律就日益成为互联网信息传播控制中的重要议题。从经济学理论看，后者也同时实现了部分监督成本的转移。在互联网平台经济中，新媒体平台在运营中实际承担了传统媒体把关人角色，这从微信、微博对平台上传统媒体机构或自媒体账号所采取的删除、封号、禁言等举措可以看出。平台经济监管的主要问题在于存在政府和平台企业两个监管主体，这与以传统的政府监管为主的监管架构不匹配，容易造成平台经济中常常出现的过度监管或监管缺位现象，由此有学者提出"政府监管平台企业，平台企业监管市场"的双重监管体系。② 也就是说随着网络平台经济的兴起，政府由直接监管向间接监管转型。

---

① 刘鹏、王力：《回应性监管理论及其本土适用性分析》，《中国人民大学学报》2016 年第 1 期。
② 冯骓、王勇：《平台经济下双重监管体系的分类监管研究》，《现代管理科学》2018 年第 12 期。

第一节　平台约束机制创新

与网络平台对应的概念是网络中介，它包括网络服务提供商和网络内容提供商。根据《互联网信息服务管理办法》，"互联网信息服务提供者应当向上网用户提供良好的服务，并保证所提供的信息内容合法"。[①]其中规定了互联网信息服务提供者禁止传播的内容。国家以法律法规的形式，明确社交网站、搜索网站、视频网站、新闻网站等网络平台在内容生产与传播方面的法律义务和责任。网络平台不仅自身不能生产制作含有这些明令禁止内容的视频，对平台内各类机构组织或企业以及自媒体用户生产或上传的相关内容，也有审核信息传播的义务。法律法规要求平台承担"把关人"责任，扩张平台的法律义务，推动平台责任认定法治化。但是，这也强化了新媒体平台的传媒权力，这种传媒权力甚至在某种程度上可以转化为经济权力，同时赋予网络平台某种程度的监管者的角色功能。

一　平台内容把关机制

传统的把关人理论认为，把关人"决定哪些消息可以流通，从而促进或限制了信息的传播"[②]。把关主体是那些在媒体机构中从事新闻信息决策工作的记者和编辑人员。在现代数字化传播空间，网络平台、算法、个体和其他商业机构在不同程度上也被赋予了信息传播决策权。

1. 平台合规性自查

随着信息网络内容管理与安全管理法律法规的日益完善，在政府行政执法部门的监督要求下，网络平台纷纷开展违法违规内容的自查清理，这往往形成一种动态的内容把关的倒逼审查机制。2018年4月，优酷、爱奇

[①]　《互联网信息服务管理办法》（根据2011年1月8日《国务院关于废止和修改部分行政法规的规定》修订），国家网信办网站，http://www.cac.gov.cn/2000-09/30/c_1261937 01.htm.

[②]　阮立、朱利安·华勒斯、沈国芳：《现代把关人理论的模式化——个体、算法和平台在数字新闻传播领域的崛起》，《当代传播》2018年第2期。

艺、搜狐视频、腾讯视频等视频平台先后开展大规模的内容自查与清理。优酷联合网络电影公司对平台内的在线网络电影进行自查，重点清查封建迷信、价值观导向偏差、过度展示阴暗面、篡改名著及歪曲历史人物等内容的影片。搜狐视频通过集中自查，主动下线存在问题或涉嫌违规影片139 部。爱奇艺通过平台自查和片方自查，下线了 1022 部网络电影，包含年度票房榜上排名前列的《血战铜锣湾 3》，自查清理整顿的力度大。视频网站通过对照自查，网络电影、网络剧、网络综艺等作品内容的自审把关能力进一步提升。

短视频平台也按照同一标准进行自查。抖音、快手、火山小视频、秒拍、一直播、西瓜视频、斗鱼等短视频平台纷纷开展自查自纠。2018 年 10 月，抖音平台开展视频内容集中自查，累计清理视频 4.3 万条、音频 3.5 万个，永久封禁 5.1 万个账号。2018 年 7 月，快手平台平均每天自查清理各类违规短视频 39 万条，处置违规直播间 2.9 万个；平均每天受理举报 9.8 万条，封禁账号 1.3 万个。这些自媒体账号主要存在版权侵权、色情低俗、辱骂谩骂、造谣传谣、垃圾广告等涉嫌违法违规内容。

移动直播、社交平台内容传播的隐蔽性和立法的缺位使得部分平台成为监管洼地。目前大多数网络社交平台采取的身份认证机制，并不能完全做到对未成年人的实名认证。未成年人可利用成年人的身份信息注册登录，以逃避平台监管。社交平台企业内容审查不到位，纵容低俗内容的生产和传播，也成为滋生未成年人犯罪的温床。对此，政府部门应加大对网络直播平台、社交平台的执法监管力度，压实网络直播、社交平台主体责任。①

2. 健全内容审核机制

按照"线上线下同一标准"，网络视听内容审核标准日益严格与细化。根据《电影产业促进法》《互联网信息服务管理办法》《互联网视听节目服务管理规定》《电视剧内容管理规定》等政策法规中有关内容审查的规定，行业协会和网络平台进一步落实并制定具体标准。中国网络视听节目服务协会制定发布《网络视听节目内容审核通则》《网络短视

---

① 通过中国社会科学院大学王凯山博士对中青网新媒体中心负责人杨月的采访。

频内容审核标准细则》等。互联网不同类型视频内容的审核标准日益清晰。网络平台、影视制作公司等市场主体根据这些行业标准进行自律把关。

网络平台的内容审核一般采取人工审核与人工智能审核相结合。智能算法不仅可以进行个性化信息推荐，还可以进行内容监测与内容审核，今日头条、微信等平台通过智能算法甄别假新闻和谣言，也可以通过人工智能技术，自动识别各类视听场景中色情、暴恐、垃圾广告等违法违规内容，提高审核效率。百度 AI 智能内容审核系统、网易易盾内容审核系统等开放性平台也不断开发出来。人民网与中科院自动化所合作研发的"风控大脑"平台，运用人工智能帮助互联网企业审核把关信息内容的政治方向和舆论导向，防范与控制内容风险。但是现阶段，人工智能的内容审核远远无法满足现实多样化的意识形态控制需求，行业需要大量具有专业素养的人工审核人员对视频内容进行人工审核。脸书在全球拥有超过 15000 人的内容审核队伍，今日头条的内容审核团队超过 10000 人，快手也迅速将人工审核队伍扩充到 5000 人。如果按照中国网络视听协会公布的《网络短视频平台管理规范》，"原则上，审核员人数应当占本平台每天新增播出短视频条数的千分之一以上"，那么，快速发展的网络平台应该相应增加审核员队伍数量。

"内容审查员的主要目标和使命就是清理脏东西。"一位从事网络审查的外包公司员工说，内容审核员主要是对平台用户上传的视频内容进行逐一浏览，查看是否存在违法违规的敏感内容，如出现相关内容则要分类整理，并上传报告或报相关部门进一步处理。他们的审核规则来自公司规定，当然公司规则并不与行业协会的内容审核标准相冲突，但在实际操作过程中审核规则还是体现了不同公司的特色，有些模棱两可的内容，判断时往往带来些许个人因素。这些"网络清道夫"工作秘而不宣，国内短视频平台审核员一般不愿接受公开采访。他们对用户生产的视频握有生杀大权，履行过去总编辑的签发或删除权力，工作重复、单调、枯燥。各视频平台还有每天工作量的规定，头部平台内容审核员每天审核的短视频量大约 700 条。有些审核员"每天要浏览千条以上的视频，其中不乏色情淫秽视频"。他们的工作"不仅需要看，还需要与上传淫秽内容的用户斗智斗勇"。^①首次披露网络审核员工作真实现状的纪录片《网络审查员》中的审核员要快速对脸书或谷歌平台上的图片或短视频做出"保留"或"删除"的决定。审核员可能面对用户上传的各种暴力、血腥、色情视频，遇到此类视频尽管每次都不想看完，但审核工作要求必须完整浏览后给出评判。心理学家称长时间浏览暴力、色情视频内容的审核员往往出现不同程度心理障碍。

如果认为审核就是简单地删除违规内容，没有任何技术含量，那就大错特错了。"它是一个需要细腻手段，并要拥有高度的政治敏锐性才能做好的工作。具体总结为三个要点：审什么不审什么；先审什么后审什么；审到什么程度。这三者，关系到对底线的判断、对内容的划分、对效率的把握。"^②移动直播平台映客创始人奉佑生在出席世界互联网大会时提到，智能技术审核非常发达，但是准确率在90%，为了化解10%的风险，映客在长沙组建近千人的审核队伍，投入资金上亿元，以确保内容合规。

为了落实先审后发制度，平台企业通过建立审核机制，完善审核流程，加强视频内容的质量把关。微博、快手等平台在用户协议中公开声称有权对用户上传、发布的信息内容进行审查监督。快手平台实施"四审三查"制度，"四审"指上传前预审，入库前、发布前和发布中分别进行内容审核。第一次审核依靠人工智能判断，第二次审核开始引入人工。"三查"指的是全程官方巡查、全程用户监督、内外监控体系。但是与日均上千万的短视频上传量相比，几千人的审核队伍工作有时还是捉襟见肘。梨视频实施全流程管理，拍客从报题、派题开始就进入内容筛选，从拍客拍摄、上传视频素材到作品发布，往往要经过九个环节或流程，即上传素材、审核素材、派单、接单、在线剪辑、提交稿件、稿件审核、自动化包装、打款和分发。其中一些重要环节由专业人员把关或审核。梨视频在各新闻区域设立拍客主管，拍客素材上传后首先经过主管和统筹的审核，有料的素材分派给编客剪辑；剪辑好的视频完善标题和摘要后由编客管理员

① 孟天宇：《这个95后女孩，做起了网络"清道夫"，每天看上千条视频，还互联网"一方净土"》，舜网，http：//news.e23.cn/jnnews/2020-05-04/2020050400035.html? spm=0.0.0.0.U0RkDv。
② 吴晨光：《定义内容生态》，https：//dy.163.com/article/EF2OIIFC05198R91.html。

统筹审核和定价；最后节目包装后由主编签发。梨视频借鉴传统电视节目审核流程，由自由拍客和专业编辑、策划协同内容生产，既降低成本又容易把控风险。爱奇艺、腾讯、优酷、搜狐等平台对网络电影、微电影开展早期项目评估服务，与网络电影制片方合作，从制作前期就介入评估服务，既可以集中资源扶持优质项目，减少投资风险，又能够从剧本开始对接内容审核，从产业链角度打通生产到营销全过程协作。

从现有的法律规范以及行业自律规制看，不断强化网络平台对其用户生成内容的责任，要求网络平台普遍地主动监管用户行为与内容。广泛借助网络平台企业审查用户内容，不仅增加企业运营成本，抑制企业创新能力，而且审查标准的模糊性还会导致对用户权益的侵蚀效应，以及突破比例原则约束、缺乏正当程序保护、合法性约束淡化、对监管部门难以问责等问题。[1]

二　服务协议约束机制

网络平台的私权力来源于用户协议或服务条款。通过协议条款，法律规范这种公共性质的、抽象的社会契约部分被私人性质的、具体的私人契约所替代。网络平台权力的正当性来源于合同法规则，这使得其权力相对于法律规范在网络空间更加凸显，更为直接。[2] 腾讯、优酷、爱奇艺、梨视频、虎牙直播、微博等网络平台分别发布了用户协议或服务协议，用户通过点击等方式接受事先拟定的格式化合同条款，或默认"使用即同意"规则。如某平台在用户协议中规定："运营方通过各种方式（包括但不限于网页公告、系统通知、私信、短信提醒等）作出的任何声明、通知、警示等内容均视为本协议的一部分"，用户如使用该等服务，即"视为用户同意该等声明、通知、警示的内容"。[3] "使用即同意"的原则在网络平台中或明或暗普遍采用。用户协议中这种单向度条款显然有有失公允之嫌。

---

① 赵鹏：《私人审查的界限——论网络交易平台对用户内容的行政责任》，《清华法学》2016年第6期。
② 张小强：《互联网的网络化治理：用户权利的契约化与网络中介私权力依赖》，《新闻与传播研究》2018年第7期。
③ 《微博服务使用协议》，第4.11条，https://weibo.com/signup/v5/protocol。

在实践中，这些动态的用户协议又被称为服务协议、管理办法、平台规则、政策声明等。比如《爱奇艺服务协议》包括服务使用规则、用户内容的上传与分享、用户个人信息保护、知识产权、广告与第三方链接、责任限制、服务的变更和中断/终止、账号注销、未成年人条款等内容。《虎牙平台规则》包括《隐私政策》《虎牙公会服务协议》《虎牙公会违规管理办法》《虎牙版权保护投诉指引》《用户服务协议》《虎牙主播违规管理办法》等六个具体规则。随着法律规范、责任事故等外部环境的影响，网络平台对用户协议获得了实质性的单方修订变更权。一般来说，用户协议包括服务条款、隐私声明、版权声明、违规处罚等内容，有的平台将这些内容分别制定管理规则，有的笼统地在用户协议中加以规定。协议中的用户权利分别体现在服务条款、隐私声明、版权声明中。

1. 服务条款

在自律机制中，网络平台为落实法律规定的主体责任所制定的服务条款，对于平台上各类内容创作者、发布者、传播者，包括寄生在平台上的商业机构、自媒体和用户均具有约束功能，是平台自律和他律的集中体现。服务条款中最重要的是依法细化的禁止性网络内容和行为，重申《互联网信息服务管理办法》等法律规范中规定的"七条底线""九不准""十严禁"等规定。如不得制作、发布与传播"反对宪法确定的基本原则的""危害国家安全，泄露国家秘密，颠覆国家政权，破坏国家统一的"信息内容。有些网络平台协议对信息传播内容的规定更加详细，对用户的约束范围更大，给予平台更多的自由裁量权。如《虎牙主播违规管理办法》中对主播要求：严禁直播涉嫌封建迷信、低俗炒作、传播负能量、违背社会主流价值观、违反社会公德的内容，例如探灵、法事现场、算命卜卦等；严禁未经舞蹈认证的主播在直播间跳舞；严禁直播镜头前公然抽烟；严禁在床上直播等。优酷《用户服务协议》中规定的禁止行为包括：发送未经同意或授权的垃圾电邮、广告或宣传资料；未经许可使用平台服务用于商业用途；跟踪或骚扰他人；参与非法活动或交易，包括传授犯罪方法、出售非法药物、洗钱、诈骗、赌博等。

用户协议中的约束规则主要体现在用户行为的违约责任，腾讯视频、爱奇艺、优酷、快手、虎牙直播等用户协议中均有相似条款，有的平台对处罚措施进行了分类说明。根据相应的格式化条款，网络平台可以单方行使删除、屏蔽信息内容或暂停使用、查封、注销账户、扣划违约金等处罚。

2. 隐私协议

网络平台依法制定翔实的隐私声明，是互联网企业践行行业自律、保护网民隐私的重要举措。在隐私权以行业自律保护为主的美国，隐私在线联盟对网站隐私声明或隐私政策有明确规定，包括资料收集的通知、信息披露的政策、资料收集的目的、同意收集的数据、所收集的数据的安全、用户对数据的访问等内容。[①] 腾讯视频、虎牙直播、爱奇艺、优酷、梨视频等平台公布了单独的隐私声明或隐私保护指引，个别网络平台的隐私协议被包含在用户协议中。虎牙直播公布的《隐私政策》包括如何收集和使用个人信息，如何委托处理、共享、转让和公开披露个人信息以及如何保护个人信息等内容。《爱奇艺隐私政策》中关于个人信息权利包括访问权、更正（修改）权、删除权、索取权、撤回同意权、注销权以及提前获知产品与（或）服务停止运营权。腾讯视频公布了《隐私保护指引》，同时受腾讯的《隐私政策》条款约束，后者指明收集哪些个人信息、收集信息用途以及用户权利等内容。《隐私政策》声称收集个人信息用来提供个性化服务、推荐广告和资讯、软件升级以及产品开发和服务优化。但是，有些平台在隐私政策中未将"用户权利"和"儿童隐私保护"这两项重要内容突显，少数平台对隐私声明仍然不太重视，隐私政策流于形式或用于责任豁免。

"前台匿名，后台实名"，这是网络平台通行管理方法。用户使用不仅要实名登记身份证、手机号、银行账号等个人信息，而且在平台上的点击、浏览、点赞、评论等痕迹都会被后台记录。虎牙直播《隐私政策》中提到"出现违反法律法规或严重违反虎牙相关协议及规则的情况，或为保护其他用户或公众的人身财产安全免遭侵害"时，可以公开披露个人信息及其违法违规行为，因此，平台协议对用户行为具有明显的单向制约效果。

---

① 徐敬宏、赵珈艺、程雪梅、雷杰淇：《七家网站隐私声明的文本分析与比较研究》，《国际新闻界》2017年第7期。

3. 版权保护

通过用户协议或版权声明，我国著作权法保障实施的著作权在事实上转变为网络平台与权利人之间的某种契约，网络平台、著作权人和社会公共利益之间的平衡转变为网络平台的自律约束。这种自律约束在数字版权环境下往往会产生新的权利不平衡。用户协议中涉及知识产权条款或单独的版权声明，内容主要包括两方面：一是明确网络平台、权利人的知识产权归属，二是强调用户对平台的授权，往往默认"使用即授权"。各网络平台一般声称，除法律特别规定相关版权属于用户等相关权利人外，所有内容的知识产权归属平台；有的还罗列免责条款、处置条款、代理维权条款、责任条款等。梨视频在《版权声明》中称，旗下所有内容"为梨视频及/或相关权利人专属所有或持有"。还推出免责条款，"梨视频对于用户所发布或由其他第三方发布的内容所引发的版权、署名权疑议、纠纷，不承担任何责任"。梨视频在《用户协议》中称，使用该平台上传、发布内容即"同意在全世界范围内，永久性地、不可撤销地、免费地授予梨视频对该内容的存储、使用、发布、复制、修改、改编、出版、翻译、据以创作衍生作品、传播、表演和展示等权利"。① 虎牙在用户服务协议中称，用户发布上传的文字、图片、音视频、软件以及表演等知识产权归用户，但用户的发表上传行为是对虎牙平台的授权，即非独占性、永久性地授权给虎牙，该授权为可转授权。《微博服务使用协议》中声称，微博运营方是平台及产品中所有信息内容的所有权及知识产权权利人，有法律明确规定的除外。为更好地维护微博生态，微博可以任何方式处置平台享有所有权及知识产权的产品或内容，包括但不限于修订、屏蔽、删除等处置方式。2017年微博因用户协议中用户原创内容版权归属及处置问题引发社会广泛关注。从网络平台的版权条款看，过于强调平台的版权保护及其商业利益，往往忽视用户相关权利。

服务协议作为一种约束机制，既是对用户行为进行约束，同时也体现网络平台自律精神。其"深层意义则是倡导一种网络主流价值观，它体现

---

① 梨视频：《用户协议》，第4.1条，https：//www.pearvideo.com/useragreement.jsp。

为以自主自律、互惠互利、互相尊重为核心的网络精神"。① 网络平台上的服务规则属于私人间协议，以意思自治为原则，但是实践中网络平台在规则制定上占据优势地位，导致用户协议在权利义务分配中向平台倾斜，为平台提供更广泛的责任豁免和版权利益。甚至有学者认为，使用脸书等网络平台会导致国际人权侵犯，特别是文化权利、社会权利、自决权、政治权利和健康权的侵犯。②

三　内容审核外包机制

服务外包是指"企业为了将有限资源专注于核心竞争力，以信息技术为依托，利用外部专业服务商的知识劳动力来完成原来由企业内部完成的工作，从而降低成本、提高效率、提升企业对市场环境的应变能力并优化企业核心竞争力的一种服务模式"。③ 随着全球产业链的分工与重新配置，服务外包产业日益发展，逐渐影响作为现代信息产业之一的互联网传媒产业分工与流程再造。

根据行业协会制定的内容审核标准以及网络视频导向的内在要求，目前的人工智能审核对"三俗"等各种具体而复杂的情况难以有效过滤和把关，而大量增加人工审核人员无疑会大幅增加企业运行成本。面对日益增加的用户上传视频，每一条都要进行完整的浏览和人工审核，劳动强度可想而知。纪录片《网络审查员》里接受采访的几位网络内容审查员均来自菲律宾，为脸书或谷歌这些大公司服务。但脸书或谷歌声称其在菲律宾马尼拉没有一位员工，实际上这些内容审查员都来自第三方外包公司。他们时薪仅1美元，每天却要审核25000幅图片内容。大公司在进行国际化分工合作的同时，也把这种高强度的劳动和需要承担的社会责任甩给发展中国家劳工。

在智媒体时代，网络平台不断升级和完善智能化内容审核把关系统，

---

① 钟瑛、刘海贵：《网站管理规范的内容特征及其价值指向》，《新闻大学》2004年第2期。
② Alexander Sieber, "Does Facebook Violate Its Users' Basic Human Rights?", *NanoEthics*, 13.2 (2019).
③ 苏武江、齐延信：《服务外包理论趋势及策略选择》，《中共珠海市委党校珠海市行政学院学报》2010年第1期。

使用人工智能技术进行风险内容筛查，同时建立与信息内容服务业务规模相适应的人工审核队伍。但是面对多元信息来源和难以预估的传播风险，新媒体内容服务提供商寄望引入权威、公正、专业的第三方内容审核机构进行风险管理，通过引入专业服务外包商提升市场竞争力。

人民网率先建设智能化"内容审核云平台"，还为其他平台提供内容审核服务，通过投资入股、战略合作、承接外包等形式做大做强互联网内容审核产业。人民网与铁血科技、量子云科技有限公司等签署协议，承担后者的内容审核业务。人民网还承接腾讯视频、咪咕等多家互联网企业内容风控管理业务。人民网凭借强势媒体品牌和良好的内容风控体系，帮助互联网企业有效地管控内容风险。第三方内容审核已成为人民网发展最快的业务板块之一。内容审核外包机制，"对铁血科技等企业来说，有一个权威、公正、专业的第三方机构为内容风险管理提供服务，属于优势互补。可发挥媒体在政策把控精准、审核人才丰富、培训体系完善等方面的优势"。①

互联网内容风险管理呈现多种合作模式。有些互联网公司通过特殊管理股制度改革，引入信息内容管理强势品牌，内容审核外包逐渐内化为战略合作。国家鼓励在传媒等特定领域探索建立特殊管理股制度。特殊管理股率先在未公开上市的互联网内容提供商和新三板挂牌的互联网公司试点，如北京文投集团参股一点资讯、人民网参股北京铁血科技等。互联网企业可以通过战略引入特殊管理股，构建内容风控的长效机制。拥有资本、技术和平台优势的大型非公传媒集团与国有传媒合资、合作或混改过程中，可以借鉴人民视频的经验。人民网、腾讯公司和歌华有线成立视频合资公司，依靠人民网内容生产和导向把关能力，依托腾讯的技术和渠道，借力歌华有线的广泛覆盖，发力直播和短视频，让导向好、接地气的新闻产品更具穿透力地传播。

四　网络平台反腐机制

合规是企业可持续发展的重要基础。合规风险，指公司等社会组织在

---

① 中国社会科学院大学王凯山博士对中青网新媒体中心负责人杨月的采访。

内部控制和治理流程中，因未能够与法律、法规、政策、最佳范例或协定保持一致，而可能遭受的各种法律责任风险和法律制裁风险"。① 现代企业在市场竞争以及经营管理过程中可能会产生各种合规风险，包括法律上的民事合规、刑事合规在内的风险防控是企业必须着力的管理机制。《刑法修正案（九）》针对企业犯罪新增了罪名，或者增加了单位犯罪责任追究条款。因此，互联网企业加强合法合规风险的内控机制建设显得愈发重要。

有偿删帖、网络敲诈等腐败行为曾经横行一时。我国对网络诽谤、有偿删帖、网络敲诈等行为施以刑事处罚，不仅针对个人，也对企业单位追究责任。"两高"《关于办理利用信息网络实施诽谤等刑事案件适用法律若干问题的解释》第七条规定，"违反国家规定，以营利为目的，通过信息网络有偿提供删除信息服务，或者明知是虚假信息，通过信息网络有偿提供发布信息等服务，扰乱市场秩序，具有下列情形之一的，属于非法经营行为'情节严重'，依照刑法第二百二十五条第四项的规定，以非法经营罪定罪处罚：（一）个人非法经营数额在五万元以上，或者违法所得数额在二万元以上的；（二）单位非法经营数额在十五万元以上，或者违法所得数额在五万元以上的"。② 新浪网、腾讯网、凤凰网等网络平台以及北京口碑互动营销策划有限公司等公关公司均有员工涉足有偿删帖而遭到刑事处罚。在新浪网视频编辑吴某非国家工作人员受贿案、北京同科创世文化传媒有限公司赵某非法经营案中，北京朝阳区人民法院认为，吴某利用视频编辑的职务便利接受尔玛天仙公司、尔玛互动公司的委托及费用50100元，为其在新浪网推荐、发布视频，其行为已构成非国家工作人员受贿罪。同科创世公司赵某以营利为目的，接受尔玛天仙等公司委托，有偿删帖并收取删帖费 7 万元，构成非法经营罪。一审法院判处吴某有期徒刑 1年 6 个月，判处赵某有期徒刑 1 年 4 个月并处罚金。尔玛天仙公司、尔玛互动公司实控人杨某也因有偿删帖被法院以非法经营罪判处有期徒刑 4 年并处罚金。

---

① 韩轶：《刑事合规视阈下的企业腐败犯罪风险防控》，《江西社会科学》2019 年第 5 期。

② 《最高人民法院 最高人民检察院关于办理利用信息网络实施诽谤等刑事案件适用法律若干问题的解释》，最高人民检察院网站，http：//www.spp.gov.cn/zdgz/201309/t20130910_62417.shtml。

在司法实践中，互联网企业或员工有可能涉及的刑事违法犯罪行为包括非国家工作人员受贿罪、非法经营罪，还包括职务侵占罪、行贿罪、非国家工作人员行贿罪、单位受贿罪、单位行贿罪、敲诈勒索罪、侵犯公民个人信息罪等罪名。腾讯公司在线视频部总监岳某等人涉嫌职务侵占一案，深圳市南山区人民法院一审认为，岳某等人在代表腾讯与电视台合作、广告投放、电视剧采购中，将公司合同款项套取进入个人指定账户，将公司财物化为私有，已构成职务侵占行为；法院审理认定，岳某侵占腾讯公司资金 300 多万元，索要客户回扣 70 万元；一审法院判处岳某犯职务侵占罪，判有期徒刑 7 年，犯非国家工作人员受贿罪，判有期徒刑 3 年 6 个月，数罪并罚，执行有期徒刑 9 年。权力寻租、权钱交易，曾经在公权力机关、国有企业中较为常见。随着信息产业发展和企业扩张，互联网企业日益成为腐败的高发地。企业腐败行为根源于缺乏有效的监督管理机制，尤其是企业高管权力得不到有效制约。

互联网企业近年来开始重塑反腐内控机制，健全员工行为准则，成立风控反腐部门。阿里巴巴成立廉政合规部，加强整个集团公司内部腐败调查、预防与合规管理。廉正合规部职能不受阿里巴巴业务部门的干预，调查和问责权限"上不封顶"。一旦员工被认定有腐败行为，视情节轻重予以处罚，包括责令辞职、解除劳务关系、开除、甚至移交司法机关等。廉政合规部成立以来，调查发现并配合司法机关查处多起公司高管违法犯罪案件。腾讯、百度、今日头条等互联网公司内部均成立了相应的反腐机构。大型互联网企业的反腐行动，既是法治时代的内在要求，也是社会秩序的责任担当。

第二节　行业组织协同治理

行业自律是某种产业性组织针对企业及个人行为而制定、实施并监督执行的一系列规范及标准的规制化过程。[1] 作为一种自治的重要形式，行

---

[1] Lawrence J., etc., "Collaborative Standards, Voluntary Codes and Industry Self-regulation", *The Journal of Corporate Citizenship*, 35（2009）.

业自律需要借助于某种社会组织形式或行业协会来实现。行业协会作为企业权益和市场秩序的协调者和维护者，在构建良好的行业竞争与合作秩序以及促进企业合规发展中发挥着重要作用。根据中国社会组织公共服务平台的统计，全国有各级各类社会组织 80 多万个。各行业基本上成立了相应的社会组织，与新媒体视频相关的全国性的行业协会包括中国网络视听节目服务协会、中国网络空间安全协会、中国版权协会、中国摄影著作权协会、中国电影著作权协会、中国音乐著作权协会、中国音像著作权集体管理协会等，有条件的省份往往在全国性行业协会支持下建立相应的行业分会，比如北京演出行业协会、首都广播电视节目制作业协会、浙江省网络视听节目建设和管理协会、湖南省网络视听协会、上海市信息网络安全管理协会、江苏省互联网文化行业协会、横店影视产业协会等。从历史沿革看，行业协会的产生方式主要有两种："一是在政府转变职能的改革中形成，作为政府机构在行业组织的延伸""一是行业中部分企业自发组织的联合体"，以便适应市场的发展。①

从政治学理论看，权力是任何社会组织进行有效管理和运行的核心要素。一般认为，行业组织的权力来源于法律的授权、政府的委托及契约的赋予三种途径，这说明网络视听行业组织具有某种监管的权力。② 法律授权和政府委托的行业协会权力称为行业管理权，组织成员契约赋予的权力称为行业自律权。

一　完善行业自治规范

行业自律实质上也是一个规制化过程。网络视听行业要实现自我治理、自我约束、自我发展，需要构建一整套涵盖行业协会、企业、用户多方关系的民主自治规则。网络视频行业协会参与治理显示度最高的是制定行业规范和自律公约，这也是行业组织的主要职责之一。由于新媒体视频内容传播的意识形态属性，制定和监督实施网络视听内容规范成为行业协

①　胡辉华、段珍雁：《论我国行业协会自律职能失效的根源》，《暨南学报》（哲学社会科学版）2012 年第 7 期。

②　邓小兵、刘晓思：《中英网络治理的行业自律比较研究》，《甘肃行政学院学报》2017 年第 5 期。

会约束成员单位和从业人员、促进行业健康发展的重要手段。在西方发达国家，对互联网传播儿童色情、种族歧视、非法言论等内容的管控也是行业组织自律管理的重要内容。

互联网视听产品形态多样，创新变化快。虽然法律法规对网络视听信息传播有违法犯罪行为规定，但是在具体实践中，庸俗、媚俗、低俗等有违伦理道德的信息传播在很长一段时期内仍然大量存在，各业务形态的内容审核标准都是企业根据法律规定和执法监督，结合业务实践不断总结摸索出来的，从综合到细分，从粗糙到具体，日渐成熟。《中国互联网行业自律公约》要求互联网信息服务者应自觉遵守国家有关规定，"不制作、发布或传播危害国家安全、危害社会稳定、违反法律法规以及迷信、淫秽等有害信息，依法对用户在本网站上发布的信息进行监督，及时清除有害信息"。《中国网络视听节目服务自律公约》要求："不传播法律法规禁止的节目，共同抵制腐朽落后的思想文化，不传播危害未成年人身心健康、违背社会公德、损害民族优秀文化传统的节目内容。"最初的行业内容传播自律规范还比较宏观和粗略，然而《网络视听节目内容审核通则》《网络短视频内容审核标准细则》等具体标准细则的出台，基本形成较为完善的网络视听行业自治规范体系，对行业内容审核把关形成约束和业务指导。

中国网络视听节目服务协会颁布的《网络视听节目内容审核通则》，是在原有的《网络剧、微电影等网络视听节目内容审核通则》的基础上修订而成的。通则要求互联网视听节目服务单位先审后播、审核到位，建立内容播前审核制度、审核意见留存制度及工作程序，并配备与业务发展相适应的审核员及相应的审看设施。《网络视听节目内容审核通则》对国家法律法规中禁止性传播内容进行了细化阐述，有助于指导和规范平台自律和内容审核，防范内容传播风险，提升网络节目品质。从通则第八条的详细规定中可以看出行业协会对法律规范的专业诠释。

值得注意的是，《网络视听节目内容审核通则》包含罚则。针对会员单位或行业机构、人员的违规行为，可以进行通报批评、取消会员资格，报告主管部门依法查处等。行业协会等自治组织只有通过具体的惩恶扬善之举，才能更好地发挥市场引导和约束功能。

针对新兴短视频传播领域存在的市场失灵，行业协会不断加强自治管理，先后颁布《网络短视频平台管理规范》和《网络短视频内容审核标准细则》，这两个针对短视频的行业管理规范，分别从平台风控、内容审核两个层面加以规范，前者对平台管理提出了账户管理、内容管理和技术管理等多方面的要求；后者则面向平台把关人员，提出可操作性的 100 条短视频内容审核标准。《网络短视频内容审核标准细则》与《网络视听节目内容审核通则》一脉相承，对不同网络视听业务形态的内容把关形成指引规范。中国网络视听节目服务协会在国家广播电视总局网络司的指导下，还发布了《网络综艺节目内容审核标准细则》，由此形成网络视频不同类型节目的审核规范指引体系。

此外，产业协会制定的《电视剧内容制作通则》，详细规定了提倡摄制的内容以及明令禁止的内容，细化了《电视剧内容管理规定》等相关法律规范的要求，对电视剧制作播出具有较强的规范和指引作用。中国演出行业协会网络表演分会牵头组织，腾讯、六间房、虎牙、陌陌等企业共同编写的《网络表演（直播）内容百不宜》公布。"百不宜"涉及政治、宗教、民族、公共秩序、两性等内容规范，突出未成年人、知识产权、个人隐私等方面的审核把关，对网络表演和直播标出了较为清晰的底线和红线。

对行业协会发布的《网络短视频内容审核标准细则》等网络视频内容审核标准，用词频软件进行统计分析，发现审核细则对有关历史、民族、宗教、未成年人、粗俗、恐怖主义、低级趣味、暴力、歧视、侮辱等内容关注程度高。

二 拓展社会管理服务

米勒认为互联网行业自律包含两个重要模块：服务补救和信誉标签。[①]行业组织在社会服务和行业管理上成为政府的有益补充。

---

① Rohan Miller, "The Need for Self Regulation and Alternative Dispute Resolution to Moderate Consumer Perceptions of Perceived Risk with Internet Gambling", *UNLV Gaming Research & Review Journal*, 8 (2006).

1. 树立行业先进标杆

标杆管理是"通过对比和分析先进组织的行事方式，对本企业组织的产品、服务、过程等关键的成功因素进行改进和变革，使之成为同业最佳的系统性过程"。[①] 标杆管理是各类组织普遍采用以推进绩效提升的重要管理方法。行业协会开展的优秀作品、演员、团队和会员单位的评选表彰活动，具有与标杆管理相似的社会影响和效果。在市场经济中，网络视频作品以收视率、点击量、浏览量等具体的量化指标来衡量其受观众的喜爱或偏好程度，网络平台从中获得经济效益。但是，优秀作品的评选标准不能仅以经济效益这一单一指标来衡量，作品的思想内容、社会影响等方面也是重要标准。因此，行业自治组织在各类优秀作品、先进人物和单位的评选中，对社会和行业具有重要的标示标杆作用。选择和突出什么样的作品和人物，不仅涉及经济和伦理问题，也是一个鲜明的政治导向问题。

中国网络视听节目服务协会举办的全国网络视听大会，对年度优秀作品、先进人物和企业进行评选表彰，为行业树立模范。表彰活动粗略分为两类：一类是优秀视听作品、人物或表演者的评选；另一类是对优秀幕后团队及会员单位的评选，这些行业标杆更能够直接发挥榜样示范功能。中国网络视听节目服务协会通过每年一次的中国网络视听大会表彰有突出贡献性的产品项目和技术领袖。优酷网推出的《这！就是对唱》《这！就是街舞》《这！就是铁甲》《这！就是灌篮》等系列综艺节目，在第六届中国网络视听大会获得多项奖项，引发了观众对于青年文化的重新思考。中国演出行业协会网络表演（直播）分会在年度盛典上表彰了行业创新案例、品牌公会和榜样主播，为网络直播行业确立了典范。中国互联网协会在2016—2018年度中国互联网行业自律贡献奖评选中，评选出新华网、央广网、新浪网、PP视频等27家互联网企业，或隐或显地助推网络治理与平台自律。此外，上海国际电影节、北京国际网络电影节、中国网络电影节、亚洲微电影艺术节、中国城市微电影节、中国大学生微电影大赛等平台的表彰评优活动也具有风向标功能。

---

① 芮明杰：《管理学：现代的观点》，上海人民出版社，2005，第523页。

2. 开展企业信用评价

企业信用评价是"以企业信用数据库为依托，以信息化为手段，运用定性与定量分析的方法，按照企业信用监督评价标准，对企业一定时期内依法生产经营情况作出综合性评价"。[①] 信用评价主体包括政府机构、第三方评价机构以及行业协会等社会组织。国家网信办将违反国家规定的互联网信息服务提供者列入失信黑名单，文化和旅游部将伪造网络文化经营许可证的企业列入黑名单，其信用评价主体是政府机关。政府机关的信用评价结果直接影响行业协会相关的信用评价结果。行业协会在信用评价中往往以正面评价为主。中国互联网协会作为全国第二批行业信用评价试点单位，成立了中国互联网企业信用等级评价专家委员会。公开公正的行业信用评价作为具有软约束功能的自律机制，有利于增强企业品牌信用，营造合规环境，减少市场交易成本和政府执法成本。

个人隐私与个人信息是密不可分的两个概念。隐私认证是通过第三方认证机构设计的科学指标体系评价网络服务商的隐私保护水准。互联网平台企业隐私认证在西方国家已很普遍，是社会信用体系的一部分。全球较有影响力的隐私认证机构是电子信任组织和商业促进局在线组织，它们不但进行信用评估，还会对接受过隐私认证的网络服务商进行严格监督，如果网络服务商有违规行为，它们也会对其进行制裁，以充分保证行业自律的公信力和权威性。[②] 中国网络安全审查技术与认证中心是第三方公正机构和法人实体，负责对互联网企业进行个人信息安全管理体系认证，支付宝、腾讯云、百度云等成为首批获得该认证的企业。深圳市网新新思软件有限公司首席技术官吴镇获得国际信息科学考试学会颁发的隐私与数据保护认证证书，它是基于欧盟《一般数据保护条例》的隐私和数据保护认证体系。互联网企业重视隐私与信息安全方面的权威机构认证，毫无疑问可以提高企业的市场信用和竞争力。

3. 督促企业合规经营

社会组织或行业协会的重要职能之一就是督促企业及其从业人员守法

---

① 卢玉平、张群：《中国企业信用体系建设之路径》，《河北学刊》2005 年第 4 期。
② 陈钢：《加强网络服务商行业自律》，中国社会科学网，http://news.cssn.cn/zx/bwyc/201906/t20190625_4923232.shtml。

合规经营，其手段和方式多种多样。定期或不定期开展行业法规和业务素质培训，是行业组织普遍采用的方式。中国网络视听节目服务协会开展的视听节目主持人培训、审核员培训，包括政策法规、行业研究、主持技巧、专业能力等内容，从合规和业务两个方面提升和巩固从业人员的传媒意识和把关能力。中国电影家协会网络电影工作委员会网络电影人才培训，中国电视艺术家协会新文艺群体动漫文旅人才培训，中国演出行业协会网络表演分会开展的内容审核员培训，这些行业协会的培训内容与时俱进，呼应依法从严治网和主流价值观传播的时代要求，成为网络视听专业人才培训与输出的重要渠道。

中国记协新闻道德委员会先后在上海、浙江、北京、广东、四川等地成立，通过评议媒体单位的社会责任报告、传媒热点问题等推进和改善行业风气。中国记协新闻道德委员会曾对中央电视台、人民网、新华网等传媒机构的年度社会责任报告进行评议。其评议结果与媒体准入退出管理、质量评估体系、重要评奖评优挂钩，从而实现对传媒的间接约束或软约束。中国文化管理协会网络文化工委、中国演出行业协会网络表演分会等行业组织通过实施黑名单信用制度，公开谴责违法违规现象，也能净化行业乱象，督促平台合规运营。

三　促进知识产权保护

制定版权保护行业自律规范。随着网络视听产品形态不断推陈出新，行业组织针对各个时期不同领域版权侵权的突出问题，及时出台自治规范，提醒和约束网络平台加强版权保护和自律。中国互联网协会发布的《中国互联网行业自律公约》，要求"互联网信息网络产品制作者要尊重他人的知识产权，反对制作含有有害信息和侵犯他人知识产权的产品"。中国网络视听节目服务协会发布的《中国网络视听节目服务自律公约》等行业规范，均要求网络服务提供商依法加强版权保护和防范版权侵权。《网络短视频平台管理规范》在版权自律方面具有较强的现实针对性，比如网络平台不得上传无版权的视听作品及其片段，要求"网络短视频平台应当履行版权保护责任，不得未经授权自行剪切、改编电影、电视剧、网络电影、网络剧等各类广播电视视听作品；不得转发用户上传的电影、电视剧、网络电影、网络剧等各类广播电视视听作品片段"。在短视频作品司法保护日益严格的环境下，行业版权自律要求也随之提高。

依法加强著作权集体管理。根据《著作权集体管理条例》，除了国家依法设立的著作权集体管理组织外，任何组织和个人不得从事著作权集体管理活动。我国著作权集体管理组织主要有中国摄影著作权协会、中国电影著作权协会、中国音像著作权集体管理协会、中国音乐著作权协会、中国文字著作权协会等机构。著作权集体管理制度在保护网络视听作品版权、维护权利人权益、促进版权市场秩序等方面发挥重要作用。由中国电影版权保护协会发展而来的中国电影著作权协会，作为行业组织其职能发生了重大变化，转变为著作权集体管理组织，其制定的电影作品著作权集体管理使用费收取标准和使用费转付办法获国家版权局批准和公布执行，据此标准向网吧、飞机火车等交通工具、互联网视频点播、非营利性局域网、音像制品出租等领域收取电影版权的使用费。中国音像著作权集体管理协会在全国 30 多个省市建立联络处，与卡拉 OK 经营者商洽并签订许可协议，授权曲目 10 万余首，每年收取的版权许可使用费在 1 亿元以上。中国音像著作权集体管理协会还协助卡拉 OK 经营者处理各处版权侵权诉讼，其会员主要是唱片公司，依据协会规章与之分配收益。中国音乐著作权协会、中国音像著作权集体管理协会开始向网络音乐等领域开展版权集体管理，它们有版权授权的音乐作品数量目前远少于网络音乐服务商。在网络音乐市场，服务商往往直接从音乐公司或唱片公司获得独家版权代理兼转授权，造成在线音乐曲库集中在少数几家平台。在实践操作中，版权使用费的收取和分配，著作权集体管理组织和相关权利人、代理人以及使用者之间的委托代理关系或权利义务关系等问题，仍然成为纷争不休的焦点。著作权集体管理自治机制的完善还有漫长的路要走。

协助司法机构调解版权纠纷。中国互联网协会调解中心是调解互联网纠纷的民间自治组织。调解中心发布《互联网知识产权纠纷调解手册》，在北京、浙江、上海等地设立调解分中心，受理涉及会员单位、法院委托的互联网知识产权等纠纷。行业协会与司法机关合作，辅助解决纠纷，有利于构建多元化的版权纠纷解决机制。

四　提升行业自治能力

加快行业协会"去行政化",提升行业自治能力,有利于降低社会治理成本。我国许多行业协会由政府推动组建,以往成为"安排离退休老同志发挥余热的机构",在严格的社团管理体制下,协会人、财、物受制于主管部门。随着《行业协会商会与行政机关脱钩总体方案》以及《关于全面推开行业协会商会与行政机关脱钩改革的实施意见》的颁布实施,国家进一步理清政府、市场、社会的关系,划清行业协会与政府职能的边界,促进行业协会发展为政社分开、权责明确、依法自治的现代社会组织。按照"五分离、五规范"的改革要求,即机构分离、职能分离、人员管理分离、资产财务分离、党建外事等的分离以及完善登记管理、加强资产监管、规范收费管理、强化行业指导、加强信用监管,全面实现行业协会商会与行政机关脱钩。"取消行政机关及下属单位与行业协会的主办、主管、联系和挂靠关系,行业协会依法直接登记、独立运行,不再设置业务主管单位。"[①] 行业协会具有人事自主权。未退休的党政领导干部不得在行业协会兼任职务。行业协会取消直接财政拨款后,政府通过购买服务等其他方式支持其发展。2019 年 9 月,按照全国性行业协会商会脱钩改革名单,其中已脱钩 422 家,拟脱钩 373 家,包括中国互联网上网服务行业协会、中国文化产业协会等。

为了降低成本提高质效,政府可以将部分公共事务转移给民间组织管理,政府承担监督职能。这样既可以将部分管理权分流给民间组织,也可以将某些公共服务职能转交给民间组织,让合格的民间组织通过竞争性的方式分包或独自承担部分公共服务。[②] 行业协会等社会组织是行业自律重要的组织者和实施者,我国行业协会的非志愿性结社是导致我国行业协会自律职能失效的重要原因之一。行政主导下的行业协会多而散,在行使行业管理权的过程中容易官僚化或异化,其行业自律权容易陷入形式

---

① 《关于全面推开行业协会商会与行政机关脱钩改革的实施意见》(发改体改〔2019〕1063 号),中央人民政府网站,http://www.gov.cn/xinwen/2019-06/17/content_5400947.htm。
② 黄娇梅:《关于社会创新的初步探讨》,《重庆行政(公共论坛)》2010 年第 6 期。

主义旋涡。与行政机关脱钩改革完成后，行业协会将重新定位公民社会组织，按照市场化方向提升自身在行业的服务能力和协调能力以及公信力、领导力。同时，按照《行业协会商会综合监管办法（试行）》，行业协会将逐步建立和完善与市场化相配套的专业化、协同化、社会化监督管理机制。

中国互联网电视集成业务当前有七家牌照方，未来电视有限公司、百视通网络电视技术发展有限责任公司、华数传媒网络有限公司、广东南方新媒体股份有限公司、湖南快乐阳光互动娱乐传媒有限公司、国广东方网络有限公司、银河互联网电视有限公司共同签署了中国互联网电视集成服务机构自律公约，承诺遵守互联网电视集成服务平台服务能力与业务规范。在国家广电总局授权和指导下，中国网络视听节目服务协会互联网电视工作委员会设立互联网电视集成服务牌照方监督办公室，作为自律公约的监督执行机构，调解相关纠纷和向行政主管部门提出处罚建议。

第三节　企业联合自律仪式

人类学家维克多·特纳认为仪式发生的动力源于社会结构性张力的约束，因此他特别关注仪式进程中的边缘礼仪阶段，在此阶段中的仪式主体暂时摆脱原社会结构身份进入一个特定的混沌状态，从而亲历和分享"一些即刻提升或逆转社会地位的行为"。[①] 仪式特有的象征意义，不仅反映仪式主体特定的价值观，也展现"某种秩序的维护机制"。为了避免市场无序竞争导致的市场失灵，以及由此带来的政府严厉监管，各平台企业也有内在动力要求行业自律。网络平台市场主体通过发起倡议、公约、联合声明和倡导联盟等方式呼吁行业企业和从业人员，倡导版权自律，抵制不正之风，形成集体联合行动。这是企业承担社会责任和法律责任的重要仪式化行为。非政府组织"正面"仪式化倡议行为具有重要的示范效应，还可

---

① 〔英〕维克多·特纳：《仪式过程：结构与反结构》，黄剑波等译，中国人民大学出版社，2006，第8、114页。

以通过政策倡导、会议游说、信用评价、诉诸舆论、策略联盟等方式扩大影响，进而影响和带动更多企业和个人实现社会规制的"结构化"，即社会结构的约制。但是也要注意此类仪式中可能出现的"仪式主义"，即使仪式成为"被迫遵守规范的一种反应方式"。①

一 倡导媒体版权联盟

在国内外知识产权司法保护日益增强的社会环境下，互联网企业版权自律集体行动最初从呼应政策倡议开始。2010 年 1 月，人民网、央视网、新华网、搜狐网、优酷网等众多主流互联网新闻信息服务网站共同发布《中国互联网行业版权自律宣言》，这是在国家版权局等政府部门支持、引导、协调下形成的。该自律宣传不仅参与的互联网企业多，倡议的十条自律具体深入并且具有操作性，如"对于处于公映档期、热播期间的影视作品应当采取技术措施限制用户上传""认真处理版权及相关权利人的通知，保证 24 小时以内依法采取删除或屏蔽相关信息等处理措施"。2015 年 7 月，QQ 音乐、阿里音乐、酷狗音乐、网易云音乐、百度音乐、多米音乐等网络音乐服务商签署《网络音乐版权保护自律宣言》，探索良好的网络音乐版权自律模式。2018 年 12 月，腾讯、爱奇艺、搜狐、快手等企业联合发布《中国网络短视频版权自律公约》，这是针对当下短视频版权的突出问题而采取的企业集体行为，要求成员企业坚持先授权后传播的原则，规范版权管理使用制度；提倡正版，反对盗版；完善版权投诉处理机制，不滥用"避风港"规则；采取措施扶持原创短视频内容。

版权自律逐渐发展出具有更强联系与互动性的倡导联盟。倡导联盟是具有某种共同信念体系的政策行动者群体或政策共同体。由于共享一套基本价值观、因果假设以及由此形成的对问题的认知体系，因而，他们能够进行长期的深度协调和合作。② 版权保护在自律承诺的基础上，进一步上升为具有共同商业利益的企业合作、联盟与集体行动。最早成立的是新媒

---

① 〔美〕罗伯特·K. 默顿：《社会理论和社会结构》，唐少杰等译，凤凰出版传媒集团、译林出版社，2008，第 284 页。

② 余章宝：《政策科学中的倡导联盟框架及其哲学基础》，《马克思主义与现实》2008 年第 4 期。

体版权联盟，是 2014 年 8 月由人民网、中国网、央视网、中国青年网等网络媒体联合发起，全国百家媒体自愿组成的联合性、非营利性协调机构。此后，媒体联盟与合作日益具体深入。2017 年 4 月，人民日报社、新华社、中央电视台、中国新闻社和中国搜索等十家媒体机构成立中国新闻媒体版权保护联盟，同时发布《关于加强新闻作品版权保护的声明》。新闻媒体联盟构建版权交易平台，有助于新闻作品版权统一管理，提高版权议价，帮助成员依法维护版权权益。2017 年 7 月，优酷、搜狐、腾讯、土豆、CIBN 互联网电视等互联网信息服务企业发起成立中国网络版权产业联盟，发布了《中国网络版权与数据信息使用规则及竞争规范》等行业自律规范，设置并承诺"先授权后使用"的版权准则，同时建立纠纷调解委员会及相关版权纠纷调解与处理机制。通过黑名单制度、共同维权等途径提高网络视听行业版权意识，优化版权秩序。2017 年 12 月，经中国行业报协会倡议，中国财经媒体版权保护联盟成立，该联盟与版权保护公司合作，利用区块链、大数据等技术为版权保护提供技术支撑和市场交易平台，共同抵制未经授权擅自转载财经新闻作品的行为。2019 年 8 月，音视频发展联盟和新媒体版权联盟技术委员会成立。中国网、中国经济网、中国新闻网、华策影视等 40 多家媒体及影视机构加入音视频发展联盟。蚂蚁金服、亿幕信息、唔哩成为新媒体版权联盟技术委员会核心成员单位，分别为联盟提供区块链版权保护、版权平台技术支撑和运营变现等服务。不同规模大小的传媒企业联盟由松散型向紧密型发展，在谋求与维护自身权益的同时，与政府、非政府组织展开多维合作，最终形成新的社会自治网络。

二　响应信用名单管理

从经济伦理的角度看，信用是市场经济的道德基石，是人们在经济交往中应当恪守的基本规则。"每一种经济体制都有自己的道德基础，或至少有自己的道德含义。"① 但是在社会实践中，针对信息不对称、机会主义行为、道德风险等市场失灵现象，必须建立一套信用发现与披露机制，从

---

① 〔美〕R. T. 诺兰：《伦理学与现实生活》，姚新中译，华夏出版社，1988，第 324 页。

而能够对市场主体的诚信状况形成社会评价。我国重点网络平台纷纷遵循和响应政策倡议，与政府机关、行业协会共同建立和实施信用管理制度，在视频网站、短视频平台、网络表演（直播）领域以及影视演艺圈全面实施黑名单、灰名单管理，全行业甚至跨行业信息共享、联合惩戒。搜狐、爱奇艺、乐视、优酷、六间房等网络直播平台共同发布《北京网络直播行业自律公约》，开展集体自律行动，包括对所有主播实名认证，所有直播间画面标识水印；上传违规主播名单至北京网络文化协会数据库进行联合通报与惩戒。中国演出行业协会网络表演分会率先公布违规主播"黑名单"，实施全行业抵制和为期五年的禁入。优酷、爱奇艺、腾讯等视频网站在公开发布的倡议中，提出建立劣迹演员名单库，将行为不端、不敬业、扰乱剧组正常拍摄的演员纳入其中，平台联合对此实行预警机制，谨慎聘用。腾讯视频、优酷、爱奇艺、正午阳光、华策影视等影视公司共同发布《关于抑制不合理片酬抵制行业不正之风的联合声明》，承诺在影视剧制作与购销等环节中对有偷逃税、贪污、行贿等违法行为的个人和机构建立黑名单，共同抵制、联合惩戒。

现代信用作为公共物品具有经济属性和伦理属性。现代信用管理涵盖自然人和法人实体，是一种信用风险预警、惩戒和救济机制，不仅有利于政府降低执法成本，也有助于企业规避商业信用风险。百度、京东、腾讯、美团、宝洁等诸多企业联合倡议建立阳光诚信联盟，以诚信经营理念，倡导廉洁自律、奉公守法，构筑反腐败、反欺诈、反假冒伪劣的信息共享机制，提升员工职业道德；成员单位加强信息共享和联合惩戒。阳光诚信联盟还发布《反腐败宣言》，与中国人民大学刑事法律科研中心联合成立企业腐败治理培训中心，通过系统培训与提升研究，增强企业反腐内控能力。在市场经济领域，信用好的主体可以节约交易成本和管理成本，提升经济效益；但是在社会治理领域，信用与机会成本相关，不能超越法律界限事先设置某种门槛形成隐性歧视。

三 承诺内容导向责任

中国公司法对企业社会责任做出了规定，该法所言的企业社会责任是一种特殊的承诺性法律责任，该责任在标准上高于法定责任，以企业自主承诺为承担方式，以用户认同为对价，通过信息披露制度接受政府和社会监督。①《印度公司法》第 135 条第 5 款规定："企业用于社会责任的支出不低于企业最近三个财政年度平均利润的 2%，所谓净利润是指企业当年的税前利润。"该条款又被称为 2% 准则。该法列举了企业社会责任支出的用途以及中止实施的条件。各国政府在促进企业经济发展中，也非常重视督促企业承担相应的社会责任。《浦东新区企业社会责任导则》是政府机关与相关非政府组织共同制定的，包含权益责任、环境责任、诚信责任、和谐责任四个方面。

承诺制在我国政府机关服务单位实施多年，商业企业也普遍开展，新兴的网络平台在自律管理中也引入承诺制。新闻网站集体行动，向社会公开承诺，是勇于承担社会责任的体现。新华网、人民网、新浪网、腾讯网等网站共同签署《跟帖评论自律管理承诺书》，公开承诺平台用户真实身份注册、登录和使用跟帖评论；网站承诺并诚请用户不发表包括反对宪法原则、损害国家利益等违法违规信息。对用户违规跟帖评论，网站将采取警示、删除、禁言甚至关闭账号等管理措施。重点新闻网站通过对跟帖评论的自律管理承诺，强化企业社会责任，督促网民文明、理性地意见交流。企业向社会公开做出承诺，可以说是一种具有规范性和约束力的服务机制。对承诺者来说，不仅具有道德伦理上的自我约束，而且具有某种契约和法律上的责任义务。

网络平台的经营承诺，就其实质而言，已经成为市场主体单方向社会做出的一种具有法律约束力的行为。企业联合倡议中往往包含向社会公开承诺的内容。信息网络服务商在集体公布的众多倡议中，信息内容传播守法合规往往成为一项重要承诺内容。斗鱼、虎牙、花椒、企鹅电竞等网络平台联合发出《开展健康表演直播、坚决抵制不良内容》的倡议，号召网络表演经营者和网络直播人员增强责任意识和底线意识，杜绝淫秽色情和低俗内容的表演，传播正确价值观念。2018 年 6 月，在中国电子商务协会网络直播委员会成立时，企鹅电竞、映客、虎牙、唱吧、快手等网络平台

---

① 李静、惠婷：《企业社会责任是承诺性法律责任——〈公司法〉第五条解读》，《天津商业大学学报》2014 年第 2 期。

共同发布有关传播正能量和促进公平竞争的联合倡议，承诺坚守道德底线，促进公平竞争，保护用户权益，共同维护网络直播行业良好秩序。阿里巴巴、腾讯、百度、字节跳动等平台企业共同签署《中国互联网企业履行社会责任倡议》，倡议遵纪守法、合规经营，积极履责、勇于担责；助推脱贫攻坚，服务国家战略；建立信息披露机制，主动接受社会监督。科大讯飞、一起教育科技等学习教育类平台共同发布《学习类 App 进校服务的行业自律倡议》，承诺在内容审核方面，严禁色情暴力以及校园推广网络游戏、商业广告等违法违规内容。

四　倡议抵制不正之风

影视产业一度存在夸大明星效应、演员天价片酬和偷逃税等不正之风。为此，优酷、爱奇艺、腾讯视频共同发布规范影视秩序及净化行风的倡议，呼吁行业携手抵制不合理的高片酬现象，谴责偷逃税和阴阳合同等违法行为，建立劣迹演员名单库。华谊兄弟、爱奇艺、北京电视艺术中心等首都广播电视节目制作业协会成员联合发布《关于加强行业自律遏制行业不正之风的倡议》，共同抵制阴阳合同、偷逃税、不遵守合约、天价片酬等不正之风，并对违法违规人员实施黑名单制度。随后，横店影视产业协会及其会员单位也发布了规范行业秩序和促进影视精品创作的相关倡议，主体内容也是响应政策倡导，共同抵制阴阳合同、偷逃税及不守合约等不良风气。

针对媒体曝光的一些影视明星涉嫌吸毒贩毒等违法违规行为，除了道德谴责和法律制裁外，市场经济主体和行业协会也加大了风险预警与市场禁入自律的力度。如北京演出行业协会发布了《演艺界禁毒倡议书》，多次公开承诺不录用、不组织涉毒艺人参加演艺活动，与相关表演机构签订《北京市演艺界禁毒承诺书》，加强演艺人员涉毒教育与自律。浙江横店影视城有限公司、浙江绿城文化传媒有限公司、浙江中广影视文化有限公司等影视制作单位发表联合声明，坚决拒用"黄、赌、毒"明星艺人。2018年9月，中国东方演艺集团、北京人艺、北京演艺集团、北京歌舞剧院等北京演出行业协会会员单位签署承诺书，承诺不会录用和组织涉及黄、赌、毒演艺人员参加演艺活动，净化首都演艺市场。北京演出行业协会还发布《北京演艺行业道德自律行为规范》和《北京市演艺界慎独自律倡议书》，倡议演艺人员诚信守法，尤其不参与赌博、涉黄与吸毒等非法活动；一经发现，交由道德自律委员会处理执行；涉及违法行为的，移交司法机关。这些联合倡议表明业界的决心和共识，对吸毒艺人零容忍。通过各种形式的行业自律活动，违法违规行为在影视演艺界越来越没有市场，这将成为约束从业人员行为道德的又一道红线。

网络视频产业链相关企业针对社会热点问题，采取联合倡议、公约、承诺等形式响应政策法令，具有临时性、针对性、自发性、公益性等特征，发挥了振奋精神、统一思想、协同行动的功能。但是，行业企业还需要正确处理倡议承诺与长效机制之间的关系，正确处理社会突出问题与规制化建章立制的关系。总之，行业企业的集体公益行动与国家的法令政策要求、行业协会的自律行动形成呼应促进和有益补充，在社会治理格局上形成内部与外部、长期与短期、宏观与微观、单一与多元的协同。

本章小结

由于政府监管的局限性，现代监管主体转向政府与非政府组织、企业、公民等多元主体的联合。随着大数据、算法、人工智能等科技在短视频平台、社交媒体等相关视听产业的广泛应用，政府原来的直接监管模式向间接监管模式转变，行业协会、企业、用户等社会自律机制在多元治理中的功能日益突显。

我国加入世贸组织后，政府根据协定，逐渐将原先占有的部分权力交给社会，陆续把一些不该管或管不好的职能移交给以行业协会为主的社会组织，主动发挥行业协会等新公共行政主体协同治理的组合优势，推动多元化社会治理。[①] 中国网络视听节目服务协会等自治组织通过公约、章程、标准、细则等强化自律，在完善行业自治规范、拓展社会管理服务、促进知识产权保护等领域发挥了重要作用。随着我国行业协会、商会等社会组织与行政机关全面脱钩，各类社会组织自我管理、自我发展的能力不断加

---

① 陈世华：《微博参与社会治理研究》，中国社会科学出版社，2016，第46页。

强。但是，行业协会、商会、工会等社会组织离"依法自治的现代社会组织"还有一定的差距。在新媒体视频市场，一些重要的行业组织具有一定的权力合法性，但大多缺乏自下而上的市场自发形成的权力正当性，难以在复杂多变的市场中真正发挥监督、协商和自治功能。我国工会等社会组织缺乏像西方国家工会组织那样在法律的保护下与政府和资方谈判、协商与制衡机制，难以成为国家、市场、社会治理结构中的重要一极。

在新媒体视频市场，企业自律机制不断创新。平台通过开发人工智能审核系统与增加人工编辑的双重审核，对海量的社交媒体短视频进行内容把关。企业间通过联合倡议，在版权保护、信息共享和抵制不正之风等方面发挥积极作用。随着术业分工，有的企业通过第三方内容审核外包来节约成本和控制风险。温州等地方政府通过第三方机构对市内微信公众号等新媒体的"清朗指数"进行考核，创新评估方法，从外部督促自律。智能算法开始引领移动短视频传播，算法的完善需要搜集和跟踪更多的最新个人数据，但是收集和使用身份验证、地理位置、通讯录、好友、头像、手机型号、车辆识别、儿童浏览日志等信息很容易侵犯个人信息或隐私，机器与人性之间的这一悖论需要企业遵循更高的伦理法则。从国内外司法审查案例看，一些移动客户端仍然存在侵害用户个人信息或隐私等情形，社交媒体在跨国发展中更须谨慎自律，完善合规约束。

网络空间成为社会公民讨论公共事务的重要场域，互联网的开放性和互动性为保障公民知情权、参与权、表达权和监督权创造了良好条件。公民参与新媒体视频生态治理的渠道和手段更加多样，既可以通过政府部门等官方组织，也可以通过其他社会自治组织；既可以通过传统媒体发声，也可以通过新兴科技平台评论或点赞。同时，公民素质和修养直接关系到参与网络治理的质量与效率，也影响到参与的广度和深度。公民既要提高参与意识、权利意识和法治意识，也要控制情绪，明辨是非，合理表达，有序参与网络生态治理的决策、实施、监督与评价，与其他治理主体共同提升网络文明。总之，公民在技术赋权的同时仍需不断提升自身素养和道德水准。

第六章　新媒体视频监管国际视野

为保证新兴视听产业和社交媒体市场健康运行，防范市场失灵，化解市场纠纷，各国政府通过制定法律规范、调整监管机构、加强行业自律等方式，对市场主体进行引导和约束。根据各国政府在市场监管中作用的方式与强度，视听产业的监管模式可以粗略分为政府主导型和行业自律型两种，以德国、新加坡等为代表的政府主导型监管，主要依靠各级政府机构的威权管理，而行业组织的自律监管力度较小。美国、英国等则主要采取在法律框架下的行业自律。事实上，在政府监管手段日益趋同的环境下，各个国家面对不同的国情和传统，都要综合运用法治监管、行政监管、经济性监管以及行业监管等多种手段，在市场发展的不同阶段，灵活权变。即使在行业自律较为完善的国家，也注重优先制定和修订法律规范或行政监管规制并通过"安全港计划"将其内化为行业自律监管规范。

第一节　各国政府监管举措

行政国家出现以后，国家行政职权日益扩张，早已深入政治、经济、文化教育、国防安全以及社会生活等各个方面，频繁直接介入国家事务和社会事务管理之中。各国政府行政机关与行政职能依据国家战略、外部环境和产业发展变化而不断调整，始终保持并加强对现代传媒市场的行政监管，甚至直接推动和介入传媒市场的国际扩张与传播交流。2018年9月，美国出台了《国家网络战略》，试图通过加强网络科技能力来实现既定秩序与安全，包括与盟国和伙伴合作，扩大美国影响力，固化美国在国际网络治理中的全球领导力。

一 行政监管调整与创新

互联网技术改变了传统媒体的产业形态，塑造了现代传媒市场新格局，国家行政监管体系在适应这种外部环境变化的过程中，无论是通过单独新设机构或调整原有机构职能，总体上不断强化互联网安全框架下对现代视听传媒业态的系统监管与行业监管。

1. 美国行政监管体系

美国视听产业非常发达，而且传媒商业化和市场化程度最彻底，其构建的国家行政监管体系在西方国家中颇具有代表性，其行政监管体系分为联邦政府和地方政府两个层面，这些不同监管体系既存在一定的独立性，职权划分相对明确，同时又相互联系与配合，共同实施行政治理。美国立法、司法、行政三权分立与制衡，但行政权并非完全独立，不仅受到法律规范的约束，而且或明或暗地受到不同利益集团、社会组织、垄断企业等的游说与考量。

在联邦政府层面，总统拥有赞成或者否定国会立法、向国会提出国家治理立法建议、委任联邦通讯委员会等联邦机构负责人等重要权力，国会制定的法律由总统签署并颁布实施。总统行政办公室下设的科学技术政策办公室、通信办公室、国家安全委员会，分别为总统提供关于科学技术、通信、网络安全方面的咨询意见以及制定和实施相关政策。国土安全部、商务部、司法部也享有部分针对传媒和互联网市场的监管职权。司法部为中央执法机构，司法部部长为其最高行政长官，下设有反托拉斯局、情报政策与评估办公室、信息政策办公室及隐私和公民自由办公室。2019年7月，美国司法部对谷歌、脸书等"市场领先的在线平台"启动反垄断调查，调查其是否通过获得市场主导力量来抑制竞争、阻碍创新，或损害消费者利益。商务部有两个机构负责网络和信息安全业务，即国家标准与技术研究院、国家电信与信息管理局①。国土安全部在维护网络空间安全及

---

① 张国良、王振波：《美国网络和信息安全组织体系透视（下）》，《信息安全与通信保密》2014年第4期。

协调处理相关网络安全事件中承担重要职责。国土安全部成立社交网络监控中心，2010 年 6 月开始执行"社交网络/媒体能力"项目，对社交网站、网上公共论坛、博客、留言板等进行常规监控。联邦政府在国会图书馆设立版权办公室，负责版权方面的申请登记与审核工作，为国会等政府部门提供相关咨询。另外，美国贸易代表处、商务部国际贸易局和科技局、海关和版权税审查庭等相关政府机关也承担了相应的版权保护或审查职能。贸易代表处擅长知识产权方面的国际贸易谈判，海关对知识产权产品的进出口进行审查把关。此外，联邦政府不断完善互联网安全监管，率先提出、牵头研发并建设推广可信的网络身份标识生态系统，当用户登录脸书、推特等网络平台账号时不再使用昵称和密码结合的方式，而是使用统一的"网络身份证"。①

针对广播电视、广告、互联网视听内容监管，美国联邦通讯委员会、联邦贸易委员会是其重要行政监管机构。其中联邦通讯委员会相关监管职能主要有：根据国会决定及其颁布的法律，就通信和网络信息等方面制定具体的管理法令；制定与实施广播电视、电信与互联网等通信业务的行政许可制度；举行听证及处理相关投诉；制定与实施广播电视、互联网等通信产业方面的战略规划与产业政策。监管范畴包括广播、电视、有线、卫星和有线电视、互联网和电信等业务。联邦通讯委员会下设消费者与政府事务局、执行局、媒体局、公共安全与国土安全局、国际局、无线通信局、有线竞争局等 7 个局和行政法律裁决办公室等 11 个办公室及相关咨询委员会，职能分工，协调统一。比如媒体局的权力清单中包括办理广播电视台营业执照，调查有线电视价格，儿童电视广播指引，执行《有线电视法》分级购买条款，对淫秽、不雅和亵渎性广播等事项的监管。为了应对不断变化的视听产业的发展环境，政府监管职能及监管方式也在不断调整。根据《儿童电视法》，2019 年联邦通信委员会发布新版《儿童电视广播规定》，要求电视台每年至少播出 156 小时的核心节目，包括每季度至少播出 26 小时的每周定期节目。核心节目专门满足 16 岁以下儿童的教育

---

① 蔡梦虹：《美国社交媒体监管措施及对我国的启示》，《传媒》2016 年第 10 期（上）。

和资讯需求。① 无线电应用产品、通信产品和数字产品进入美国市场,须通过联邦通信委员会认证。起初的认证方式有三种,即证书认证、符合性声明和自我验证;后来又将符合性声明和自我验证合并为 SDOC（Supplier's Declaration of Conformity）,并对认证规则重新进行了规定。根据《1996 年电信法》规定的相互竞争原则,广播电视与电信行业允许互相进入,融合发展。由于历史的原因,条块分割的有线电视公司往往弱于跨国电信集团,美国政府鼓励有线电视公司谋求与电信企业的竞争均势,采取了"非对称管制"策略,对电话电报公司和地方贝尔等具有市场支配地位的电信集团公司进行更严格的管制,为新兴电信公司和有线电视网络公司的成长创造宽松的竞争环境。1993 年取消了对有线电视网上收费频道及附加业务的收费规制,允许有线网络公司自行定价,以帮助有线电视网吸纳资金进行网络改造。值得注意的是,美国倡导的"网络中立原则"正在改变。2014 年 1 月,美国联邦巡回上诉法院否决了联邦通信委员会制定的"网络中立原则"。该原则要求电信运营商平等对待所有互联网内容和访问,防止从商业利益出发控制传输数据的优先级,保证传输中立性。此前,谷歌、脸书、奈飞等内容服务商已经向电信或互联网运营商额外付费,以提高网络连接速度。

美国联邦贸易委员会是根据《联邦贸易委员会法》而成立的,目的是保护消费者并促进竞争。内设机构有竞争局、消费者保护局和经济局等相关部门。竞争局试图防止市场上出现反竞争合并和其他反竞争商业行为,通过执行反托拉斯法,促进竞争并保护消费者在开放的市场中以适合其需求的价格和质量选择商品和服务的自由。消费者保护局的职责是保护消费者免受不公平、欺骗或欺诈的侵害,执行国会制定的消费者保护法和联邦贸易委员会制定的贸易法规。经济局帮助联邦贸易委员会评估其行动的经济影响。② 其中直接监管互联网广告的是消费者保护局下设的广告业务司,主要打击欺骗性广告,监测和查处欺骗性互联网营销,监测和查处向儿童

---

① Children's Educational Television, https：//www.fcc.gov/consumers/guides/childrens-educational-television.

② 美国联邦贸易委员会官方网站, https：//www.ftc.gov/about-ftc/bureaus-offices。

推销淫秽暴力电影、音乐以及网络游戏等违法违规行为。如短视频音乐平台公司（Musica. ly）就曾因涉嫌非法收集儿童信息遭到联邦贸易委员会调查，最后支付 570 万美元罚款。联邦贸易委员会发布《在线行为广告自律原则：追踪、定向与技术》，所谓在线行为广告是指通过追踪用户在一段时间内的上网活动，包括浏览网页、搜索以及信息浏览等行为，进而有针对性地投放符合用户个人兴趣习惯的广告。2011 年脸书指责 Max Bounty 公司使用误导推广伎俩，违反联邦贸易委员会的《控制主动色情攻击和推广法案》，并赢得诉讼。近年来，美国不断加强对社交媒体的合规审查，白宫在《保护美国人免受网络审查》提案中，要求联邦通讯委员会和联邦贸易委员会对社交媒体网站删除或压制内容进行审查并制定新规。

　　由于美国各州的政治、经济和文化背景差异较大，各地设置的传媒监管机构可能存在差异。在加利福尼亚州，公用事业委员会下设通信局，通过制定和实施电信政策、定期举行听证会、颁发和更新广播电视台经营许可证、收集公众评论和处理消费者投诉等方式监管相关媒体。另外，加州司法局下设反垄断处和互联网犯罪中心，预防和打击不正当竞争、利用计算机犯罪等行为。州一级的政府监管机构不仅要执行州议会制定的相关政策，也要实施和执行联邦法令，协助与配合联邦通讯委员会、联邦贸易委员会等相关执法。

　　2. 欧洲视听监管机构

　　随着欧盟由经济一体化向政治一体化的深入发展，欧盟在视听传媒领域试图建立一种更强大的超国家监管框架，成员国自身建立的传媒监管体系也在不断调整、实施和执行欧盟指令。欧盟超国家的媒介管理机制，突出表现为欧洲法院、欧盟理事会、欧洲议会等部门发挥职能，制定和实施欧盟有关传媒法律法规，提供司法判例和咨询，整体推进欧盟传媒市场整合与管理。欧盟对媒介的超国家管制最早从电信领域开始，逐步向视听产业和新媒体产业拓展。[①] 为了建立一个人员、物资、服务自由流动的统一的欧洲大市场，欧盟机构把视听产品解释为符合《罗马条约》中有关"可以自由流动的服务型产品"，成员国不得设置传播障碍，由此还先后颁布

---

　　① 许静：《浅析欧盟对媒介市场的超国家管制》，《浙江传媒学院学报》2011 年第 2 期。

实施《电视无国界指令》《有线电视指令》《网络电影宪章》《视听媒体服务指令》等系列法令，把新兴视听内容与传统广播电视节目纳入统一监管，实行分层监管。欧盟委员会成立视听媒体服务监管机构，由成员国通信与媒体监管部门的高级代表组成，旨在协调与执行欧盟《视听媒体服务指令》，促进成员国在视听媒体监管方面的交流协作。

德国互联网监管向来严厉，最早出台多媒体法和社交媒体法，在欧洲被誉为互联网信息安全之典范。德国保留大陆法系国家的典型风格，以政府机构单向调整作为主要监管方式，对新媒体也是以法治监管和行政监管为主、行业自律为辅。从监管主体结构看，区分联邦、州和行业三个不同层面。从价值目标看，各有侧重，涉及国家互联网安全时，联邦层面是监管主体；在维护社会秩序，特别是防范儿童色情等方面，州级层面是监管主力；在互联网技术标准、行业秩序以及与用户沟通等方面，是以互联网行业组织自律为主。《联邦数据保护法》是德国互联网监管立法的核心和基石，该法涵盖了安全机构的范围、监管机构的职责权限以及违法行为的行政与刑事责任等多方面。德国政府的媒体管理职能集中于许可审批和监督、未成年人保护和预防媒体过度集中和垄断，对于手机和网络媒体的管理较之传统媒体更为宽松。根据德国《电信媒体法》，在德国开展网络媒体业务无须注册和批准，只是出于商务和收费目的媒体服务必须注明服务提供商的相关信息。①

德国也成立了互联网监管的专门机构，联邦内政部是负责互联网信息安全的最高行政机构，是维护国家安全的主要部门。同时联邦政府也赋予了州政府相应的监管权力，州政府也设立相应的监管机构，形成一个自上而下的行政监管体系。德国联邦内政部负责管理互联网信息内容传播，防控和打击儿童淫秽色情信息传播是其重点之一。联邦内政部下设有联邦刑事警察署、联邦警察署、联邦信息安全局、信息技术规划署、联邦数据保护与自由专员办公室、信息技术专员办公室等机构。联邦信息安全局是互联网信息安全的执行者，以保障互联网信息安全与运行安全。联邦刑事警察署下设中央刑事调查业务部，该部被依法赋予特殊的调查权限，对涉嫌

---

① 何震、陈笑雪：《德国新媒体发展态势与问题探析》，《中国记者》2016 年第 3 期。

互联网犯罪或潜在的性犯罪、恋童癖以及其他犯罪行为进行搜索分析与跟踪调查。各州也成立相应的"网络警察"以及网络报警中心，从而在监管与查处网络犯罪中做到迅速而高效。信息技术专员办公室是各州、企业在与联邦政府技术合作时的联络中心，同时监督联邦信息技术关键基础设施的运行，构建联邦信息技术标准和方法。联邦数据保护与自由专员办公室"不直接对数据进行保护，主要是对联邦行政机构与电信公司的行为进行监督"[①]。2018 年 8 月德国在内政部新设网络安全创新局，以提供资金等方式推动网络安全研究，减少对美国的依赖。除内政部外，联邦情报局也是互联网监管的重要部门，其职责是对国际电信活动进行监管，主要负责网上通信内容的筛查，以保护国土安全。州级的互联网监管机构主要有青少年媒体保护委员会等。它们与联邦危害青少年媒体检查处共同构建媒体内容审查与监督网络，保护青少年免受特定内容的影响。隶属于家庭、老人、妇女及青少年部的联邦危害青少年媒体检查局负责监督检查互联网信息内容，原为负责传统媒体规制的政府机构，如今扩展到对互联网上不适宜青少年信息内容的检查与规制。

英国负责视听产业的政府监管部门主要是通信办公室以及数字、文化、媒体和体育部。英国通信办公室是在新的融合管制环境下成立的独立监管机构，独立行使职权并直接对英国议会负责，其资金来源于被监管公司交纳的行政管理费，代替以前通信法规定的年度许可收费，收费透明公开，并能满足其运营成本和监管执法必需的成本。英国通信办公室是依据《2003 年通信法》成立的，将电信管理局、无线电通信管理局、独立电视委员会、无线电管理局、播放标准委员会五个机构的职能融合，全面负责英国电信、广播电视、邮政和互联网点播服务等的监管。其职责包括"保护观众和听众不受电视、广播和点播节目中有害或侵犯性信息内容的侵害；保护人们不受节目服务的不公平待遇，不侵犯他们的隐私"[②]。通信办公室也是英国广播公司的外部监管机构。通信办公室依法制定和更新《广

---

① 黄志雄、刘碧琦：《德国互联网监管：立法、机构设置及启示》，《德国研究》2015 年第 3 期。

② https://www.ofcom.org.uk/about-ofcom/what-is-ofcom.

播法典》，依据这些法律规范行使监管职能。① 《数字经济法》就其职责有详细规定："制定和修改相关守则，包括电子通信守则；英国电话号码分配；发布适用于儿童节目的标准；作为外部监管机构监督英国广播公司；为终端用户的利益就公共电信服务的质量和价格颁布比较概况；对电信网络和电信服务等予以评估并提交中期报告和全面报告，发布电信节目指南和公共服务频道的报告。"② 根据英国《通信法》第三百四十八条第三款规定，广播电视许可证又分为附加电视服务许可证、第三频道许可证、第五频道许可证、国家声音广播许可证、公共电视广播许可证、多路广播许可证、多路电视许可证等多种。③

英国电影分级委员会的对口管理部门由原来的内政部转为文化、媒体和体育部，该部后来又重组为数字、文化、媒体和体育部（Department for Digital, Culture, Media and Sport）。英国的《通信监管法》（Interception of Communications）规定了执法机关和情报部门对网络通信的监督权。该法修订后将社交网站和网络即时通信工具也纳入监管范围。④ 其中规定了对网络信息的监控，通过法定程序，可以动用皇家警察和网络警察。"为国家安全或为保护英国的经济利益"等目的，可以截收某些信息，或强制性公开某些信息。《调查权规则法案》（Regulation of Investigatory Powers Act），要求所有的网络服务商均要通过政府技术协助中心发送数据，该中心由军情五处负责运营，官员可以检查和阅读所选定的电子信息。该法案要求电信运营商对通信数据留存三个月，警察和情报机构可依照法定程序调查取证，而新修订的《数据留存和调查权法案》将留存时间延长至一年。英国还成立网络安全办公室和网络安全运行中心，颁布国家网络安全战略，提出网络安全管理措施，以维护网络安全，促进产业发展。英国还建立以政府通信总部为中心的监测网络，加强对网络威胁的恢复能力保障。

---

① Broadcasting Code, https: //www. ofcom. org. uk/__data/assets/pdf_file/0016/132073/Broadcast-Code-Full. pdf.

② 刘阳：《英国〈数字经济法（2017）〉的核心内容及启示》，《经济法论丛》2019 年第1 期。

③ Communications Act 2003, 348 Modification of Disqualification Provisions, http: //www. legislation. gov. uk/ukpga/2003/21/part/3/chapter/5/crossheading/restrictions-on-licence-holders.

④ 李丹林、范丹丹：《论英国网络安全保护和内容规制》，《中国广播》2014 年第 3 期。

3. 政府改革清单管理

随着数字经济的发展为社会信用监管奠定了良好的产业基础设施，黑名单制度作为一种新兴的社会监管手段被许多国家采纳。在视听传媒市场，以信用为基础的新型监管制度已经嵌入许多国家的行政监管体系，按照市场主体不同的信用状况实施差异化监管，有利于降低执法成本。依法实施的黑名单制度实质上是一种行政处罚行为，可以有效约束或制裁违法违规人员的相关权利和行为。

俄罗斯颁布《保护青少年健康成长免遭信息伤害法》，加强对违法网站进行过滤和封锁，各大网站被分级，强制安装过滤系统，并由此形成"黑名单"管理制度，建立统一的黑名单信息管理平台。俄罗斯黑名单制度最初是为了保护儿童健康成长，免遭信息伤害，随着黑名单制度的推行和扩大，俄罗斯在互联网内容治理方面重点打击淫秽色情、恐怖主义、分裂主义、鼓吹暴乱以及依据法院判决而查处的内容。黑名单制度的实施主体包括联邦大众传媒督察局、联邦消费者权益与个人安全监督局、联邦毒品流通督察局、法院等政府机构。他们分工协作，每个主体负责一个特定的治理方向，并按照规定的流程，将违禁信息纳入黑名单，或者从中删除。① 大众传媒督察局负责实施相关的黑名单制度，对俄罗斯社交平台中传播涉嫌违规内容的机构或自媒体账户纳入黑名单进行查禁。

在中美贸易摩擦中，美国商务部以"对国家安全存在显著风险"为由把一些中国企业和机构列入了出口限制名单，即所谓的实体管制清单，进行技术封锁。这种违背市场竞争原则、干扰正常贸易往来的做法根本无法解决贸易争端。美国贸易代表办公室定期公布的恶名市场名单，主要针对美国境外的市场主体，也可以看成是另一种形式的黑名单制度，不过，恶名市场名单没有行政或法律上的制裁效力，并不反映违法行为的调查结果。美国贸易代表办公室发布的恶名市场名单，重点关注新型盗版模式，包括非法流媒体设备、流式传输及盗版门户网站和应用程序。这些盗版模式可能对合法音乐、电影和电视的数字市场造成重大损害。

英国在互联网自律协会成立后，就开始实施黑名单管理制度，对含有

---

① 陈春彦：《俄罗斯互联网"黑名单"制度探析》，《青年记者》2018 年第 16 期。

疑似非法内容的网页经相关部门确认后移入黑名单数据库。经过政府协调督促，英国的各类网络运营商相继使用这种黑名单数据库，对网络内容进行过滤。2008 年 12 月，维基百科的"处女杀手"页面被协会列入黑名单，导致网民无法访问该词条而造成舆论反响，后来协会解除对该页面的黑名单管制，说明自律组织在审查非法内容时也许存在缺陷。由于自律组织实施的黑名单管理并没有公开，因此，人们很难发现他们是否都审慎行事。

二　视听产业所有权改革

从历史的纵深看，印刷、电子、通信、互联网、物联网等新兴技术不断推动传媒变革，对传媒所有权格局也产生至关重要的影响，尤其是新兴技术并非为官方独家垄断时。互联网的聚合和新媒体平台经济的崛起打破了传统媒体单一媒介以及地理区域的局限，重新构建了以互联网为核心的跨媒体、跨行业、跨地域的新型传媒市场，"万物皆媒""人人都有麦克风"，互联网新媒体传播边界消失，原有的传统媒体在这种新传媒市场中所占的比例日益下滑。政府应对这种新技术变革产生的传媒市场新格局，尤其是视听产业所有权政府规制的调整往往是被动而滞后的。

视听传媒市场化改革既有政治上的动因，即适应互联网新兴技术加快传媒数字化改造，重新塑造数字化时代政治传播格局；也有经济上的动因，即不同所有权的传媒集团借助互联网提升国际竞争力和影响力。自 20 世纪 90 年代开始，美国凭借互联网科技领先优势，在全球范围内倡导信息传媒产业商业化发展潮流，英国、澳大利亚等西方国家为应对互联网冲击，逐渐对包括广播电视电影在内的视听产业所有权进行改革或放松管制，不仅允许跨区域、跨行业、跨国际的信息传媒产业并购，随着各国传媒所有者对规模经济追逐的加剧，传媒所有权的集中也越发明显。无论在传统媒体市场，还是互联网新媒体市场，少数传媒集团或科技公司日益形成全球性垄断，从而造成一种对公众来说有害的、危险的大众媒体所有权结构。

美国传媒产业在放松管制进程中，《1996 年通讯法案》发挥了重要作用。[①]　法案解除了政府设置在电话、广播、卫星通信和有线电视产业之间

---

① Telecommunications Act of 1996, https：//www.fcc.gov/general/telecommunications-act-1996.

的壁垒，允许相互竞争，大大推进了传媒市场化程度，意味着放松管制、促进自由竞争的市场机制日益成为广播电视以及电信业的主导模式。其中法案有关所有权放松管制的内容包括放松广播所有权的限制，取消全国范围内一家公司拥有和控制调幅、调频广播电台和电视台数量的限制，但是一家广播公司拥有的电视台的收视人口总数不得超过美国人口的35%（此前有数量的限制，拥有电视台数量不得超过12家，总收视人口不得超过美国观众的25%）；允许相互拥有有线电视和电信业务10%股权的公司在人口低密度的地区可以完全合并；取消经营业务种类的限制，允许电话公司经营有线电视公司的业务，反之亦行。[①] 当时诸如基于台式电脑的新的语音服务、视频服务等电信增值服务已经出现，通讯法案旨在确保美国在最开放的电信市场中保持创新和领先优势，在加强政府管理职能的前提下更进一步放松管制，期望传媒公司充分利用新技术所提供的机会促进竞争，并且重新保证公共服务。但是《1996年通讯法案》要求联邦通信委员会每两年审议一次媒体所有权法的规定。2001年又放松了相关管制规定，允许国家广播公司、哥伦比亚广播公司、美国广播公司和福克斯这四大电视网与后来成立的华纳兄弟公司等广播影视公司展开并购；同时又保留《1996年通讯法案》中的一项规定即要求单家公司在同一市场中拥有广播电台总数不得超过8家。2007年12月，联邦通信委员会通过了两条法令，再次放松广电和报纸的交叉所有权管制禁令，同时收紧有线电视行业的管制。法令允许全国市场排名前20的传媒公司在同一市场同时拥有一家广播电视台和一家报纸，这是对1975年颁布的广电和报纸的交叉所有权控制禁令的解禁。另一法令规定每家有线电视公司的用户最多不得超过全国用户30%的上限。[②] 美国前总统奥巴马批评联邦通信委员会这么做完全是无视公众意愿。

美国传媒产业政策从管制到放松管制，放宽了对电视台的所有权控制，消除了电信公司进入有线电视市场的限制，广播电视对外与其他产业，包括电信、互联网等进行整合，导致美国最大的25家传媒集团都是包涵广播电

---

① 《美国1996年电信法主要条款》，《中国科技信息》1996年第9期。
② 岳嵘嵘：《美国联邦通信委员会放松媒体交叉所有权管制》，《中国报业》2018年第1期。

视、电影、唱片、互联网、报纸、杂志、电话、广告等众多媒体在内的超级信息传媒集团。康卡斯特从 21 世纪初开始先后完成对美国电话电报公司有线电视业务、时代华纳有线电视业务等的股权并购或控股，成为一家集影视制作、有线电视和互联网服务的大型传媒集团。2016 年 10 月，美国电话电报公司宣布收购美国传媒公司时代华纳，遭到美国司法部反垄断诉讼，但 2018 年 6 月此收购诉讼案得到美国联邦法院判决支持。此前美国电话电报公司还收购卫星电视供应商美国直播电视集团公司（DIRECTV Group Inc.），完成向超级传媒集团的转型。美国互联网公司奈飞（Netflix Inc.）从在线影片租赁起家，后来得到派拉蒙、米高梅等电影公司以及家庭影院等有线电视网的在线影视订阅版权授权，发展成为全球最大的订阅式流媒体视频服务提供商；通过自制剧《纸牌屋》等，从流媒体聚合平台向视听节目生产上游整合，其上市公司市值一度超越迪士尼、康卡斯特，成为全球市值排名前列的娱乐传媒集团。从上述传媒并购与整合来看，美国传统媒体与互联网电信业的融合边界被打破，传媒业界与跨界并购管制也日益宽松，自由市场机制成为主导模式，其结果必然是公共服务日益萎缩。

在英国，广播电视体制存在公共广播电视和商业广播电视两种类型。除英国广播公司外，政府对其他公共广播电视也从立法上加以保障，打破了公共广播电视 BBC 的绝对垄断地位，市场管制逐步放宽甚至取消。为了开放广播电视市场，创设自由竞争的市场环境，英国 1996 年修订《广播法》，对广电媒体所有权的集中进行了严格限制，以防止垄断现象的发生，同时开播新的全国性商业电视第五频道（Channel 5，C5）。① 该法案对同时拥有独立电视台 ITV 或 C5 频道许可证的资格进行了限制，规定广播电视许可证牌照的所有者只能拥有两个地方 ITV 牌照（但不能同时拥有两家伦敦 ITV 牌照），或一家全国 ITV 牌照，或一个 C5 牌照，且任何一家单独的经营者的全国覆盖率不允许超过 15%。英国《2003 年通信法》（Communications Act 2003）充分考虑了电信和广电融合的发展趋势，放宽了对广播电视媒体所有权的限制，允许非欧洲共同体居民、广告代理公司、宗教组织等拥有广播牌照；允许传媒集团公司同时拥有 ITV 和

---

① Broadcasting Act 1996, https://www.legislation.gov.uk/ukpga/1996/55/contents.

C5 牌照；允许有线电视和卫星广播电视经营者收购第五频道；允许外国公司收购英国商业电视台。① 因此，通信法实际上不断开放市场自由化。《2003 年通信法》经过多次修订，其中明确规定了媒体所有权和控制权。② 《2003 年通信法》规定，管制机构对媒体并购进行公共利益审查，这一规定有效地将并购控制由报纸扩展到多媒体。③ 国务大臣考虑是否干预媒体并购时，将考虑并购对广播质量和公众选择的影响。中国企业西京集团收购陷入破产困境的英国普罗派乐电视台，该电视台及其所运营的电视频道，与传媒大亨默多克所收购的英国天空广播公司无法相提并论。

澳大利亚传媒垄断位居西方国家之首，新闻集团和费尔法克斯传媒集团这两大公司长期占据 80% 以上的传媒市场，形成了罕见的双寡头垄断。新闻集团控制人默多克后来加入美国国籍，导致澳大利亚传媒所有权有关外国人控制的法律实质上无法执行。21 世纪以来澳大利亚通过了以与传媒所有权相关的法律条文修改为核心的传媒改革方案，废除了跨媒体所有权的一系列管制政策，目的是促进媒介融合，挽救那些因新媒体冲击而面临倒闭的传统媒体。④ 同时通过政府补贴等方式扶持小型独立媒体，推进新闻业服务于公共利益。政府对年营业额 30 万到 3000 万澳元的地方性媒体和小型媒体提供总额 6000 万澳元资助，用于设备更新、软件开发和人才培训等，促进公民新闻和调查性报道。同时，对地方性媒体和小型媒体提供的实习记者岗位也进行补贴。根据澳大利亚媒体娱乐艺术联盟统计，澳大利亚传统媒体大量记者岗位消失，传统商业媒体身陷财务危机，谷歌、脸书等互联网巨头占据 90% 以上的网络广告。澳大利亚竞争和消费者委员会定期召开有关谷歌、脸书等新媒体集团的质询会，调查它们对澳大利亚传媒业的影响，要求这些互联网公司资助服务于公众利益的新闻业。⑤ 在互联网新媒体完全突破地域和媒介的情况下，限制传统媒体交叉所有权和电视

① 刘锦宏、王欣、刘永坚：《英国媒体所有权的集中与规制演变》，《传媒》2013 年第 3 期。

② Communications Act 2003，http：//www. legislation. gov. uk/ukpga/2003/21/contents.

③ 绫俊旗：《英国〈2003 年通信法〉综述》，《电信软科学研究》2003 年第 10 期。

④ Broadcasting Legislation Amendment (Broadcasting Reform) Bill 2017，https：//www. aph. gov. au/Parliamentary_Business/Bills_Legislation/Bills_Search_Results/Result? bld = r5907.

⑤ 王敏、王毅：《互联网时代西方媒介规制政策的转型与重构——以澳大利亚媒体法律改革为例》，《现代传播》2018 年第 6 期。

网受众覆盖率变得毫无意义，原有的对传统媒体的竞争保护反而变成它们和互联网新媒体竞争的累赘。澳大利亚总理马尔科姆·特恩布尔指出："现在讨论新闻业的未来，比讨论默多克拥有几份报纸更有意义。"① 因此，跨媒体所有权的并购管制进一步放松，目的是引入大型传媒集团以拯救濒临破产的传统中小型媒体，但有批评者称这会导致传媒市场的垄断加剧。

澳大利亚仿照英国，在 20 世纪建立了一套公共与商业并存的传媒所有权体制。1974 年的《贸易惯例法》禁止那些可能会导致某个市场主体占据支配地位的收购或合并，防止传媒产权过度集中，该法案由贸易委员会实施。1975 年的《外资收购与兼并法》对外国资本投资媒体立法限制，外国投资审查委员会年度报告附件中规定，外国投资媒体无论资本大小，都要执行个案审批程序，尤其对发行量大的报纸的投资更是受到严格限制。1992 年《广播服务法》对广播电视媒体所有权有具体规定，如果商业电视广播覆盖超过澳大利亚总人口的 75%，则任何人不得对其行使控制权；任何人不得在同一牌照区域内拥有超过一份商业电视牌照的控制权。② 任何人不得在同一许可证区域内控制超过两家商业广播许可证；外国人不得拥有电视许可证控制权，并且股份总额不得超过 20%；对在广播或电视公司中担任董事也有相关限制。跨广播与电视所有权规定，不得在同一经营区域同时拥有商业电视和商业广播电台，或不得在同一经营区域同时拥有商业电视和报纸，或不得在同一经营区域同时拥有商业广播电台和报纸。③《广播服务法》由澳大利亚通信和媒体管理局负责实施管理，集中了澳大利亚广播管理局和澳大利亚通信管理局的职能。规定所谓控制权"15% 规则"，如果一个人在一家公司拥有超过 15% 的公司权益（包括投票权、股权或股息权益），则在没有相反证据的情况下，该人被视为有

① Malcolm Turnbull, Centre for Advanced Journalism: Politics, journalism and the 24/7 news cycle, December 7, 2011.

② Broadcasting Services Act 1992, https://www.legislation.gov.au/Details/C2005C00400.

③ Media Ownership Regulation in Australia, E-Brief: Online Only issued 22 October, 2001; updated 26 March, 2002; updated 16 June, 2003; updated 30 May, 2006, https://www.aph.gov.au/about_parliament/parliamentary_departments/parliamentary_library/publications_archive/archive/mediaregulation.

能力控制该公司。①

多元、独立的媒体被视为西方民主运作的核心，但澳大利亚政府严格的监管未能确保多种声音。自 20 世纪 80 年代中期以来，尽管对媒体所有权的管制逐步放松，但所有权也变得更加集中。2015 年时任通信部部长的马尔科姆·特恩布尔提议进一步放松管制，促进大都市电视网络与地区性电视台和媒体所有者合并，并且允许持有广播和电视许可证的同时出版报纸。② 澳大利亚除知名的澳大利亚广播公司（ABC）外，商业电视台主要有七频道、九频道和十频道，这些都是全国性电视网，此外还有城市电视台、卫星电视、互联网电视等。③ 2018 年 7 月，费尔法克斯传媒集团与九频道进行合并，成为澳大利亚最大的全媒体集团。

2019 年上半年，澳大利亚通信和媒体管理局发现 WIN 传媒集团的所有者戈登在 Prime 传媒集团的股权交易中违反了媒体控制和多元化法规。戈登 2019 年 4 月 29 日获得了 Prime 公司 11.59% 的股份，加上原有的 14.99% 的权益，戈登占公司总权益升至 26.58%，这使戈登能够控制 Prime 子公司持有的商业电视许可证，直到 2019 年 5 月 24 日戈登出售 11.73% 的股票。而这段时间内，戈登被发现违反了八个单独许可区域中的 "一对一" 商业电视许可法规，而且还导致在 40 多个许可区域发生了令人无法接受的媒体垄断情况。④ 通信和媒体管理局审议了戈登提供的证据，表明违规行为是第三方采取的行动而导致的，因此，戈登无法知道自己违反了媒体法；而且他一旦意识到这一错误，便立即采取行动将其 Prime 公司部分股份出售。执法部门没有发现任何证据表明戈登在此期间采取了任何实际步骤来控制 Prime 子公司。

总之，西方国家所有权规制仍然把重点放在传统广播电视媒体并购或

① The Role of the ACMA, Definition of Control, https：//www.aph.gov.au/about_parliament//parliamentary_departments/parliamentary_library/publications_archive/archive/mediaregulation.

② Keri Phillips, Andrea Carson, Media Ownership in Australia, https：//apo.org.au/node/57777.

③ 王敏、（澳大利亚）王毅：《互联网时代西方媒介规制政策的转型与重构——以澳大利亚媒体法律改革为例》，《现代传播》（中国传媒大学学报）2018 年第 6 期。

④ Bruce Gordon Breached Media Control and Diversity Rules, https：//www.acma.gov.au/articles/2019-10/bruce-gordon-breached-media-control-and-diversity-rules.

跨媒体并购上，而对互联网新媒体的所有权限制很少，从而导致谷歌、脸书、推特、奈飞（Netflix）等新兴信息传播公司在欧洲各国和澳大利亚形成垄断。

三　视听产业促进与保护

各国在视听文化产业发展过程中，逐渐认识到影视文化产业具有公益和商业两种属性，所运用的财税金融手段日益趋同，但是由于历史传统、市场程度、国家战略的差异，各国直接或间接的资助形式有所不同，大体形成政府主导模式和市场主导模式。无论何种财税金融扶持模式，政府在促进本国文化产业发展中均发挥着不可替代的重要作用。

1. 设立影视文化贸易协调机构，提高国际竞争力

二战以后，在全球电影贸易中，美国好莱坞电影取代法国等欧洲国家电影成为世界主宰。美国电影占有欧洲票房的 7 成，并在全球 160 多个国家和地区放映。美国还占据世界 75% 的电视节目贸易市场和 60% 的广播节目贸易市场，每年向国外发行的电视节目总量达 30 万小时，一些发展中国家播出的电视节目中美国电视节目占到 6 成以上。[①] 据世界文化产业创意中心数据，"美国电影数量占全球总产量的 6.7%，放映时间却占据了全球总放映时间的一半以上"[②]。现代流媒体从根本上改变了视频生产与消费模式，出现 AVOD（广告型视频点播）、SVOD（订阅型视频点播）和 TVOD（交易型视频点播）三种模式。奈飞（Netflix）和亚马逊视频（Amazon Video）占据欧洲 SVOD 服务 2/3 的市场份额。欧洲视听观察中心调查统计，在电视频道全天时段所播出的欧洲电影所占比例为 28%，美国电影 68%，其他国家和地区为 4%。[③] 这些数据说明，以美国为首的影视公司和互联网公司占据全球影视传播的垄断地位。

影视作品是一种特殊的文化产品，美国在国际贸易体系中，将影视产品纳入国际贸易谈判清单，为影视出口提供外交支持，甚至还使用政治手

[①] 钱寿海：《美国文化产业的成功经验和启示（一）》，《企业研究》2015 年第 2 期。

[②] 世界对外文化交流中心：《世界文化产业创意中心：美国文化产业现状》，搜狐网，http://www.sohu.com/a/109008170_457646。

[③] Films on TV: Origin, Age and Circulation (2017 Edition), www.obs.coe.int.

段和贸易制裁措施为好莱坞电影进入海外市场创造条件。1985 年韩国政府为保护本国电影产业，规定国产影片全年放映时间必须为 146 天以上；对此，美国随即要求其改变该政策并允许美国公司在韩国建立影视发行公司。中国是世界人口最多的国家，被好莱坞电影公司形容为"未被开发的富矿"。中国加入世贸组织谈判时，美国设置谈判条件，要求中国允许美国资本进入中国电影市场并增加美国电影的进口配额数量。2012 年中美就 WTO 框架下电影贸易问题达成协议，中国将电影配额由每年 20 部提高到 34 部。美国商务部在对外贸易司下设电影处，专门负责促进影视产品国际贸易。美国政府驻外机构和一些非政府组织也经常搜集与研究国外影视产业相关市场信息，为企业海外贸易提供决策参考。

在影视对外贸易方面，美国成立的众多研究和促进机构功不可没。早在 1960 年美国成立了全国扩大出口委员会，专门研究和制定包括影视产品在内的出口贸易政策和研究报告。1979 年美国出口委员会直接由总统领导。1983 年美国成立关于工业竞争力的总统委员会，重点研究国际竞争力问题，通过研究报告对各级政府提供政策咨询和建议。美国商务部对国际竞争力的研究也很重视，1982 年 1 月推出"竞争评估项目"，开始系统进行行业竞争力的分析与评估。1986 年，美国成立竞争力委员会，这是一个以提高美国工业界在世界市场的竞争力为宗旨的非营利、非党派的学术和政策研究组织，其成员来自企业界、高等院校和劳工组织。[1] 美国竞争力委员会 2019 年 8 月在华盛顿又成立了国家创新与竞争力前沿委员会，旨在为各行业的繁荣和创新开辟一条新道路。[2]

日本政府 1954 年开始建立"最高出口会议"制度，研究制定出口贸易政策，综合协调各个产业管理部门。日本经济产业省 2001 年制订了产业集群计划，旨在促进中小企业参与技术创新与合作，冀望通过技术引领创建新企业、新产业来增强日本产业的国际竞争力。1997 年日本制定了《促进特定地区产业集聚的临时措施法》，刺激区域产业的集聚，提高产业竞争力，实现

---

① 金明律、张玉利等：《中美关于"国际竞争力"研究现状之比较》，《现代财经》1996 年第 1 期。
② The Council Formally Launched the National Commission on Innovation and Competitiveness Frontiers，https：//www.compete.org/.

本地产业可持续发展。政府为产业集群计划提供预算支持，提供公共资金促进大学、研究所和企业的研发及其间的合作。日本对外贸易组织致力于促进出口，支持日本中小企业国际扩张，推动经济发展；后来增加了一些职能，为外国公司进入日本市场提供支持。

韩国从1965年建立了"扩大出口振兴会议"制度，定期召开会议，专门研究韩国出口贸易问题与政策。2006年3月，韩国实施新的电影配额制度。韩国电影振兴委员会、文化产业振兴院、游戏产业振兴院等机构职能中都包含出口贸易支援，并通过与韩国贸易投资促进社合作，增加海外商业机会。韩国文化产业振兴院属于非政府组织，其海外设立的办事处不断搜集相关产业信息，进行市场调研，寻求与当地文化企业的战略合作，推广韩国影视文化产品。2011年韩国文化产业振兴院和中国流媒体视频网站PPTV达成战略合作协议，为韩国电视剧、综艺节目进入中国开辟了渠道，这就是韩剧在中国热播的重要原因之一。

2. 政府成立文化产业基金，改变财政投资和引导扶持方式

欧美国家推崇市场机制，中央政府通过成立专项基金对影视文化创意产业进行扶持。除了纯公益文化或政策性项目扶持外，多数国家的政府文化艺术基金往往以政府财政拨款作为种子基金或母基金，与各类社会资本共同投资具有商业回报的产业项目。根据美国基金会中心数据，全美有各类基金超过15.6万家，90%以上没有设立网站。其中政府基金虽然在数量或是资产上所占的比例较小，却在教育、科技、文化、艺术等领域起着领导、协调和组织的重要作用。美国国家艺术基金是联邦政府对文化艺术进行扶持引导的公益性基金，主要经费来源为国会拨款，以促进各种艺术形式的共同繁荣，同时推广普及文化艺术教育。其资助范围包括舞蹈、设计、传统民俗艺术、歌剧、音乐、绘画、电影、剧院等领域的卓越作品和艺术活动。2010年资助了64个与广播电视相关的项目，包括绘画、文学、舞蹈、设计等各类艺术节目的制播或者其他艺术教育节目制作，典型的是美国大师系列纪录片。[1] 2012年度与电影相关的资助项目有密苏里州欧扎

---

[1] 雷漪：《美国国家艺术基金会资助机制研究——以电影项目为例》，硕士学位论文，西南大学，2013。

克山区举办的乡村电影节和旧金山举办的南亚国家电影节。此外，基金会还与联邦和地方政府机构、艺术机构以及其他非营利组织合作开展一些特色项目，比如农村设计研究所是国家艺术基金会与住房援助委员会等合作的一个项目，旨在通过规划、设计和创新的场所营造来提高美国农村地区的生活质量和经济生存能力。① 美国国家人文基金也是公益性基金，经费主要来自政府拨款，通常用于文化机构诸如博物馆、档案馆、图书馆、大学、公共电视台和广播电台等。自1965年成立以来，已为6.4万个项目提供了56亿美元资助。其中媒体项目涉及电影、广播、电视、网络视频、微视频等，又分为摄制资助项目和发展资助项目，后者还包括影视分发系统开发等项目。2018年度摄制资助项目包括制作长纪录片《北京的贝多芬》、系列文化教育片《智慧历史：处于危险之中的文化遗产》、长纪录片《但丁（1265-1321）》②、美国大师系列纪录片之一《女演员梅·韦斯特：我不是天使》、纪录片《漫画美国：弗莱舍兄弟的故事》、长纪录片《奴隶贸易：创造新世界》等，分别获得20到80万美元的资助。另外，数字人文进步资助项目经常与美国博物馆和图书馆服务研究所共同资助，资助过的项目包括《用机器学习和计算机视觉技术挖掘历史影像档案以支持文化遗产研究》《虚拟空间：虚拟的早期剧院与互动体验》等。2019年4月美国国家人文基金会向全国233个人文学科项目拨款2860万美元，项目包括文化基础设施、学术研究、展览、纪录片和历史藏品保存等领域。洛克菲勒、卡内基、福特、比尔·盖茨、保尔森基金会等在美国政治经济格局中扮演重要角色，以不同方式影响美国，甚至对世界政治经济文化产生重大影响。正如洛克菲勒声称，"华盛顿的美国国务院是我们最大的支持者，我们的大使、公使和领事协助我们开发海外市场，把产品推向世界的各个角落"③。同时，私人基金会可以为政府做"没有做、不能做或不愿做的"事情，不仅弥补了政府公益投资的不足，有利于缓解社会矛盾、满足社会福利、发展文化教育，还常常成为输出美国价值观念和意识形态的有效载

① https：//www. arts. gov/national-initiatives.
② https：//www. neh. gov/grants/public/media-projects-production-grants.
③ 〔美〕约翰·D. 洛克菲勒：《抓住每分钱：洛克菲勒自传》，徐建萍译，陕西师范大学出版社，2009，第54页。

体，以其"温柔之姿"成为政府外交政策的一只"看不见的手"。[①]

欧洲国家文化产业投资的另一个重要来源为彩票基金，英国、意大利、芬兰等国家文化产业扶持资金中大约 30% 来自彩票基金。英国彩票委员会负责彩票发行和管理，而政府的数字、文化、媒体和体育部负责将资金分配给英国电影协会、英格兰艺术委员会等非政府组织以资助影视文化产业发展。发行彩票基金用以弥补国家财政投入的不足，英国文化基础设施建设的资金主要来源于彩票基金。2019 年 10 月，英国数字、文化、媒体和体育部宣布投入 2.5 亿英镑发展文化创意产业，其中文化投资基金提供超过 9000 万英镑，这是政府对该领域有史以来最大的一笔专项投资。[②]

另外，英国一些地方也成立文化创意专项基金以促进当地文化产业发展，比如伦敦的创意资本基金、东英格兰的低碳创意基金、威尔士的创意 IP 基金以及伯明翰的创意优势基金等地方性产业基金专注于影视文化创意产业投资或资金扶持。在西米兰，英国地方政府主导成立的卓越创意基金属于私募股权基金，目的是增强和发展当地创意产业，所得利润滚动投资。

韩国的政府和民间文化产业发展基金也扮演着重要角色。1997 年韩国将电影业列为风险投资行业，各类风险投资逐渐成为电影产业发展的助推器。政府出台专门的文化产业投资基金相关法律法规，规范风险投资基金的运作，先后出台了《文化艺术振兴法》《文化艺术振兴法实施令》《文化振兴基金的筹集和管理规定》《文化艺术振兴支援金管理规定》《文化艺术振兴基金赠款管理规定》等法律规范。根据《风险商业特殊措施促进法》，韩国政府成立的韩国母胎基金，专门为创新创业期的中小企业和风险企业提供长期稳定的资金。韩国母胎基金的政府投资部分由六个文化产业相关部门组成，包括中小企业厅、韩国文体观光部、韩国知识产权局、韩国通信委员会、韩国电影协会、韩国雇用劳动部，其中政府投资组合各

---

① 程恩富、蒯正明：《美国基金会"慈善"的内幕和实质》，《毛泽东邓小平理论研究》2018 年第 12 期。

② New £ 250 Million Culture Investment Fund Launched，https：//www.gov.uk/government/news/new-250-million-culture-investment-fund-launched.

部门分别设立账户，专注于各自擅长的不同投资领域。① 此外韩国政府还设立了多个专项基金扶持文化产业发展，如电影振兴基金、文艺振兴基金、信息化促进基金、文化产业振兴基金等。

3. 允许通过补贴和进口限制来保护本国视听文化产业发展

为了保护欧洲文化的多样性和构造一个统一的视听产业市场，欧盟允许各成员国对视听产业进行补贴，但补贴标准逐渐要求平衡和统一，即不得超过最高限定标准。1997 年《阿姆斯特丹条约》所附的关于成员国公共广播的议定书规定，只要成员国不影响欧盟竞争，就可以自由资助公共服务广播。由此，欧盟委员会还进行了比例测试，以检查是否存在公共资金的过度补偿或与公共服务不成比例。② 由于无法细分商业项目和公共项目，所以采用一种全球计算模式，如 2003 年检查法国公共广播公司以其传播的所有节目来计算成本，因此欧盟委员会的测试比例结果会偏低。欧共体通过的《电视无国界指令》，旨在规范欧盟国家之间影视产品的自由流通，允许通过政府补贴与配额限制的方式来保护本国视听产业，试图削弱美国影视产品在欧盟国家的强大影响。《欧盟委员会通讯法》明确了国家对公共广播电视等视听产业进行资助的总框架。《电影和听视作品法规》进一步规定了欧盟委员会对欧盟国家资助本国视听产业的具体评估标准。欧盟反对无限制的补贴，各国应将补贴力度限定在视听出版物投资总额的 50% 以内，但也存在例外条款，对那些在欧盟市场上因语言和文化受到限制的视听作品允许例外。欧盟在发展视听产业过程中，注重保护那些相对不发达地区或具有传统民族性的视听产品，使得文化多样性得以传承。③

有数据统计，欧盟国家 60% 以上的视听作品直接或间接地获得政府方面的补贴。欧洲理事会 1990 年 12 月通过了"媒体计划"，以鼓励和发展欧盟视听产业为宗旨，资助期限为五年。该计划实施完成后又继续实施了"媒体计划Ⅱ"和"媒体附加计划"。这三项媒体计划为欧盟视听产业资助

① 谢鞸:《韩国促进文化产业投资的政策》,《文化学刊》2015 年第 6 期。

② Pauline Trouillard: Financing the public service broadcasting under European Union law, https://revistacomsoc.pt/article/view/829/809.

③ 邓向阳、廖进中、彭祝斌:《欧盟视听出版物补贴政策及对我国的启示》,《出版发行研究》2010 年第 8 期。

了近亿欧元，具体包括对一些上映欧洲影片的电影院进行资助；对欧洲本土的影视院校提供资金支持；成员国内推广非本国欧盟影视作品；扶持一些由多个成员国参加创作的影视作品；每年赞助多个欧洲电影节等。2011年的第 64 届戛纳电影节，入选影片中就有 20 部影片获得过欧盟"媒体计划"的资助或补贴。

《德国电影资助法》对政府财政补贴电影产业有明确的规定和标准。比如制片人必须是德国居民，或欧盟其他成员国居民在德国境内设有分公司；生产商或制片人出品的电影必须有德语版本；影片的拍摄制作及剪辑工作 30%以上在德国完成；影片导演是欧盟成员国的居民或具有德国文化背景的欧盟成员国公民，或者参与影片制作的大多数演职人员应该是德国人或者欧盟成员国公民；影片首先在德国境内以德语的形式播映，或者在电影节上代表德国进行播映。该法对政府资助的电影从制片人、导演到演职人员以及发行放映等方面都有具体的要求。为此，德国设立了国家电影资助机构，这是联邦一级最大的电影资助机构，每年为德国电影的制作、发行与保存提供大约 3000 万欧元的财政资助。① 除了国家电影资助机构外，德国还有联邦政府文化与媒体代表处、汉堡电影资助机构、北威州电影基金会、拜仁州电影电视基金会等国家或州级影视产业扶持机构。

进口限制通常"指一个国家对某种商品在一定时期内予以限制，规定可以进口商品的数量或者金额，在规定数量以内的商品可以进口，超过数量的不予进口或者要对该部分商品征收高额的进口关税"。电影进口配额制度、进口许可证制度等是限制影视作品进口以防止外来文化冲击的重要制度。面对美国影视文化的冲击，欧洲各国采取措施保护本国的影视产业，对外设置影视作品进口限制，主要体现在限制"非欧洲作品"的最高进口比例和美国电影的进口比例，如法国规定电影院放映非欧洲影片的比例最高为 40%。欧盟与美国在世贸组织框架下就文化产品的属性进行了长期的谈判，为维护欧盟自身利益坚持"文化例外"原则。此外，欧盟还通过《与贸易有关的知识产权保护协定》等国际条约实现欧盟视听产业的文化保护。

---

① 张生祥：《全球化时代的德国电影产业政策与市场结构》，《国际影坛》2007 年第 5 期。

　　根据国际普遍的电影进口配额制度，中国从 1994 年开始每年引进 10 部海外分账影片，1999 年年底分账片增加到 20 部，目前中国每年进口分账影片配额提高到 34 部，制片方、发行方、放映方采取协议分账的形式在中国发行，进口的分账影片大多数为好莱坞电影大片。2012 年中美双方就解决 WTO 电影相关问题达成协议，将电影配额提高到 34 部，美方票房分账比例由 13% 提高到 25%，增加民企发行进口影片的机会。该协议期限为 5 年，由于中美贸易争端可能会影响后续协议。中国进口电影中除了不买断版权的分账影片，还有一种买断中国境内发行权的批片，批片大多由民营公司进口并承担电影审查与配额上映的风险。2018 年中国上映进口电影数量同比大幅增长，增量主要来自日本、印度、欧洲、澳大利亚等地的批片。2018 年进口影片中，新上映分账片 35 部票房 175.2 亿元人民币，新上映买断版权的批片 87 部票房 39.4 亿元人民币。

第二节　国际法治监管规制

　　由于信息网络早已深入社会生活的方方面面，因此确保网络信息安全和网络运行安全被提升到各国最高政治层面。网络安全包括关键信息基础设施安全、数据安全、信息内容安全、网络和软件运行安全等，网络视听信息内容传播以及个人隐私保护也被纳入网络安全总体框架。因此，在确保网络安全的基础上，各国加强对网络视听产业的法治监管。在公共或商业广播电视体制中，各国法律对其必须传播的本国节目内容和数量或时间也有明确的规定。

　　在英美等西方国家，法律一般分为三个层次，即宪法（Constitution）、法律（Acts）和法规（Rules and Regulations）。如英国《有线电视法》（Cable Act），美国《联邦通信法》（Telecommunications Act），美国《公共广播法》（Public Broadcasting Act）等，国内有时把英美法律翻译为法案。

一　网络非法信息管制

　　信息内容法治主要涉及三个方面：一是监管范围，因各国政治体制、文化环境、信仰习惯等因素差别巨大，同一个内容在各国有不同的结论，比如色情视听内容，有些国家管制所有色情内容，而部分西方国家只是禁止儿童色情内容；二是监管理手段，主要采取视听内容分级、儿童色情内容技术屏蔽系统、行政许可等；三是运营商义务，极少国家要求网络服务提供商直接对内容承担法律责任，有些国家要求网络服务提供商审查内容，同时规定了免责条款。① 总之，各国法律明确规定了哪些互联网信息内容受到管制，该领域的各项具体法律条款各国差异较大。

欧美各国对于未成年人淫秽色情信息的互联网传播加以特别立法或加重刑罚，已成为基本共识。以美国为代表的西方国家对儿童色情信息传播予以刑事重罚，《美国法典》（United States Code）第 18 章第 2252 条规定："如果个人明知特定材料包含儿童色情信息，却仍然通过计算机或者邮寄的方式对其加以运输或传播，将被判处罚金，并判处 5 年以上 20 年以下有期徒刑。从事儿童色情制品的生产、拥有、接收、邮寄、销售、分销、运输或传输，将判处罚款，并处 10 年以上 20 年以下监禁。"② 个人以观看目的持有一部以上涉及儿童淫秽色情的书籍、影片、杂志等材料，可被判处罚金或 10 年以下有期徒刑；若个人涉及儿童犯罪前科，则被判处 10 年以上 20 年以下有期徒刑。在奥斯伯恩案中，法官指出："如果对持有和观看儿童色情作品的人实施处罚，将会减少该类作品的制作。"③ 英国《数字经济法案》主要涉及数字服务、数字基础设施、网络色情、知识产权、数字政府等内容。该法案第三部分为关于网络色情的规定，重点在于禁止未成年人接触网络色情内容。第 14 条第 1 款规定："任何人基于商业目的在英国境内提供网络色情信息，应确保在任何时间 18 周岁以下的人无法获取该内容。"④ 由国务卿任命、授权和资助独立的年龄核查官执法，年龄核查官有权对违法的色情网站等相关者处以罚款并强制执行，罚款最高不超过 25 万英镑或营业额的 5%。年龄核查官还有权责令网络或电信服务商对不配

---

① 沈玲：《全球网络安全立法及其核心法律制度的最新趋势和启示》，《现代电信科技》2016年第 5 期。

② Certain Activities Relating to Material Involving the Sexual Exploitation of Minors, https：//www. law. cornell. edu/uscode/text/18/2252.

③ 冯姣：《未成年人网络色情信息传播的法律规制》，《中国青年社会科学》2018 年第 4 期。

④ Digital Economy Act 2017, http：//www. legislation. gov. uk/ukpga/2017/30/contents/enacted.

合提供年龄核查信息的色情网站采取屏蔽或中断网络通信等措施，并向该网站的服务提供商等关联公司发出停止服务的通知。我国是《联合国儿童权利公约》缔约国，全国人大常委会批准《〈儿童权利公约〉关于买卖儿童、儿童卖淫和儿童色情制品问题的任择议定书》，并与《刑法》《未成年人保护法》《出版管理条例》等法律规范相衔接。

2007 年，欧盟出台了《视听媒体服务指令》，此后多次进行修订。[1]欧盟《视听媒体服务指令》确立了统一监管和分层监管原则。传统广播电视以线性服务为主，视听新媒体兼具线性和非线性服务特点，相对来说，线性服务受到严格管制，点播服务等非线性服务则受到较低密度的管制。无论线性视听媒体服务还是非线性视听媒体服务，都必须履行信息内容传播的基本义务。指令第六条规定不得煽动种族、宗教及国家之间的仇恨；第八条规定不得在电影版权所有者同意的时间之外传播电影作品；第九条对广告内容品质的规定，要求广告内容易识别，不得采用潜意识技巧，不得损害人性尊严，不得煽动种族、国家、宗教信仰、残疾等方面的歧视，以及禁止烟草及处方药广告等。[2] 分层监管体现在"线性视听媒体服务"和"非线性视听媒体服务"不同规制上，前者还要遵守《电视无国界指令》，包括播出欧洲作品比例、重大事件报道义务等；后者则监管较为宽松，只需要遵守最基本的义务。[3] 在有害内容方面，线性视听媒体服务不得传播含有严重损害未成年人身心健康，尤其是带有色情信息的内容和无端暴力的内容；而非线性视听媒体服务无此规定，但要求采用一定的方式确保未成年人不会接触到这些内容。

早在 2001 年 11 月欧盟通过了国际上第一个针对计算机系统、网络或数据犯罪的多边协定即《网络犯罪公约》，明确了签署国需要管制的九项网络犯罪行为，要求签署国通过立法、建立相应的执法机关和程序等方

---

[1]　Guidelines on the Practical Application of the Essential Functionality Criterion of the Definition of a "Video-Sharing Platform Service" Under the Audiovisual Media Services Directive（2020/C 223/02），*Official Journal of the European Union*，7（7），2020.

[2]　张文锋：《欧盟视听新媒体的内容规制》，《电视研究》2014 年第 2 期。

[3]　唐建英：《〈视听媒体服务指令〉与欧盟新媒体内容规制初探》，亚太地区媒体与科技和社会发展研讨会，2008。

式，将这些网络行为在国内法中予以规制；在国际合作方面，加强对互联网犯罪的联合行动。此外，公约在个人数据保护和隐私方面也做了相关规定。①

德国是欧洲严厉管制网络内容的国家，被称为"在全球传播界对于网络最不友好的国家"；在对多媒体、社交媒体的法治探索中，走在世界前列。德国互联网监管的法律规范主要包括《基本法》《电信法》《多媒体法》《联邦数据保护法》《青少年媒体保护州际协议》《信息自由和传播服务法》《社交媒体管理法》等。1997 年 8 月率先出台的第一部《多媒体法》，又称《信息与通讯服务规范法》，该法包含三个相对独立的法律即《电信服务法》《电信服务数据保护法》《电子签名法》；该法还对互联网信息传播有关的《著作权法》《危害青少年道德的出版物传播法》《刑法典》《违反治安条例法》中的相关条款进行了修订，是一部综合性很强的法律，规定了网络违法行为责任、个人信息安全、未成年人保护、儿童隐私保护等内容。其中《电信服务法》对网络信息传播实施分层管理，网络服务提供商对自己生产上传和提供的信息内容负有法律责任；对第三方提供的信息内容，网络服务提供商若仅提供接入服务则不承担法律责任；但是明知第三方提供的信息内容不合法，网络服务提供商在技术上有可能并且理应阻止其传播则须承担责任。对于未成年人保护，该法提供一种监管思路：修正《刑法典》和《违反治安条例法》的相关规定，发布严重危害青少年身心健康的网络信息内容将受到刑事处罚；只有当这些内容通过技术手段确保未成年人无法获得时方可传播；网络信息平台传播有害青少年身心健康的内容，政府可以委派"青少年保护特派员"进驻指导业务。②根据该法德国在全球率先成立专门的"网络警察"，加强互联网违法违规信息内容的监管以及打击其他网络违法犯罪行为。

2018 年 1 月德国颁布《社交媒体基本权利保护管理法》（简称《社交媒体管理法》）。该法案针对网络"仇恨、煽动性言论以及虚假新闻内

---

① 李丹林、范丹丹：《论英国网络安全保护和内容规制》，《中国广播》2014 年第 3 期。
② 唐绪军：《破旧与立新并举，自由与义务并重——德国"多媒体法"评介》，《新闻与传播研究》1997 年第 3 期。

容"，这项法案的实施使德国成为第一个通过立法限制社交媒体不当言论的国家。这部法律共分六个部分，即适用范围、社交媒体平台的职责和义务、对违法内容举报的处理、罚则、国内授权以及过渡阶段的规定。该法旨在通过加强社交媒体平台的主体责任和明确言论内容的分类，对社交媒体实施分级分类监管。该法规定，200 万个用户以上的社交媒体平台有报告义务，每半年公布一次用户举报数量及处理结果；同时规定社交媒体平台的信息分类处理。第一类是诽谤、诋毁、新纳粹和暴力煽动性质的言论，社交媒体平台必须及时删除被用户举报的非法内容；第二类是明显的有违现行法律的不良言论，平台必须在举报后 24 小时内删除或屏蔽；第三类是具有争议的言论，在举报后 7 日内做出处理。① 如果网络服务提供者发生严重违法行为，将面临最高 5000 万欧元的罚款。

德国不仅通过专门立法来规制互联网，而且对普通法的适用范围做了延伸，来限制不适宜内容的传播。《德国刑法典》第 131 条有关限制暴力内容传播的规定，向 18 岁以下的未成年人传播或者转播暴力描述、非人道言论的行为违法。根据该条款，在互联网上向未成年人传播暴力或非人道言论，同样触犯了法律，应受到相应的制裁。同样，关于限制传播阿道夫·希特勒时期的纳粹言论及相关标志、行为的法律均适应于互联网管理。②

英国对于网络内容的监管主要体现在对电影、视听内容的分级处理以及对于儿童色情信息等的管制等方面。英国《电影法》规定未经分级的影片不得进行播映和宣传，禁止儿童观看不适合他们的分级电影。英国电影分级委员会由文化、媒体和体育部指定，每年向议会提交报告。英国贸易标准和执法人员有权没收包括影视 DVD 光盘和视频游戏在内的各种非法视频作品。可以依法签发证据证书，该证据在法庭上被接受为独立证据，不需要出庭作证。在发现违法行为的情况下，他们还协助地方政府贸易标准

---

① 洪晓梅、齐宁：《德国网络社交媒体法律监管及对我国的启示》，《辽宁经济职业技术学院、辽宁经济管理干部学院学报》2018 年第 6 期。

② 张化冰：《互联网内容规制的比较研究》，博士学位论文，中国社会科学院研究生院，2011。

官员和警察的相关执法行动。① 根据法律法规，英国电影分级委员会特别
注意审查那些涉及暴力、犯罪、恐怖和毒品内容的影视作品。如 1988 年
在审查影视作品时，从 54 部录像带和 7 部电影中剪掉了暴力内容，它特
别关注性暴力和对妇女的普遍暴力问题。2014 年 10 月生效的《1984 年
录像制品法（豁免录像作品）实施细则》引入了新的 DVD 年龄分类要
求，主要涉及音乐、体育、宗教和教育等先前获得豁免的录像作品。该
细则规定，非电子游戏的视频作品描述或宣传暴力、可模仿的危险活动、
滥用非法药物、自杀或自杀未遂、自残行为、传授犯罪技术等内容，均
不属豁免作品。②

　　英国通信办公室制定的《广播法典》包括广播法典、交叉促销法典、
点播节目服务管理规定三个部分，其中包含对广播法的修订条款以及履行
欧盟视听媒体服务指令、欧洲人权公约相关条款的交叉解释，是涉及电
视、广播以及点播服务的一部重要法律规范。其中广播法又包括未成年人
保护、有害和侵犯、犯罪和滥用、宗教、公正准确和不应有的观点突显、
公平、隐私、选举和公民投票、电视节目商业传播、广播节目商业传播等
10 章内容，这些内容的限制性规定涵盖范围广泛，也延伸到新媒体视听服
务。其中第一章有关未成年人保护的规定要求，相当于英国电影分级委员
会 R18 级的内容任何时候都不得广播；包含有性唤起或性刺激的图像和/
或语言的成人色情内容除了晚间 10 点到早间 5 点半在高级订阅服务和按次
付费/夜间服务以及强制限制访问的情况下操作外，任何时间都不得播放；
同时必须采取措施确保订户是成年人。第三章有关犯罪、仇恨等信息内容
传播的规定，其中规定：煽动犯罪或破坏社会稳定的内容不得在电视、广
播或 BBC 点播节目中播出。除非有正当理由，否则包含仇恨言论的内容不
得在电视、广播节目或 BBC 点播节目中播出。在广播法典第三部分点播节
目服务管理规定要求：点播节目服务不得包含煽动基于种族、性别、宗教
或国家仇恨的内容；点播节目服务不能包含任何"特别限制性内容"，除

---

① Law Enforcement, https：//bbfc. co. uk/industry-services/law-enforcement.
② The Video Recordings Act 1984（Exempted Video Works）Regulations 2014, http：//www.
legislation. gov. uk/uksi/2014/2097/regulation/2/made.

非已采取有效措施防止十八岁以下未成年人无法视听到。[1] 可以说，《广播法典》反映了英国网络视听内容管制的各方面。

英国开始加大对互联网非法信息传播的打击力度，先后颁布《儿童保护法案》《儿童法》《淫秽出版物法》《青少年保护法》《社交媒体法》《网络身份保护法》《数据保护法》等法律法规，对于那些严重违法行为，要依法追究刑事责任。在 2002 年裁判的某网站提供色情信息案中，针对网站提供免费的色情信息预览，英国初审和二审法官均做出了有罪判决，判处30 个月监禁的刑事处罚。法官认为，在网站上提供色情信息预览，给包括儿童在内的人提供了接触色情信息的机会。只需要证明这些需要保护的未成年人有接触到这些信息的可能，就可以认定该网站违法。[2] 2015 年 2 月，英国一名妇女通过社交网站脸书传播极端思想，获刑 5 年 3 个月。

美国《通讯法案》明确要求对淫秽、暴力视频节目传播进行管制。[3] 法案第五部分"淫秽与暴力"，要求有关色情内容的电视节目必须加密，阻止非订阅用户或儿童收看；偷接有线电视频道、偷接成人视频节目属于违法行为；有线电视运营商有义务提供一定时间的公共服务性质的节目。对视频节目实行分级，使用芯片技术帮助家长阻止不适合儿童收看的淫秽、暴力等节目。该法规定了非法传播淫秽内容的法律责任，对无线或有线电视运营商播放淫秽节目的罚款提高到 10 万美元。

鉴于电影、电视等视听产品分级制在违法内容传播监管方面的效果不够理想，美国在通讯法案后，又相继通过了一系列法案，进一步加强对广播影视和网络视听服务业的监管。美国制定《广播电视反低俗内容强制法》，加大对传播低俗内容行为的处罚力度，播出低俗节目内容的罚金从每次 3.25 万美元提高到 50 万美元，同时联邦通讯委员会拥有更多的执法和监管权限。《儿童友好电视广播法》要求电视机构为儿童播出不含淫秽、色情、低俗、暴力等内容的节目，规定每个多媒体视频节目传输商应提供

---

[1] The Ofcom Broadcasting Code (2019), https://www.ofcom.org.uk/__data/assets/pdf_file/0016/132073/Broadcast-Code-Full.pdf.

[2] Neutral Citation Number：[2002] EWCA Crim 747, http://www.bailii.org/ew/cases/EWCA/Crim/2002/747.html.

[3] Telecommunications Act of 1996, https://transition.fcc.gov/Reports/tcom1996.pdf.

至少含有 15 个节目的儿童友好节目时段；作为每月收费说明的一部分，每个多媒体视频传输商应为订阅用户提供如何屏蔽某些频道的提示；违法者将被处以每天高达 50 万美元罚款。① 美国联邦通讯委员会对哥伦比亚广播公司的 20 个子电视台分别处以最高 2.75 万美元的罚金，共计 55 万美元，原因是哥伦比亚广播公司旗下电视台在播出美国橄榄球联赛中场表演时发生歌星珍妮·杰克逊的露胸事件。

美国还出台《打击恐怖主义使用社交媒体法案》《网络安全信息共享法案》。前者包括评估激进社交媒体在美国发挥的作用、分析恐怖分子和恐怖组织使用社交媒体的方式和趋势、分类评估恐怖分子和组织使用社交媒体发布内容的价值。后者扩大了网络安全监管范围，要求互联网企业将特定的用户信息与国土安全部共享，国土安全部截获的信息数据必要时与联邦调查局、国家安全局等政府机构互联共享。此外，美国国防部规定军人使用社交媒体必须遵守《统一军事司法法典》，禁止评论、张贴或链接任何违背法典以及士兵准则的内容；军官不得利用社交网络进行自我推广或获得经济收益；指挥官将继续防控网络攻击等恶意活动，确保士兵不得登陆含有黄色、赌博内容或与仇恨、犯罪相关的网站。②

新加坡颁布《防止网络假信息和网络操纵法案》，该法规定，对个人而言，为传播虚假信息而制作或更改计算机程序软件，或明知该服务正在或将被用于传播虚假信息为其提供服务的个人，最高可判处 6 年有期徒刑或罚款 6 万新元或两者并罚。对个人而言，传播有损公共利益的虚假信息，造成严重后果，最高可判处 10 年有期徒刑或最高 10 万新元罚款或两者并罚。这些涉及公共利益的内容主要包括新加坡的国家安全；公共卫生、公共安全或公共财政；新加坡与其他国家的友好关系；总统选举或公民投票等。违法的网络平台可被判罚款高达 100 万新元。

二 严格保护数字版权

与知识产权相关的国际条约主要有《保护文学和艺术作品伯尔尼公

---

① 戴姝英：《美国电视分级制研究（1996—2009）》，博士学位论文，东北师范大学，2010。
② 马桂花、崔子都：《面临诸多难题，美国加大对社交媒体监管》，环球网，https://world.huanqiu.com/article/9CaKrnJFBjM。

约》、《保护表演者、录音制品制作者和广播组织国际公约》（简称《罗马公约》）、《世界知识产权组织版权条约》、《世界知识产权组织表演和录音制品条约》以及《视听表演北京条约》，这些公约为互联网数字版权保护奠定了重要基础，美国、英国、中国、日本等多数国家均已加入上述国际条约。《伯尔尼公约》是其中最早的国际版权公约，赋予作品的权利人享有精神权利和财产权利，其中精神权利包括署名权和保护作品完整权，而财产权利包括翻译、复制、改编、表演、制片、广播、朗诵等权利。

信息产业化和产业信息化等数字经济的迅速发展，为互联网数字版权保护带来了新的挑战，各国试图通过立法或修订法案重新协调数字内容产业各相关方的利益关系。欧盟《数字化单一市场版权指令》是继美国《数字千年版权法案》之后，国际社会加强数字内容产业和数字版权保护的又一重要法案，它对欧洲乃至全球互联网行业将产生深远影响。欧盟版权指令旨在寻求原创内容线上线下的同等保护，主要内容包括版权例外即合理使用情形、非流通作品的使用保护、延伸性集体管理制度、视听作品许可、新闻邻接权、在线内容分享平台的特殊责任等。其中第十五条和第十七条是此次版权法改革的核心，立法过程中争议巨大。第十五条规定："成员国应当规定，在一个成员国成立的新闻出版物的出版者，对于信息社会服务提供者在线使用其新闻出版物，享有指令第二条和第三条第二款规定的权利。本款规定的权利不适用于个人使用者对于新闻出版物的私人或非商业使用。本款提供的保护不适用于超链接行为。本款规定的权利不适用于对新闻出版物的个别字词或非常简短摘录的使用。"[①] 第四款规定："第一款所述权利的保护期限为新闻出版物出版后二年。该期限从新闻出版物出版后次年一月一日起算。" 也就是说该法赋予新闻出版商对新闻出版物的数字化使用的邻接权，要求新闻聚合网站等在线平台使用新闻出版物包括其中的片段的行为必须向新闻出版商付费，但规定了对私人或非商业使用、超链接、非常简短摘录等的例外情形。第十七条第四款规定："如果未获得授权，在线内容分享服务提供商应对未经授权向公众传播受

---

① 曹建峰、史岱汶：欧盟《单一数字市场版权指令》全文中文翻译，https：//www.secrss.com/articles/9879。

版权保护的作品和其他内容的行为承担责任，除非服务提供商证明其有以下行为：（a）已经尽最大努力获得授权；（b）对于权利人已向服务提供商提供了相关且必要信息的作品和其他内容，根据较高行业标准的注意义务，已经尽到最大努力来确保版权作品和相关内容不被侵犯；（c）在收到权利人发出的充分实质通知后，已经迅速采取行动，从其网站上移除或断开访问所通知的作品或其他内容，并根据（b）项的规定，尽最大努力防止它们将来被上传。"该法令对在线内容分享平台提出新的责任机制，需要其履行寻求授权和版权过滤义务，但不承担一般监控义务，这一规定主要针对视听内容分享平台。因此，此条款又被通俗地称为"链接税"和"上传过滤器"规定。此外，新版权指令第十三条对视频点播平台提供、获取视听作品提供了一种新协商机制，当寻求达成协议的各方当事人在面临与权利许可有关的困难时，可以寻求中立机构或调解机构的协助以达成协议，欧盟成员国须设立并公告相关调解机构。这种新的版权协商机制有利于扩大视听作品的许可机制，以实现用户对视听作品的自由使用。

英国的版权法或数字版权法在欧盟国家中颇具代表性。《版权、设计和专利法案》规定了作者的一系列精神权利。该法第七十七条到第七十九条规定，有合法版权的文学、戏剧、音乐或艺术作品的作者及影片的导演享有被认定为作者或导演的权利；同时要求依法认定以及规定例外情形，但该项权利不适用于电脑程式、字体设计以及任何电脑产生的工作，也不适用于版权拥有人授权下所做的任何事情。[1] 该法第八十条引入了作品完整权，即版权文学、戏剧、音乐或艺术作品的作者及版权影片的导演，有使其作品不受到贬损或者不正当修改，或遭受"损害名誉的处理"的权利。[2] 对作品的处理，如构成对作品的歪曲或毁损，或在其他方面损害作者或导演的名誉或声誉，则属贬损。第八十四条为起诉冒名作品的权利：在不存在著者权的情况下声明著者权属于违法侵权；任何人如果向公众出版、传播、展示、放映任何类别的作品或其副本，其中包含虚假署名，即

---

① Copyright, Designs and Patents Act 1988, http：//www. legislation. gov. uk/ukpga/1988/48/contents.

② 〔英〕哈泽尔·卡提、基思·霍金森、周红：《评英国〈1988 年版权、外观设计和专利法案〉对精神权利的保护》，《环球法律评论》1990 年第 2 期。

属侵权。第八十五条涉及某些照片和影片的隐私权，为私人或家庭目的委托摄制的照片或影片享有不向公众发布、展示的权利。立法保护作者或导演的精神权利，有利于维护其艺术声誉，但是这些精神权利的主张或行使往往有许多限制性条件和例外规定。

英国颁布的《数字经济法》，将《通信法》《著作权法》的适用范围扩展至互联网，内容包括通信办公室的职能、网络著作权侵权、独立广播服务、独立电视服务、视频游戏的相关规则、侵犯著作权和表演者权的处罚规则等。英国《数字经济法》包含对相关知识产权法案条款的修订，该法第四部分为知识产权的相关规定，就侵犯版权和表演者权的行为，修订了《版权、设计和专利法案》有关制作或传播侵犯版权的物品的刑事责任以及制作、传播或使用非法录制品的刑事责任，这两个条款修订后由此前最高 10 年有期徒刑减轻为最高 2 年；针对有线电视转播等版权行为，法案废除或撤销了《版权、设计和专利法案》《广播法》《版权及相关权利条例》中的一些条款，这些条款规定通过有线电视转播的行为不构成对公共服务广播的版权与邻接权等相关权利的侵犯，但新法案允许公共服务广播公司向转播者收取转播费。

为促进数字内容产业发展及全球竞争力的提升，美国最早全面实施数字版权战略，先后颁布《版权法》《半导体芯片保护法》《跨世纪数字版权法》《版权保护期限延长法》《电子盗版禁止法》《家庭娱乐与版权法》等系列版权保护法规，形成最为详尽的版权法律系统。《跨世纪数字版权法》不仅明确了商业软件中规避反盗版措施的刑事责任，同时界定了不对信息进行筛选就进行传播的网络服务提供商的责任，该法地位十分重要。① 该法规定了禁止规避访问控制措施的原则和例外情形，把反规避措施纳入刑法。跨世纪数字版权法对《美国法典》第 12 章有关条款进行补充修订形成第 1201 条第（a）（1）（A）款规定：任何人不得规避对受保护的作品进行有效访问控制的技术措施。第 1201 条第（a）（2）款规定：任何人不得制造、进口、向公众提供或非法买卖任何可构成下列三

---

① 〔美〕谢伊·汉弗莱、童雯：《美国对数字出版中侵权现象的应对措施》，《出版科学》2007 年第 1 期。

种情形之一的技术、产品、服务、设施、部件或零件。这三种情形是：（1）主要的设计或制造是为了规避对受保护的作品进行有效访问控制或保护版权人权利的技术措施；（2）除了以上目的或用途外，仅具有有限的商业效用或用途；（3）由明知用于规避技术措施的人销售。①

值得一提的是，俄罗斯对数字版权的法律保护也日益增强，不仅颁布《著作权及邻接权法》，加入了《世界版权公约》和《保护文学和艺术作品伯尔尼公约》。《俄罗斯民法典》第四部分即"智力活动成果和个性化标识权"，结束了有关民法典和专门法律之间的矛盾和冲突，主要的知识产权单行法均被废除，俄罗斯的知识产权法律关系，其中包括著作权关系都由现行民法典进行调整，这标志着俄罗斯著作权和邻接权立法进入一个新的历史发展阶段。②

三 保护个人数据权利

互联网个人信息覆盖面相当广泛，涉及网络交易、个人隐私、职业描述、医疗信息和生活行踪等。互联网个人信息的立法保护与传统媒体一样严格，这有助于协调公民与互联网企业之间的关系，增强公民对企业的信任。

2019 年 1 月，法国国家数据保护委员会对谷歌处以 5700 万美元的罚款，因其在透明度和获取用户同意方面违反欧盟《通用数据保护条例》相关规定。法国方面认为，谷歌使用数据前获取用户同意的流程不符合《通用数据保护条例》规定。法国国家数据保护委员会认为谷歌应将创建账户的操作与设置软件的操作分开，而捆绑营销行为是违法的。③ 2020 年 6 月法国最高行政法院国务委员会驳回了谷歌就法国国家数据保护委员会裁决的上诉。但是根据 2019 年 9 月欧盟法院的裁定，谷歌仅需要在欧盟范围内

---

① 王迁：《美国保护技术措施的司法实践和立法评介》，《西北大学学报》（哲学社会科学版）2000 年第 1 期。

② 周珩：《俄罗斯著作权法律保护的历史沿革》，《黑龙江省政法管理干部学院学报》2017 年第 4 期。

③ Romain Dillet, French Data Protection Watchdog Fines Google ＄57 Million Under the GDPR, January 21, 2019, https：//techcrunch.com/2019/01/21/french-data-protection-watchdog-fines-google-57-million-under-the-gdpr/.

遵守"被遗忘权"相关规定，而"没有义务对其全球的搜索引擎都进行这样的强制删除"；推翻了此前法国监管部门要求其在全球范围内删除的要求。

欧美等互联网信息发达国家对个人信息的立法保护一直处于世界前列，不过不同国家使用个人数据或隐私等不同的概念范畴。欧盟通过的《关于个人信息处理及个人信息自由传输的保护条例》即《一般数据保护条例》于2018年5月正式生效，标志着欧盟对个人信息保护及其监管更加严格，欧盟个人信息保护进入新的历史阶段。《一般数据保护条例》不仅拓展了个人数据的范畴，明确了数据主体对个人数据的基本权利，也规定了数据控制者与数据处理者的法律责任和义务。其中第五条第一款明确了个人数据处理的六条原则："应当以合法、合理和透明的方式处理；收集应具有具体、明确和正当的目的；数据处理应坚持适当、相关和必要的原则；数据应当准确；储存时间不得超过实现其处理目的所必需的时间；确保个人数据安全。"① 第十五条至第二十二条规定了数据主体依法行使知情权、访问权、更正权、删除权（被遗忘权）、限制处理权、可携带权、反对权等权利。针对儿童数据的处理，第八条规定处理16岁以下儿童的个人数据，必须获得父母或监护人的同意或授权；成员国的法律可以降低年龄要求，但不低于13周岁。第五十八条规定行政监管机构对违法行为可处以警告、诫勉、责令纠正或删除、暂停营业、吊销证照等处罚；也可以根据第八十三条规定的行政罚款的一般条件，区分一般违法行为和严重违法行为，对严重违法行为可以处最高2000万欧元或营业额4%的罚款。法案不仅对欧盟境内互联网企业具有效力，对于欧盟域外企业，只要存储、处理和交换欧盟国家个人数据信息，也在管辖范围之内。此外，欧盟《电子通信数据保护指令》《欧盟网络与信息安全指令》等法令也包含对个人信息的保护。

由于《一般数据保护条例》采用"条例"（Regulation）的形式，效力

① Regulation（EU）2016/679 of the European Parliament and of the Council of 27 April, 2016 on the Protection of Natural Persons with Regard to the Processing of Personal Data and on the Free Movement of Such Data, and Repealing Directive 95/46/EC（General Data Protection Regulation），https：//gdpr-info.eu/.

强于"指令",其效力优先于国内法,[①] 因此欧盟成员国国内法与之有冲突的部分必须进行修订,不过各国法律修订需要一个过程。德国颁布的《联邦数据保护法》明确了数据主体的权利、例外情形,以及对违法行为的惩罚,规定了联邦数据保护和信息自由专员制度以及数据保护官制度。其中第四条规定自动处理个人数据的公共机关和私营机构,应当任命一名数据保护官;并规定了数据保护官的任职条件、职责和权利义务。第六条增加了对公共领域的视频监控数据的限制条款,对诸如体育场、集会场所、购物中心等公众区域,以及对公众开放的用于航空运输、铁路运输和公交运输的大型设施和交通工具进行视频监控,只能是为了避免国家和公共安全所面临的危险或者检控犯罪,这些个人数据的处理或者使用才是合法的。[②]该法规定了数据主体的知情权以及更正、删除或者封存的权利与拒绝以上行为的权利;还规定了为自身商业目的收集处理和使用数据、为了传输和商业性目的的收集和存储数据、为了匿名传输和商业性目的的收集和存储数据等多种情形与例外。该法第三十八条有关监管执行的规定成为德国互联网监管的重要原则。其中第三十八条第四款规定:"监管机构任命的工作人员经授权可执行监督任务,为履行其监管职责的需要,可在工作时间进入有关机构的场所进行检查。检查对象包括商务文件,特别是本法所规定的信息和存储的个人数据以及数据处理系统。"第三十八条第五款规定:"为保证保护个人数据,监管机构可在本法规定的范围内采取措施,修改技术上和组织上不规范的个人数据处理操作,特别是已侵犯隐私权的,如果相关责任人未在合理期限内修改,则监管机构可禁止其不规范程序的使用,并处以罚款。如果数据保护官不具备专业知识和履行职责所必要的责任心,监管机构可以要求免除其职务。"第三十八条还规定,具有行业监管权的特定行业协会应该向相应的政府监管机构提交有关数据保护执行规则草案,政府监管机构应依据数据保护适用的法律法规审查这些规则草案。[③]

---

① 谢罡:《欧盟法中的指令》,《人民法院报》2005年7月1日,B4版。

② 刘金瑞:《德国联邦数据保护法2017年版译本及历次修改简介》,《中德法学论坛》第14辑。

③ 黄志雄、刘碧琦:《德国互联网监管:立法、机构设置及启示》,《德国研究》2015年第3期。

这些法律规定具体详细，可操作性强，有利于监管主体依法履行监管职责，也有利于市场主体预知自己的行为结果，及时做出自我调适。该法最后还规定了违法行为的行政和刑事处罚，严重违法行为将被判处二年以下有期徒刑或者罚款，罚款应当超过违法者的非法经营收益。德国的《多媒体法》也非常重视对个人数据的保护，其中第二章电讯服务数据保护法第三节第一条规定："只有在本法或者其他法规允许的情况下，或者使用者同意的前提下，个人数据才能在电信服务过程中被提供者汇集、处理和使用。"该法要求网络服务提供商不能以收集和使用个人数据为提供服务的先决条件，同时要求网络技术开发和应用以完全不或尽量少地收集使用个人数据为目标。

英国的《数据保护法案》构成一个更加完整的数据保护系统，除了欧盟的《一般数据保护条例》涵盖的一般数据外，还涵盖所有其他一般数据、执法数据和国家安全数据。该法不仅规定了数据主体的访问权、可携权、删除权等权利和限制以及数据控制者、联合控制者的义务，还规定了限制数据控制者可能收取的费用。其中第四十五条规定数据主体的访问权，数据主体有权从控制者处获得关于是否正在处理与其有关的个人数据的信息。第五十六条规定了数据控制者的一般义务，要求每个控制者必须实施适当的技术和组织措施，以确保并能够证明个人数据的处理符合法律要求；在数据处理合法的情况下，为履行法律规定的职责而采取的措施必须包括适当的隐私保护协议；对技术保护措施必要时须进行检查和更新。[①]该法全面考虑了个人数据、企业发展和国家安全之间的关系。

《美国信息自由法》规定政府数据以公开为原则，以不公开为例外。该法明确规定不宜公开的数据包括个人隐私等九类信息为信息公开的例外，包括保密文件、个人隐私、政府内部的联系、商业秘密和商业与财务信息、执法文件、金融监督材料、地质信息、机关内部人事规则、根据其他法律规定例外的信息。美国信息隐私保护法律体系针对不同行业、事务、社会关系范畴形成联邦和州不同层级的系列法律规范。除了综合性的

---

① Data Protection Act 2018, http://www.legislation.gov.uk/ukpga/2018/12/contents/enacted/data.htm.

《隐私权法》《联邦互联网隐私保护法》外，还有针对个体与媒体关系中的隐私保护规则。《侵权法重述（二）》第六百五十二条规定了四种隐私侵权类型：公开隐私事实；侵入私人领域；歪曲报道；姓名与形象擅用。《联邦视频窥私防止法案》针对未经许可且明知他人对被拍摄领域有合理隐私期待的情况下拍摄他人隐私的行为。针对个体与执法机构关系中的隐私保护，美国出台《电子通信隐私法》，其本身又包含三个法案，即《窃听法案》《存储通信法案》《记录器法案》。此外，美国还先后颁布了针对手机应用软件收集利用用户信息的《应用程序之隐私保护和安全法案》，针对 13 岁以下儿童在线信息收集与利用的《儿童在线隐私保护法》，以及《电邮隐私法案》《金融隐私权法案》《家庭教育权与隐私法案》《学生在线个人信息保护法案》《医疗信息保密法案》等专门性的法案。

美国《儿童在线隐私保护法》重点保护儿童个人信息和隐私不受侵犯。根据该法及美国联邦贸易委员会发布的实施细则，互联网服务提供商在收集 13 岁以下儿童个人信息时，必须发出通知，说明如何收集、使用和披露儿童个人信息；收集、使用和披露儿童个人信息时须获得父母的可验证同意；网站或在线服务运营商须建立并维护合理的程序，以保护从儿童那里收集的个人信息的机密性、安全性和完整性。[①] 此外该法还保证儿童言论、信息搜索和发表的权利不受到负面影响。2019 年 8 月，谷歌向美国联邦贸易委员会缴纳了 2 亿美元罚款，这是目前为止因涉嫌违反《儿童在线隐私保护法》而遭受处罚金额最高的案件。

消费者隐私保护也是个人信息隐私保护的一个重要组成部分。美国《消费者隐私权利法案》明确规定了消费者在线隐私保护的七大原则，包括消费者控制原则、安全原则、透明性原则、尊重内容原则、查询更正原则、有限收集原则和可问责原则。美国联邦贸易委员会在《最终隐私报告》中将"能够识别特定个人或特定终端设备"的消费者个人可识别信息和非个人可识别信息纳入在线行为广告领域个人信息的法律保护范畴。《加州消费者隐私法案》把消费者的权利概括为六项：信息获取权、信息收集知情权、信息出售或披露知情权、退出或加入权、信息删除权、平等

---

① COPPA-Children's Online Privacy Protection Act，http：//www.coppa.org/coppa.htm.

服务权，同时把"公开可得的信息"排除在法案保护的个人信息之外。考虑到加州硅谷在全球互联网领域不可忽视的影响，该法将对相关产业以及全球消费者隐私保护规则的发展产生重要影响。[1]

《新加坡个人信息保护法》主要包括个人信息保护委员会及其管理规定，保护个人信息的一般规则，收集、使用和披露个人信息，查阅以及改正个人信息，个人信息的保护与执行等内容。对信息义务组织的行为规范和例外规定，以及明确了信息权人的同意权以及信息义务组织收集、使用或披露个人信息的程序。任何个人或组织未经信息权人同意或者未按照法定方式向在册电话号码通过打电话、发短信的方式发送"指定信息"都是违法行为。[2] 当信息义务组织没有依法向信息权人提供其个人信息或未经他人同意擅自改动他人信息时，将最高被处5000新元罚金或最多12个月监禁，也可两者并罚。

俄罗斯颁布的《个人数据保护法》规定任何网络媒体收集、存储、处理个人信息相关的数据，必须使用俄罗斯境内的服务器，以实现数据本地化。2017年美国互联网企业领英违反该法而被俄罗斯联邦通讯、信息技术和大众传媒监督局责令关停。

四　立法监管智能信息

随着人工智能技术的发展，由人工智能自动处理和生成的新闻信息、文艺作品、量化交易、智能审批等日益广泛，人工智能在带来巨大便利和高效的同时，又潜藏着各种不可预测的风险，甚至引发诸多法律问题。欧美国家率先研究和制定人工智能细分领域相关的法律规则以应对即将到来的挑战。

人工智能生成的作品是否受著作权法保护，各国立法依然比较谨慎。英国《版权、外观设计和专利法案》中对作品的作者进行了界定，其中第九条第三款规定："如属由计算机生成的文学、戏剧、音乐或艺术作品，

① 崔亚冰：《〈加州消费者隐私法案〉的形成、定位与影响》，《网络法律评论》2017年第1辑。
② 马治国、张磊：《新加坡个人信息保护的立法模式及对中国的启示》，《上海交通大学学报》（哲学社会科学版）2015年第5期。

作者应当是对作品的创作做出必要安排的自然人。"① 人工智能生成的新闻作品是否受我国《著作权法》保护仍有很大争议，有学者提出人工智能作品的著作权通常应由开发者或法人享有，但素材主要由使用者提供的情况下其著作权应当由使用者享有；在人工智能作品保护模式上，演绎权模式比邻接权模式更为可取。② 人工智能生成的内容即使符合《著作权法》"作品"标准，也需要标明"人工智能生成"而放弃署名。这涉及人类诚信、作品创作的客观事实以及作品流通的市场秩序等问题。③

美国纽约市颁布的《政府部门自动决策系统法案》是该市针对公共服务领域人工智能决策的一部重要法规，第一次把公共政策中的智能生成决策纳入法治考量。该法要求纽约市成立一个由自动化决策系统专家和受自动化决策系统影响的公民代表组成的工作组，专门监督市政机构使用的人工智能自动化决策系统的公平性、问责性和透明度。2019 年 3 月，两位美国参议员提出一项新法案即《算法责任法案》，赋权联邦贸易委员会审查和评估各实体的自动化决策系统，要求这些实体确保其系统不会使用户遭受歧视，及面临安全风险。它适用于年平均收入 5000 万美元以上，并拥有超过 100 万名用户个人数据的企业，以及任何收集用户个人信息以"出售或交易"的公司。该法案涵盖了在各种行业中使用的人工智能软件，如面部识别、聊天机器人、招聘软件等。④

欧盟《一般数据保护条例》对于自动化数据处理与生成决策也做出延伸性监管。其中在第二条适用范围中明确规定："本条例适用于全自动个人数据处理、半自动个人数据处理，以及旨在形成用户画像的非自动个人数据处理。"第二十二条有关自动化的个人决策规定："数据主体有权不受此智能决策的约束：完全依靠自动化处理（包括用户画像）对数据主体做

① Copyright, Designs and Patents Act 1988, http://www.legislation.gov.uk/ukpga/1988/48/contents.
② 朱艺浩：《人工智能生成内容之定性的知识产权法哲学证成》，《网络法律评论》2016 年第 2 期。
③ 于雯雯：《人工智能生成内容的著作权》，《学习时报》2019 年 8 月 21 日，第 3 版。
④ Laura Foggan（April 22, 2019）：Algorithmic Accountability Act Reflects Growing Interest in Regulation of AI, https://www.lexology.com/library/detail.aspx? g=6712cc8a-1cb8-403c-8f3c-8296748cede0.

出具有法律影响或类似严重影响的决策。但当智能决策存在如下情形时，前款不适用：当智能决策对于数据主体与数据控制者的合同签订或合同履行是必要的时；当智能决策是欧盟或成员国的法律所授权的，控制者是决策的主体，并且已经制定了恰当的措施保证数据主体的权利、自由与正当利益时；或者当智能决策建立在数据主体的明确同意基础之上时。"①

　　欧洲议会对《欧洲机器人民事法律规则》提出相关立法建议，对此特别征询过旗下运输和旅游业委员会、司法和家庭事务委员会、公共卫生和食品安全委员会等部门的意见，并从法律和伦理的角度评估和分析未来欧洲机器人领域的一些民法规则。②《欧洲机器人民事法律规则》中不仅界定"自主机器人"和"智能机器人"的概念，还倡导建立一系列机器人法律和伦理准则，如保护人类免受机器人伤害、尊重机器人拒绝照顾、保护人类免受机器人侵犯隐私、保护人类免受机器人操纵的风险、管理机器人处理的个人数据、平等获取机器人智能学习成果等。③ 韩国《智能机器人开发和分销促进法》，将智能机器人定义为感知其外部环境、评估情况并自行移动的机械设备。

第三节　海外行业监管做法

　　现代社会重视规则与秩序，各行各业亦是如此。罗伯特·麦基弗指出，"任何一个团体，为了进行正常的活动以达到各自的目的，都要有一定的规章制度，约束其成员，这是团体的法律。"④ 具体到互联网社交媒体平台或视听媒体，就是随着行业兴起与影响力的扩张，其行业组织及自律

① Regulation (EU) 2016/679 of the European Parliament and of the Council of 27 April, 2016 on the Protection of Natural Persons with Regard to the Processing of Personal Data and on the Free Movement of Such Data, and Repealing Directive 95/46/EC (General Data Protection Regulation), https://gdpr-info.eu/.
② Motion for a European Parliament Resolution: with Recommendations to the Commission on Civil Law Rules on Robotics [2015/2103 (INL)], http://www.europarl.europa.eu/doceo/document/A-8-2017-0005_EN.html? redirect.
③ European Civil Law Rules in Robotics, http://www.europarl.europa.eu/RegData/etudes/STUD/2016/571379/IPOL_STU (2016) 571379_EN.pdf.
④ 邹永贤：《现代西方国家学说》，福建人民出版社，1993，第322页。

规则也在同步建设与发展。

一　国际行业自律组织

国际行业自律组织陆续制订了约束相关媒介的基本准则。国际商会在全球广告与营销行业中具有重要地位，其发布的《国际商会广告与营销传播准则》是全球广告业中重要的行业自律守则，倡导主动承担社会责任；尊重人的尊严，不得煽动任何歧视；不得无正当理由地诉诸恐惧、不幸或痛苦；不得煽动暴力、违法或反社会行为。该准则涵盖依赖广告生存的移动应用、游戏等，对收集个人数据和隐私保护、引发儿童和青少年不良行为和态度、不得误导消费者、尊重消费者意愿以及告知消费者有撤回权利等方面都提出了具体的自律措施。① 目前有四十多个国家在此基础上构建广告监管规制。

国际唱片业协会致力于保护艺术家和音乐创作者免受盗版的危害，维护音乐作品的价值与版权。中国唱片总公司、中国录音录像出版总社、浙江音像出版社、上海声像出版社等也是其会员。协会发布《全球发行识别码标准》，通过技术手段对电子网络上的音乐发行提供一个唯一识别码，有效管理音乐版权，它使识别码的使用标准化并在国际上推广。②

国际多媒体协会联盟是由各个国家或地区的多媒体行业协会组成的非政府国际组织，也是联合国经济社会理事会认定的顾问组织。在促进多媒体行业国际标准化建设，多媒体技术创新以及培训交流、项目合作、知识产权保护等方面发挥重要作用，其亚太中心落户天津。

国际电影制片人协会是重要的国际电影行业组织，致力于保护电影和电视制片人的版权及经济开发权，中国电影制片人协会是其成员。它也是国际电影节的监管机构，2019 年共有 46 个国际电影节获得该协会认证并签署《国际电影节准则》，上海国际电影节是协会旗下电影节委员会成员之一。③

---

① ICC Advertising and Marketing Communications Code, https：//iccwbo. org/publication/icc-advertising-and-marketing-communications-code/.

② Grid Standard, https：//www. ifpi. org/GRid. php.

③ International Film Festivals, http：//www. fiapf. org/intfilmfestivals. asp.

国际电影音乐评论家协会是一个由在线、印刷和广播电视记者组成的协会，他们专门从事原创电影和电视音乐的写作与传播，成员来自澳大利亚、比利时、加拿大、中国、法国、德国、意大利、瑞士、英国和美国等国家。

国际电视资料联合会的使命是为全球广播电视媒体、国家音像资料机构提供音视频资料收集、存储、开发、利用及相关档案整理方面的合作平台。为加强广播电视内容多元化分发平台的版权管理，推广 MPEG-21 媒体协议，这是一种新的视听版权管理方法，有助于将叙述性协议转换为机器可读的数字协议。[①] 央视音像资料馆、上海音像资料馆曾获国际电视资料联合会年度大奖。此外，还有一个国际音像档案协会，致力于世界音像遗产的保护、获取和长期保存。

世界华文大众传播媒体协会在加拿大成立，是以华文报纸、杂志、广播、电视、电影、出版社、电子媒体、网络公司、广告公司、受众调查机构和媒体学者为主的，独立的、世界性非营利组织，主旨在于团结华文媒体和相关工作者，开展交流合作，提升媒体竞争素质，弘扬中华文化。

此外，还有亚洲太平洋广播联盟、国际电信联盟、国际电信协会、国际有线电视联盟、国际广播和电视组织、独立影视联盟、国际视觉传播协会、国际广播协会、丝路电视国际合作共同体、国际媒体与传播研究协会、国际微电影协会等，多数属于非政府组织的行业协会性质，活跃在不同国际舞台，发挥着促进行业交流、项目合作、标准制订、版权保护等重要作用。

二　各国行业自律规范

海外的视听行业自律规范也有多种渠道和方式，既有企业联合倡导的，也有非政府的行业组织实施的，还有一些是政府部门或国际组织推动实施的。欧盟《反虚假信息行为准则》，主要针对在欧洲具有垄断地位的

---

① MPEG-21 Media Contract Ontology in RAI: A new way to manage audiovisual rights, http://fiatifta.org/index.php/mpeg-21-media-contract-ontology-in-rai-a-new-way-to-manage-audiovisual-rights/.

新型社交媒体平台，这些社交平台大多并非欧洲本土企业，欧盟帮助制定行业自律准则，推动社交平台签署承诺并实施此自律标准，以此来打击虚假信息传播，脸书、谷歌、推特等在线平台以及知名广告企业签署了这个准则。该准则要求的自律承诺内容涉及广告投放审查、政治广告和议题广告、服务的完整性、赋予消费者权利、赋予研究界权利、监测准则的执行成效、评估期等方面。该准则还要求，相关签署方承诺投资于相关的产品、技术和项目，包括与新闻机构合作开发和实施有效的识别和过滤系统，帮助人们在遇到可能虚假的网络新闻时，提醒人们谨慎决策。① 2019年 1 月至 5 月，欧盟委员会对脸书、谷歌和推特履行该准则的承诺进行监测和评估。2020 年 6 月，新兴的短视频平台 TikTok 也签署了欧盟的《反虚假信息行为准则》。

与网络安全法律体系不同的是，在互联网信息内容管理体系中，以行业组织自律为主导的自治模式，逐渐成为西方网络管理框架中的主导模式。② 英国对视听产业内容的自律规范，主要发挥互联网相关行业组织的功能，比如网络观察基金组织、互联网服务提供商协会、独立移动设备分类委员会、点播电视机构等。行业协会通过自律协议发挥着至关重要的作用。1996 年 9 月出台的涉及网络内容规范的《R3 安全网络协议》由网络服务提供商协会、伦敦互联网交流平台和安全网络基金联合颁布，并由此建立网络观察基金组织。网络观察基金组织作为英国最有影响力的自律机构之一，管控儿童色情信息是其重要工作职责，并建立了分类明确的儿童色情信息等级划分标准。它和众多政府机构均有紧密合作，在收到用户有关非法网络信息的举报后，经过确认，按程序通知相应网络服务提供商将内容从服务器上删除。如果当事人不配合，英国网络观察基金组织会通报给相关的警察服务中心处理。如果网上非法内容的原发地不在英国，则通报给有关涉外机构处理。③ 英国还成立了儿童网络安全理事会，该组织会

---

① EU Code of Practice on Disinformation（2018），https：//ec. europa. eu/digital-single-market/en/news/code-practice-disinformation.

② 邓小兵、刘晓思：《中英网络治理的行业自律比较研究》，《甘肃行政学院学报》2017 年第 5 期。

③ 李丹林、范丹丹：《论英国网络安全保护和内容规制》，《中国广播》2014 年第 3 期。

员单位超过二百家，包括政府机构、互联网企业、法律机构以及教育科研机构等，如英国通讯办公室、互联网自律协会、英国电影协会、各大社交网站等，共同打造儿童安全上网环境。

在数字全媒体融合发展环境下，英国传统媒体自律组织，如英国记者联盟、报业投诉委员会、媒体协会、英国皇家电视协会等依然在网络视听内容提供的源头上发挥重要的自律功能。英国皇家电视协会旨在促进电视技术和艺术进步，举办业界研讨会，颁发一年一度的电视新闻、电视节目等奖项。有四千多名正式会员，包括主要赞助人英国广播公司、天空电视台和独立电视台等，还得到全球广播公司、制作人和顾问的支持。英国记者联盟是英国的记者行业协会组织，会员来自报纸、通讯社、电视台、电台、杂志社、出版社、网站和自由撰稿人等，其经费主要来源于会员缴纳的会费。作为行业协会，承担发放记者证、维护记者合法权益、实施行业道德自律、制订行业规范等职能。同时兼有工会性质，参与协调记者和公司之间关于工资待遇、工作条件等。英国一半以上的记者证是由英国记者联盟发放的，记者证有两个独立的申请表：工作人员和自由职业者。1936年英国记者联盟制定的记者行业道德规范即《英国记者联盟行为准则》影响至今，该行为准则规定了英国新闻业的主要原则，所有加入的记者都必须签署并同意遵守这个准则。该行为准则内容主要包括：始终坚持和捍卫媒体自由、言论自由和公众知情权；努力确保所传播的信息真实、准确、公正；尽最大努力纠正有害的不准确信息；区分事实和观点；抵制影响、歪曲或压制信息的任何威胁或诱惑，不利用在履行职责过程中获得的信息获取不当个人利益；记者在采访或拍摄儿童故事时，通常应征得监护人同意；避免剽窃作品。① 在英国记者联盟的推动下，成立了皇家新闻委员会。

英国通信办公室根据《通信法案》将规制广播和电视广告的执法权赋予了英国广告标准局。广告标准局是广告协会旗下的自律组织，这标志着英国广播电视广告的管理与印刷广告一样纳入了自律体系。此外，英国企业联合倡导的行业自律也有一定的影响力。英国移动运营商沃达丰等六家公司联合制定《英国新型手机内容自律行为准则》，得到英国其他主要移

---

① NUJ Code of Conduct, https：//www.nuj.org.uk/about/nuj-code/.

动运营商的支持。该准则把手机提供的视听内容进行分类处理：由移动运营商或签约的第三方直接提供的商业内容的，由移动运营商控制，通过与内容供应商的协议安排强制执行；其他基于互联网的用户上传内容不受移动运营商控制。为保护未成年人，该准则规定对商业视听内容进行分级、对互联网用户上传内容提供过滤服务、提示和取消非法内容、禁止垃圾信息等。① 英国手机内容分级组织发布了手机商业视听内容的分级标准，因分类清晰、易于操作被移动运营商广泛接受，而且在限制青少年接入不良内容方面效果显著，受到英国通信办公室认可。

与"小政府大社会"相适应，美国社会长期以来形成的媒体行业组织成为反视听节目低俗化不可忽视的管理力量。美国行业协会的管理非常严格，也很重视自律，广播、电影、广告、网络等各个媒体细分行业形成一套详细的行为规范，对行业市场行为具有重要的影响和制约作用。职业新闻记者协会发布的《职业新闻记者协会伦理准则》确立的四大基本原则：探寻和报道真相、最小伤害、独立采访、责任和透明，沿用至今，仍有重要影响。② 美国全国广播工作者协会所制定的广播电视节目和广告行为准则，对包含有关儿童隐私、暴力、吸毒、下流与淫秽言行等内容的电视节目作出了严格规定，对提升行业声誉和抵制低俗化倾向产生重要影响。美国电影协会是由全球领先的电影、电视及家庭娱乐节目制作发行公司组成的非营利性行业组织，不仅对美国电影进行自律审查和分级，也配合版权管理部门进行版权认证，依法保护视听作品版权，总部设在美国加州的洛杉矶，在布鲁塞尔、圣保罗、蒙特利尔及新加坡设有地区总部。流媒体科技公司奈飞也加入了美国电影协会，由此协会准则对网络视听内容产生重要影响。在互联网领域，诸如美国电脑伦理协会、计算机安全协会以及信息系统审查与控制协会、网络媒体道德联盟等，制定了行业伦理规范来规制市场行为。脸书、推特等社交网站通过与用户签订协议，发布权责声明以及保护用户隐私政策等，在加强平台约束的同时，也提醒用户注意相关

---

① UK Code of Practice for the Self-Regulation of New Forms of Content on Mobiles, https://www.ofcom.org.uk/research-and-data/media-literacy-research/childrens/ukcode.

② SPJ Code of Ethics, https://www.spj.org/ethicscode.asp.

义务。美国一些地方还建立了新闻评议会，也是行业自律组织，主要有华盛顿新闻评议会、明尼苏达州新闻评议会、新英格兰新闻评议会等，经费来源于基金会、协会、企业和个人的捐款，主要受理受众对媒体的投诉，加强公民与媒体间的沟通，推动新闻职业道德建设。各评议会公布了投诉准则，对投诉者、投诉对象、投诉内容、听证过程等内容有详细说明。华盛顿新闻评议会的《投诉准则》指明投诉的对象是针对广播电视台、报纸、杂志、网站等新闻机构，投诉的内容只针对新闻事实，不包括评论、广告、雇佣、商业等其他方面的投诉。评议会的仲裁不具有法律强制力，一般不接受经济赔偿的投诉，因此其自律效果非常有限。

在美国联邦贸易委员会的指导和支持下，美国行业组织形成的自律规范体系更加高效。美国数字广告联盟以广告代理商协会、互动广告局、全国广告主协会、商业促进局、直销协会、美国广告联合会和网络广告促进会等有影响力的行业组织为成员单位，先后发布《在线行为广告自律原则》《多站点数据自律原则》《移动环境中自律原则的应用》以及《跨设备数据控制与透明度的自律原则应用》等行业准则，有利于促进广告行为规范、个人数据保护和增进公民信任。数字广告联盟还授权其成员单位美国商业促进局和直销协会制定《在线行为广告问责机制程序》，接受和处理行业内投诉和申诉，成员单位违反自律规范的在线行为广告行为，消费者、商业实体或者其他利益相关者都可以向美国商业促进局或直销协会投诉。[①] 此外，在线隐私联盟也是美国重要的行业自律组织之一，致力于个人隐私保护，其发布的《在线隐私政策指引》用以指导网站和其他相关企业遵从隐私保护相关法律法规。在线隐私联盟要求会员公开隐私政策或隐私声明，确保网站访问者对其收集的数据和信息的知情权。"除了通知用户隐私政策之外，还必须征得其同意，以按照政策条款收集和使用其数据和信息。""在隐私政策中指明未经用户事先同意，网站或其他组织不得使用、出售、转让或以其他方式披露用户数据或信息。""隐私政策还必须包括有关用户如何选择退出或中止使用网站的说明以及具体实施步骤。""如

① 齐爱民、佟秀毓：《美国在线行为广告领域个人信息保护自律模式研究》，《苏州大学学报》（哲学社会科学版）2018年第3期。

果网站或组织向外界披露数据或信息，则隐私政策还必须详细说明第三方如何存储和维护向他人披露的数据或信息。"①《在线隐私政策指引》被美国许多隐私保护认证机构所采用，并作为它们自身的认证标准和加入认证的条件，但它本身并不监督企业是否执行该规范。

美国联邦贸易委员会为有效保护儿童在线隐私，提出了将行业自律与立法规制相结合的"安全港计划"。只要行业组织提交合规的自律规范，经审批后遵照执行就可以纳入"安全港"。经批准的"安全港"组织包括儿童广告审查小组、娱乐软件分级委员会、儿童安全协会等。行业自律规范要成为"安全港"，必须满足以下条件：该规范的保护条件不能低于《儿童在线隐私保护法》规定的法定水平；对于网络运营者的遵守情况，应建立有效的强制性的评估机制，如对网络运营商的个人信息收集行为进行随机的定期抽查或者定期审查；具有对网络经营者违规的处罚机制，如对网络经营者的违规行为进行强制性公告；对消费者进行赔偿补救；将违规的网络运营商转交给美国联邦贸易委员会等。②"安全港计划"有利于调动行业企业自律积极性和执行力，把自律监督和法治监管相结合。

企业认证是另一种自律形式，是企业严格自律的表现，出于企业自愿。TrustArc（前身为 TRUSTe）是美国知名网络隐私保护认证机构，其开发的隐私保护综合管理平台有助于企业简化隐私风险管理和达到合规要求，这种认证标志便于消费者识别，从而提升企业商业信誉。该认证项目分两类，即一般网络隐私认证项目和特殊认证项目，前者要求所有经过认证许可的成员网站提供消费者控制权、安全措施、不满和投诉解决程序、隐私声明。后者包括儿童隐私认证项目要求、欧盟安全港隐私认证项目要求和电子邮件隐私认证项目要求三项。③商业促进局在线组织是商业促进局委员会的附属机构，其认证标准实质上是八项原则，总结了建立和维护商业信任的要素，认证标准基于这些要素：（1）建立信任，保持良好的市

---

① Guidelines for Online Privacy Policies, http：//www.privacyalliance.org/resources/ppguidelines/.

② 黄晓林、李妍：《美国儿童网络隐私保护实践及对我国启示》，《信息安全与通信保密》2017 年第 4 期。

③ 徐敬宏：《美国网络隐私权的行业自律保护及其对我国的启示》，《情报理论与实践》2008年第 6 期。

场记录。（2）诚实地做广告，遵守已制定的广告营销规范。（3）说实话，诚实地描述产品和服务，包括对所有重要条款的清楚和充分的解释说明。（4）透明，公开确定业务的性质、范围和所有权，并明确披露所有影响客户购买决定的政策、担保和程序。（5）兑现承诺，遵守所有书面协议和口头承诺。（6）响应迅速，快速、专业、真诚地解决市场纠纷。（7）保护隐私，保护所收集的任何数据以免发生误操作和欺诈，仅在需要时收集个人信息，并尊重消费者在使用其信息方面的偏好。（8）体现诚信，诚信地处理所有业务交易，市场交易和承诺。① 这两家隐私认证机构的重要原则并没有太大的差别。微信海外版、小米手机等获得 TRUSTe 隐私认证，从而在海外市场具有良好声誉。

值得注意的是，欧美对人工智能前沿行业也在加强伦理规范。一些国家政府、非政府组织、科研机构、企业先后提出了人工智能伦理准则。美国生命未来研究所倡导的阿西洛玛人工智能准则、英国政府提出的人工智能准则等，都希望通过制定伦理准则来引领人工智能的发展。美国电气电子工程师协会发布《人工智能设计的伦理准则》，将人工智能伦理事项扩充到十三项内容，旨在推动人工智能系统的设计和开发中优先考虑伦理问题，保证人工智能的发展有利于人类福祉。欧盟委员会发布人工智能伦理准则，为了实现"可信任 AI"，明确了三项原则。AI 应当符合法律规定；AI 应当满足伦理原则；AI 应当具有可靠性；并进一步提出七项关键要求：人的自主和监督；可靠性和安全性；隐私和数据治理；透明度；多样性、非歧视性和公平性；社会和环境福祉；可追责性。虽然这份伦理准则并不具有法律上的约束力，但是欧盟在制定和修正法律规范过程中将体现这些原则和要求。②

三　海外行业自律机制

各国的行业组织基于不同国情和历史、文化、法律规范以及体制变革等原因，其行业组织的构成、职责、使命、资费来源与运营机制不同。即

---

① BBB Accreditation Standards，https：//www.bbb.org/bbb-accreditation-standards.
② 宋建宝：《欧盟人工智能伦理准则概要》，《人民法院报》2019 年 4 月 19 日。

使是西方国家普遍实施的视听内容审查与分级制度，在各国形成的运行机制也有可能差别很大。

美国宪法的规定使得政府对于电影等视听产品内容进行直接管制变得困难，因此政府转向鼓励行业自律进行审查分级和技术过滤。美国的电影分级制度对世界有重要影响，它是通过电影协会下设的分类和评级管理部门来实施的，这是由家长组成的独立委员会，根据《分类和评级规则》进行运作。《分类和评级规则》把电影分为 G 级、PG 级、PG-13 级、R 级、NG-17 级共五个评级，G 级即普通观众都可观看；PG 级即建议家长指引下观看，包含某些不适合儿童观看的内容；PG-13 级即不适合十三岁以下儿童观看，有暴力、性感、裸露等内容但没有达到 R 级，可能引起十三岁以下儿童不良反应；R 级即限制级，包含特别暴力、毒品滥用、裸体等成人内容，17 岁以下不适合观看，必须由父母或监护人陪同观看；NG-17 级即 17 岁和 17 岁以下未成年人禁止观看，NC-17 不代表法律上的淫秽或色情的标准或含义，也不应被解释为否定性判断，NC-17 评级可以基于暴力、性、异常行为、毒品滥用或其他大多数父母也会考虑的因素而禁止孩子观看。① 此外，美国电影协会的广告管理部门还发布了《广告管理规则》即《广告手册》，提供审查、批准和评级广告信息。经批准的广告分为两类，一是无限制的批准，二是有限制的批准，包括播出方式和播出时间、媒介的限制，比如有限制的观众广告（适用于 R 级或 NC-17 级的电影）显然不允许在公开的大众场合展示或播放。②

美国电视节目也进行相应的审查分级制度，《通讯法案》第五部分第551 条"电视广播中的家长选择"明确要求对电视和网络视频节目实行分级，并在播出时主动播放相关警示，使用芯片技术帮助家长阻止不适合儿童收看的淫秽、暴力节目。并要求成立电视节目分级咨询委员会，由普通家庭父母、电视节目制作人、有线电视运营商、公共利益团体代表等组成，咨询委员会根据法案中的鉴定指南，对包含性、暴力以及其他不雅内

---

① Classification and Ratings Rules, https：//www.filmratings.com/Content/Downloads/rating_rules.pdf.

② Advertising Administration Rules, https：//www.filmratings.com/Content/Downloads/advertising_handbook.pdf.

容的节目进行评分和分级。如果电视业没有制定节目分级标准，则实施联邦通讯委员会制定的分级标准。美国把电视节目分为六个等级，即 TV-Y、TV-Y7、TV-G、TV-PG、TV-14、TV-MA，除新闻和体育比赛外，电视节目播出前 15 秒和插播广告后需在屏幕左上角显示分级图标。图标中字母 Y 代表节目适合所有儿童观看；Y7 代表节目适合 7 岁以上儿童观看；G 代表普通观众都可收看；PG 则表示儿童需在家长指引下观看；14 表示节目不适合 14 岁以下儿童观看；MA 则代表成人节目，只适合成年人观看。TV-MA 类电视节目一般在有线加密频道的夜间 24 点到早晨 6 点播放，而网络平台一般谢绝播放。

美国的行业组织审查分级体系还扩展到游戏、音乐和漫画等其他视听内容产品。美国的游戏内容评级体系由娱乐软件协会下设的娱乐软件分级委员会来管理实施。游戏分级提供给消费者关于视频游戏的年龄适宜性指导，以便确定该游戏是否适宜孩子或家庭。游戏运营商或零售商也用这种分级标志进行自律。游戏评级包括 E 级、E10 级、T 级、M 级、AO 级五个级别。① E 级适合所有人；E10 级适合 10 岁以上儿童，包含卡通、幻想、较少的轻微的暴力或不良语言；T 级适合于 13 岁以上儿童，包含暴力、粗鲁的幽默、极少的血腥、模拟的赌博或者很少的粗话；M 级适合 17 岁以上成年人，包含强烈的暴力、血腥与血液飞溅、性内容或者粗话；AO 级仅限 18 岁以上成年人，包含长时间或强烈的暴力、裸体、形象的性内容、金钱赌博等；另外 RP 级为待定级，指该产品已提交审查评级正在等待最终定级，仅用于游戏预告片。热门游戏《横行霸道圣安地列斯》在加入了原本被删掉的游戏内容"热咖啡"后被评为 AO 级，在完全删除这部分内容后还是被评为 M 级。娱乐软件分级委员会下设的广告审查理事会负责监管违规行为，发现游戏产品进行了不恰当的标识或者不恰当的广告，有权开展纠正行动，包括罚款处罚。

美国音乐由唱片工业协会制定的家长咨询标签（PAL）计划进行内容审查评级，标准包括四部分：决定是否在录音制品使用该标签的统一指南；在录音产品使用标签的指引和要求；在用户广告中 PAL 通知的指引和

---

① Rating Categories, https://www.esrb.org/ratings-guide/.

要求；数字发行中 PAL 通知的指引和要求。[①] PAL 审查关注作品是否含有下流语言、暴力、种族歧视、性或毒品滥用的描述等露骨的内容，用于向父母、消费者和销售公司提供通知，告知父母在为儿童购买特定录音带或在有儿童在场的情况下收听录音带时应谨慎行事；指导录音制品粘贴标签、营销和分销；以及提示是否存在另一编辑过的版本。其应用范围不限于录音制品，涵盖移动通信、移动下载、在线、铃声等各类数字视听平台。广告不得含有与唱片标签或艺术家的原始名称不一致的 PAL 内容。零售商禁止将有 PAL 标识的唱片卖给 18 岁以下的未成年人，网上零售店也实施家长控制机制。

英国的电影经历了从审查到分级制度的演变，借鉴了美国电影分级制度。英国负责审查分级的机构是英国电影分级委员会，前身为电影审查委员会，后来借鉴美国的分级体系后更名为电影分级委员会。它是一个独立的非政府组织，负责对英国出版发行、放映和销售的电影、录像带以及电子游戏等数字媒体进行内容审查和分类；要求年龄验证服务商对在英国试图查看在线色情内容的个人进行年龄验证检查，同时依照欧盟和英国的相关法律保护用户隐私，仅处理个人数据。电影、录像带等产品（除教育、体育、宗教及音乐录影带等节目外）必须拥有分级委员会发放的年龄验证证书才能进入大众传播市场，年龄验证证书带有简短的评分信息，描述了电影或录像带中存在哪些问题，如不良语言、毒品、性和暴力或使用歧视性语言等。[②] 分级委员会每隔四到五年会就其分级标准进行公众咨询，以确保电影和录像带的分级标准符合人们的期望和看法。分级委员会旗下还成立了儿童观看咨询小组和视频包装审查委员会，分别为有关儿童内容分类和视频包装审查提供决策建议。英国电影分级制度目前包含的具体分级包括，U 级即普通级，适合所有观众；Uc 级特别适合儿童观看；PG 级即家长指导级，允许所有观众，但其中包含一些不雅用语可能不适合儿童观看；12 级即适合 12 岁以上观众，包括未满 12 岁不得租借或购买 12 级的

---

① PAL Standards, https://www.riaa.com/resources-learning/pal-standards/.

② The BBFC's Classification Guidelines, https://bbfc.co.uk/about-classification/classification-guidelines.

录像带或游戏产品；12A 级只适用电影，标准与 12 级相同；15 级即适合 15 岁以上观众，包括未满 15 岁不得租借或购买 15 级的录像带或游戏产品；18 级即只允许 18 岁以上成人观看；R18 级即限制级，仅在经过特殊许可的电影院中放映，或仅在经过许可的性用品商店中出售，并且仅提供给成人。E 级即未予分级的标志，往往针对的是视听素材。数字视频内容分级适用于数字平台专用的作品，也可用于 DVD/Blu-ray 发行之前的在线发行。如果数字视频作品已被评定为 DVD/Blu-ray 或 VHS 等不同类型的分级等级，那么它已经具有数字视频分级，可以用于分级许可的数字视频服务。如果视频作品尚未被 DVD/Blu-ray 或 VHS 评级，或者仅被电影院评级，则需要进行评级后才能在数字视频平台播出或出售。《录像制品法实施细则》对此前得到豁免审查分级的音乐、体育、宗教和教育等内容领域的录像制品进行分级。

韩国的电影分级制度始于 20 世纪 80 年代的社会民主化运动，由法院对电影行政审查的违宪判决而直接推动，韩国于 1998 年建立电影分级制度，电影审查机构公演伦理委员会先后更名为韩国公演艺术促进委员会、韩国媒介评级委员会，原有的行政审查管制措施被取消，转而借鉴美国的电影分级制度。电影被分为全民、12 岁以上、15 岁以上、18 岁以上可以观看和限制放映五个等级。韩国游戏也是统一由行业组织媒介评级委员会进行评级。

印度根据《电影法》和《电影（分级）条例》确立审查分级制度，新闻和广播部下设中央电影分级委员会，前身是中央电影审查委员会。电影分为 U 级即普通级，观看对象没有年龄限制，内容中没有侮辱性和粗俗的语言，没有血腥场面和暧昧镜头；A 级为成人级，禁止儿童观看，包含有血腥的暴力场面和粗俗、侮辱性语言等。1983 年后又增加 UA 和 S 两个分级，UA 级为 12 岁儿童需要在家长指导下观看，与 U 级相比，允许有少量打斗、暧昧镜头和粗俗脏话；S 级则仅供特殊观众如医生或科学家观看。[①]

西方多数国家对电影、录像带和游戏等视听产品实行轻触式内容审查

---

① 谭政：《印度电影的多语种生态与管理体制》，《当代电影》2018 年第 9 期。

和基于观看年龄的分类制度，由原来严厉的内容审查制度转变为更为商业化的内容分级制度，有的还通过专门立法进行保障和规范。西方视听作品的分级制度有的是由独立的非政府组织实施，如英国电影分级委员会；有的是行业协会进行自律，如美国的电影协会实施的分级管理；也有的是由政府职能部门执行，如印度的中央电影分级委员会。多数国家的审查分级有强制性法律效力，没有经过分级的视听产品不能进入大众传播；美国等少数国家的视听产品分类评级，只是对社会公众提供参考，在行业内有一定的约束力，而没有强制性的法律效力。① 可以说，美国、英国、印度都建立了包括电影在内的视听内容审查分级制度，但由于其监管机构性质不同，因此形成不同的运行机制。

本章小结

由于各国政治制度、经济社会发展、传统文化和意识形态等国情的巨大差异，即使同样是实施经济市场化的国家，其新媒体视频产业政策与法律规制相差很大。各国在吸收借鉴他国经验时，对新兴产业技术、管理制度、法律规范的借鉴引进总是有先后顺序，导致新媒体视听新技术和新业态作为工具价值优先吸收，而基于网络安全和信息安全考虑，产业政策和法律规范的国际融合却非常缓慢。

我国互联网文化传媒领域的市场化发展，与国有传统媒体的市场化、公司化发展相互激荡，在融合发展中增殖业务朝混合所有制方向发展。由于商业门户网站、视频网站、社交媒体和短视频平台主要掌握在具有外资背景的社会资本手中，因此新媒体视频产业所有权改革具有鲜明的市场化。但是我国对互联网国际出入口、互联网新闻采编和网络传播视听节目等少数领域实施特许经营制度，在互联网新闻信息传播、网络出版服务、网络视听节目服务等领域禁止外商投资。

由于产业基础和互联网视频传播技术的接近性，我国保持对欧美网络视听领域前沿法律规范敏锐的开放态度，在网络安全、非法信息管制、个

① 罗洪涛：《英国视听产品审查制度概述（上）》，《中国文化报》2001年2月26日。

人信息保护、隐私权政策等领域借鉴吸收全球法治文明成果不断推陈出新。我国近年来颁布了《民法典》《网络安全法》《数据安全法》《网络安全审查办法》《网络音视频信息服务管理规定》《互联网用户公众账号信息服务管理规定》《网络出版服务管理规定》《儿童个人信息网络保护规定》等法律规范，体现了在具体领域从严保护的总体思路。但是长期以来，我国企业和公民在网络技术、视频版权、言论自由、隐私权等领域法治意识和自律意识不强，在跨国经营与国际交往中容易陷入被动。这些问题将在发展中逐渐得到解决，比如 2020 年修订的《著作权法》对视听作品著作权分类保护，并引入惩罚性赔偿制度，显著提高违法成本。另外，可以借鉴国际上成熟的政府监管绩效评估的做法，提高执法效率，降低制度成本。美国在网络治理过程中重视事前、事后监管影响的评估，我国监管机构在重要法规规章出台前后也可以委托第三方机构进行影响评估。

参考文献

一　中文文献

彭兰:《"新媒体"概念界定的三条线索》,《新闻与传播研究》2016年第3期。

张建文、李倩:《被遗忘权的保护标准研究——以我国"被遗忘权第一案"为中心》,《晋阳学刊》2016年第6期。

陈昌凤、徐芳依:《智能时代的"深度伪造"信息及其治理方式》,《新闻与写作》2020年第4期。

徐鸣:《跨学科视角下西方监管理论的演变研究》,《中共南京市委党校学报》2019年第5期。

刘鹏:《比较公共行政视野下的监管型国家建设》,《中国人民大学学报》2009年第5期。

俞可平:《治理与善治》,社会科学文献出版社,2000。

高钢:《中国数字媒体内容国家监管体系研究》,高等教育出版社,2009。

胡正昌:《公共治理理论及其政府治理模式的转变》,《前沿》2008年第5期。

余军华、袁文艺:《公共治理:概念与内涵》,《中国行政管理》2013年第12期。

马英娟:《监管的概念:国际视野与中国话语》,《浙江学刊》2018年第4期。

黄金良：《新中国广播电视行政管理体制的演变》，《声屏世界》2009年第 12 期。

陈世华：《北美传播政治经济学研究》，社会科学文献出版社，2017。

李松林：《体制与机制：概念、比较及其对改革的意义——兼论与制度的关系》，《领导科学》2019 年第 6 期。

吴伟光：《网络新媒体的法律规治——自由与限制》，知识产权出版社，2013。

刘西平、连旭：《中国网络问政长效机制研究——基于网络问政行为偏好的实证分析》，中国传媒大学出版社，2015。

陈向明：《质的研究方法与社会科学研究》，教育科学出版社，2000。

杨圣琪、丛挺：《基于抖音的知识短视频类型研究》，《出版参考》2020 年第 1 期。

李舒霓：《抖音视频的类型分析与意义建构》，《新媒体研究》2018 年第 19 期。

李丽：《论阿尔都塞的意识形态理论》，《世界哲学》2018 年第 2 期。

罗兰：《大部制改革没有"完成时"》，《人民日报》（海外版），2013年 3 月 11 日第 5 版。

禹建强、郭超凯：《广播电视上市公司盈利模式及发展趋势分析》，《现代传播》2018 年第 3 期。

中国视频网站发展研究课题组：《中国视频网站发展研究报告》，《传媒》2014 年第 3 期。

汤天甜、蔡辛：《不同平台的网络视频新闻比较研究——以人民网、央视网、新浪网为例》，《中国出版》2016 年第 19 期。

吕拉昌：《关于产业整合的若干问题研究》，《广州大学学报》（社会科学版）2004 年第 8 期。

周炼：《经济转型视角下我国产业整合的动因、模式及趋势》，《商业经济研究》2018 年第 11 期。

兰健华：《中国电影全产业链刍议》，《电影文学》2018 年第 16 期。

〔日〕植草益：《微观规制经济学》，中国发展出版社，1992。

〔美〕伊曼·安纳布塔维、斯蒂文·施瓦茨：《事后监管：法律如何应对金融市场失灵》,《交大法学》2016 年第 1 期。

〔英〕托尼·普罗瑟:《政府监管的新视野:英国监管机构十大样本考察》,马英娟、张浩译,译林出版社,2020。

〔美〕詹姆斯·罗西瑙:《没有政府的治理——世界政治中的秩序与变革》,张胜军、刘小林译,江西人民出版社,2001。

朱德米:《网络状公共治理:合作与共治》,《华中师范大学学报》(社会科学版)2004 年第 2 期。

〔美〕丹尼尔·哈林、〔意〕保罗·曼奇尼:《比较媒介体制——媒介与政治的三种模式》,陈娟、展江译,中国人民大学出版社,2012 年第 1 版。

袁明圣:《政府规制的主体问题研究》,《江西财经大学学报》2007 年第 5 期。

宋慧宇:《行政监管概念的界定与解析》,《长春工业大学学报》(社会科学版)2011 年第 1 期。

谭云明、李铀:《论媒体信用体系管理模式》,《当代传播》2006 年第 3 期。

丁水平、林杰:《市场管理改革中事中事后监管制度创新研究——构建"多位一体"综合监管体系》,《理论月刊》2019 年第 4 期。

李然忠:《中国电视传媒市场化历程浅探》,《理论学习》2005 年第 4 期。

尹鸿、洪宜:《改革进行时:国有电影企业的现状与走向》,《电影艺术》2019 年第 4 期。

任仲伦:《沉重的飞翔——上影集团的变革与发展》,《电影新作》2019 年第 6 期。

杨君佐:《网络信息负外部性的法律控制》,《情报科学》2010 年第 2 期。

刘立刚:《新闻传播过程中传播者的权力生成》,《新闻与传播研究》2013 年第 10 期。

李大庆、陈蓉、张洪见:《对垄断企业寻租行为发生机制及防治措施的经济学分析》,《商业经济》2012 年第 12 期。

周高琴：《网络媒体权力寻租的表现、原因及对策》，《编辑之友》2016 年第 7 期。

杨保军、朱立芳：《伪新闻：虚假新闻的"隐存者"》，《新闻记者》2015 年第 8 期。

朱亚鹏、肖棣文：《谁在影响中国的媒体议程：基于两份报纸报道立场的分析》，《公共行政评论》2012 年第 4 期。

付国乐、张志强：《中国出版传媒业的创新共生：媒介融合与特殊管理股》，《现代传播》2018 年第 7 期。

中国法学会：《中国法治建设年度报告 2017》，法律出版社，2018 年第 1 版。

周伟萌：《论互联网信息传播权的法律限制》，《广西社会科学》2013 年第 6 期。

丛立先：《短视频著作权保护的核心问题》，《出版参考》，2019 年 3 月。

张新宝：《从隐私到个人信息：利益再衡量的理论与制度安排》，《中国法学》2015 年第 3 期。

陈璐：《个人信息刑法保护之界限研究》，《河南大学学报》（社会科学版）2018 年第 3 期。

蒋云飞：《论基于权力关系分析的行刑衔接机制》，《湖南行政学院学报》2019 年第 3 期。

田宏杰：《行政优于刑事：行刑衔接的机制构建》，《人民司法》2010 年第 1 期。

梅传强、臧金磊：《网络宣扬恐怖主义、极端主义案件的制裁思路——对当前 20 个样本案例的考察》，《重庆大学学报》（社会科学版）2019 年第 5 期。

最高人民法院知识产权审判庭编《中国法院知识产权司法保护状况（2018）》，人民法院出版社，2019。

褚瑞琪、管育鹰：《互联网环境下体育赛事直播画面的著作权保护——兼评"中超赛事转播案"》，《法律适用》（司法案例）2018 年第 12 期。

齐爱民、王基岩:《论威胁网络空间安全的十大因素及其立法规制》,《河北法学》2014 年第 8 期。

〔美〕查尔斯·埃德温·贝克:《媒体、市场与民主》,上海人民出版社,2008。

曾繁荣、吴蓓蓓:《政府补助的社会与经济绩效研究》,《财会通讯》2018 年第 24 期。

车南林、唐耕砚:《政府补贴对文化传媒上市企业经营绩效的影响》,《当代传播》2018 年第 2 期。

袁京力:《影视行业税收征管乱象,谁之错?》,《证券市场周刊》2018 年第 89 期。

王家新:《构建财政支持文化产业发展的新格局》,《中国文化产业发展报告(2012-2013)》,社会科学文献出版社,2013。

黄亮:《国有文化产业投资基金的作用发挥及政策建议》,《齐齐哈尔大学学报》(哲学社会科学版),2015 年 8 月。

朱尔茜:《政府文化产业投资基金:基于公共风险视角的理论思考》,《财政研究》2016 年第 2 期。

陈关金:《风险投资中联合投资的第三重委托代理关系研究——基于道德风险视角》,《中国商论》2014 年第 2 期。

朱新梅:《推动中国影视走出去对策研究》,《中国广播电视学刊》2018 年第 10 期。

陈旭光:《改革开放四十年合拍片:文化冲突的张力与文化融合的指向》,《当代电影》2018 年第 9 期。

石雨仟、徐姗:《中国电影产业国际竞争力水平测算及影响因素分析》,《生产力研究》2019 年第 1 期。

〔美〕迈克尔·波特:《国家竞争优势》,李明轩、邱如美译,华夏出版社,2002。

朱春阳:《我国影视产业"走出去工程"10 年的绩效反思》,《新闻大学》2012 年第 2 期。

邵培仁、廖卫民:《中国电影产业集群的演化机制与发展模式——横店影视产业集群的历史考察(1996-2008)》,《电影艺术》2009 年第

5 期。

〔美〕小艾尔弗雷德·D. 钱德勒:《看得见的手——美国企业管理革命》,重武译,商务印书馆,1987。

李良荣:《垄断·自由竞争·垄断竞争——当代中国新闻媒介集团化趋向透析》,《新闻大学》1999 年第 2 期。

肖叶飞:《传媒产业所有权融合与反垄断规制》,《国际新闻界》2013 年第 4 期。

邓理峰:《声音的竞争——解构企业公共关系影响新闻生产的机制》,中国传媒大学出版社,2014。

马为公:《从美国 SAWA 台到中国 CRI——关于精准传播的实践与启示》,《对外传播》2016 年第 8 期。

何晓燕:《从点击的量到传播的质:中国电视剧海外网络平台传播研究》,《现代传播》2018 年第 6 期。

刘鹏、王力:《回应性监管理论及其本土适用性分析》,《中国人民大学学报》2016 年第 1 期。

冯骅、王勇:《平台经济下双重监管体系的分类监管研究》,《现代管理科学》2018 年第 12 期。

阮立、朱利安·华勒斯、沈国芳:《现代把关人理论的模式化——个体、算法和平台在数字新闻传播领域的崛起》,《当代传播》2018 年第 2 期。

赵鹏:《私人审查的界限——论网络交易平台对用户内容的行政责任》,《清华法学》2016 年第 6 期。

张小强:《互联网的网络化治理:用户权利的契约化与网络中介私权力依赖》,《新闻与传播研究》2018 年第 7 期。

徐敬宏、赵珈艺、程雪梅、雷杰淇:《七家网站隐私声明的文本分析与比较研究》,《国际新闻界》2017 年第 7 期。

钟瑛、刘海贵:《网站管理规范的内容特征及其价值指向》,《新闻大学》2004 年第 2 期。

苏武江、齐延信:《服务外包理论趋势及策略选择》,《中共珠海市委党校珠海市行政学院学报》2010 年第 1 期。

韩轶：《刑事合规视阈下的企业腐败犯罪风险防控》，《江西社会科学》2019 年第 5 期。

胡辉华、段珍雁：《论我国行业协会自律职能失效的根源》，《暨南学报》（哲学社会科学版）2012 年第 7 期。

邓小兵、刘晓思：《中英网络治理的行业自律比较研究》，《甘肃行政学院学报》2017 年第 5 期。

芮明杰：《管理学：现代的观点》，上海人民出版社，2005 年 1 月。

卢玉平、张群：《中国企业信用体系建设之路径》，《河北学刊》2005 年第 4 期。

余章宝：《政策科学中的倡导联盟框架及其哲学基础》，《马克思主义与现实》2008 年第 4 期。

〔美〕R.T. 诺兰：《伦理学与现实生活》，姚新中译，华夏出版社，1988。

李静、惠婷：《企业社会责任是承诺性法律责任——〈公司法〉第五条解读》，《天津商业大学学报》2014 年 4 月第 2 期。

蔡梦虹：《美国社交媒体监管措施及对我国的启示》，《传媒》2016 年第 10 期（上）。

许静：《浅析欧盟对媒介市场的超国家管制》，《浙江传媒学院学报》2011 年第 2 期。

何震、陈笑雪：《德国新媒体发展态势与问题探析》，《中国记者》2016 年第 3 期。

黄志雄、刘碧琦：《德国互联网监管：立法、机构设置及启示》，《德国研究》2015 年第 3 期。

李丹林、范丹丹：《论英国网络安全保护和内容规制》，《中国广播》2014 年第 3 期。

刘阳：《英国〈数字经济法（2017）〉的核心内容及启示》，《经济法论丛》2019 年第 1 期。

陈春彦：《俄罗斯互联网"黑名单"制度探析》，《青年记者》2018 年第 16 期。

《美国 1996 年电信法主要条款》，《中国科技信息》1996 年第 9 期。

岳嵘嵘：《美国联邦通信委员会放松媒体交叉所有权管制》，《中国报业》2018 年第 1 期。

刘锦宏、王欣、刘永坚：《英国媒体所有权的集中与规制演变》，《传媒》2013 年第 3 期。

续俊旗：《英国〈2003 年通信法〉综述》，《电信软科学研究》2003 年第 10 期。

王敏、王毅：《互联网时代西方媒介规制政策的转型与重构——以澳大利亚媒体法律改革为例》，《现代传播》2018 年第 6 期。

钱寿海：《美国文化产业的成功经验和启示（一）》，《企业研究》2015 年第 2 期。

金明律、张玉利等：《中美关于"国际竞争力"研究现状之比较》，《现代财经》1996 年第 1 期。

雷漪：《美国国家艺术基金会资助机制研究——以电影项目为例》，学位论文，2013。

洛克菲勒：《抓住每分钱：洛克菲勒自传》，陕西师范大学出版社，2009。

程恩富、蒯正明：《美国基金会"慈善"的内幕和实质》，《毛泽东邓小平理论研究》2018 年第 12 期。

谢囍：《韩国促进文化产业投资的政策》，《文化学刊》2015 年第 6 期。

邓向阳、廖进中、彭祝斌：《欧盟视听出版物补贴政策及对我国的启示》，《出版发行研究》2010 年第 8 期。

张生祥：《全球化时代的德国电影产业政策与市场结构》，《国际影坛》2007 年第 5 期。

沈玲：《全球网络安全立法及其核心法律制度的最新趋势和启示》，《现代电信科技》2016 年第 5 期。

冯姣：《未成年人网络色情信息传播的法律规制》，《中国青年社会科学》2018 年第 4 期。

张文锋：《欧盟视听新媒体的内容规制》，《电视研究》2014 年第 2 期。

唐建英：《〈视听媒体服务指令〉与欧盟新媒体内容规制初探》，亚太地区媒体与科技和社会发展研讨会，2008。

唐绪军：《破旧与立新并举，自由与义务并重——德国"多媒体法"评介》，《新闻与传播研究》1997年第3期。

洪晓梅、齐宁：《德国网络社交媒体法律监管及对我国的启示》，《辽宁经济职业技术学院、辽宁经济管理干部学院学报》2018年第6期。

张化冰：《互联网内容规制的比较研究》，博士学位论文，2011。

戴姝英：《美国电视分级制研究（1996-2009）》，博士学位论文，2010。

〔英〕哈泽尔·卡提、基思·霍金森：《评英国〈1988年版权、外观设计和专利法案〉对精神权利的保护》，《现代法律评论》，1989年5月。

谢伊·汉弗莱：《美国对数字出版中侵权现象的应对措施》，《出版科学》2007年第1期。

王迁：《美国保护技术措施的司法实践和立法评介》，《西北大学学报》（哲学社科版）2000年第1期。

周珩：《俄罗斯著作权法律保护的历史沿革》，《黑龙江省政法管理干部学院学报》2017年第4期。

谢罡：《欧盟法中的指令》，《人民法院报》，2005年7月1日B4版。

刘金瑞：《德国联邦数据保护法2017年版译本及历次修改简介》，《中德法学论坛》第14辑。

黄志雄、刘碧琦：《德国互联网监管：立法、机构设置及启示》，《德国研究》2015年第3期。

崔亚冰：《〈加州消费者隐私法案〉的形成、定位与影响》，《网络法律评论》2017年第1辑。

马治国、张磊：《新加坡个人信息保护的立法模式及对中国的启示》，《上海交通大学学报》（哲学社会科学版）2015年第5期。

朱艺浩：《人工智能生成内容之定性的知识产权法哲学证成》，《网络法律评论》，2018年5月。

邹永贤：《现代西方国家学说》，福建人民出版社，1993。

齐爱民、佟秀毓：《美国在线行为广告领域个人信息保护自律模式研究》，《苏州大学学报》（哲学社会科学版）2018年第3期。

黄晓林、李妍：《美国儿童网络隐私保护实践及对我国启示》，《信息安全与通信保密》2017年第4期。

徐敬宏:《美国网络隐私权的行业自律保护及其对我国的启示》,《情报理论与实践》2008 年第 6 期。

宋建宝:《欧盟人工智能伦理准则概要》,《人民法院报》,2019 年 4 月 19 日。

谭政:《印度电影的多语种生态与管理体制》,《当代电影》2018 年第 9 期。

罗洪涛:《英国视听产品审查制度概述(上)》,《中国文化报》,2001 年 2 月 26 日。

中国传媒大学媒体法规政策研究中心:《2018 年中国传媒法治发展报告》,《新闻记者》2019 年第 1 期。

余瀛波:《工商总局通报"红盾网剑行动"十大案例》,中国法院网,https://www.chinacourt.org/article/detail/2015/01/id/1542433.shtml。

华谊兄弟:《华谊兄弟传媒股份有限公司关于获得政府补助的公告》,公告编号:2018-101,http://pdf.dfcfw.com/pdf/H2_AN201812111267414962_1.pdf。

吴晓波:《民营经济与"新半壁江山"》,新浪网,http://finance.sina.com.cn/zl/2018-11-07/zl-ihmutuea7716944.shtml。

张洋:《公安部要求在重点网站设立"网安警务室"》,人民网,http://it.people.com.cn/n/2015/0805/c1009-27412741.html。

张雨:《最高法院公开宣判奇虎诉腾讯垄断纠纷上诉案》,人民网,2014 年 10 月 16 日,http://legal.people.com.cn/n/2014/1016/c42510-25847888.html。

马桂花、崔子都:《面临诸多难题,美国加大对社交媒体监管》,环球网,https://world.huanqiu.com/article/9CaKrnJFBjM。

世界对外文化交流中心:《世界文化产业创意中心:美国文化产业现状》,2016 年 8 月 4 日,搜狐网,http://www.sohu.com/a/109008170_457646。

中国网络视听节目服务协会:《网络视听节目内容审核通则》(2017)。

《中国特色社会主义法律体系》(2011 年 10 月),中国中央人民政府网站,http://www.gov.cn/jrzg/2011-10-27/content_1979498.htm。

《2018 年全国广播电视行业统计公报》,国家广电总局网站,http://

www. nrta. gov. cn/art/2019/4/23/art_2555_43207. html。

《中华人民共和国反恐怖主义法》（根据 2018 年 4 月 27 日第十三届全国人民代表大会常务委员会第二次会议《关于修改〈中华人民共和国国境卫生检疫法〉等六部法律的决定》修正），中国人大网，http：//www. npc. gov. cn/npc/c30834/201806/d256505a5c254abdb07e2ff5d892d5d6. shtml。

《中华人民共和国反不正当竞争法》（根据 2019 年 4 月 23 日第十三届全国人民代表大会常务委员会第十次会议《关于修改〈中华人民共和国建筑法〉等八部法律的决定》修正），中国人大网，http：//www. npc. gov. cn/npc/c30834/201905/9a37c6ff150c4be6a549d526fd586122. shtml。

《互联网新闻信息服务管理规定》（国家互联网信息办公室令第 1 号，2017 年 5 月），中国网信网，http：//www. cac. gov. cn/2017-05/02/c_1120902760. htm。

《专网及定向传播视听节目服务管理规定》（国家新闻出版广电总局令第 6 号，2016），中国中央人民政府网站，http：//www. gov. cn/gongbao/content/2016/content_5097742. htm。

《国务院办公厅关于全面推行行政执法公示制度执法全过程记录制度重大执法决定法制审核制度的指导意见》，中国中央人民政府网站，http：//www. gov. cn/zhengce/content/2019-01/03/content_5354528. htm。

《中华人民共和国电影产业促进法》（2016 年 11 月 7 日第十二届全国人民代表大会常务委员会第二十四次会议通过），中国人大网，http：//www. npc. gov. cn/zgrdw/npc/xinwen/2016-11/07/content_2001625. htm。

《中华人民共和国英雄烈士保护法》（2018 年 4 月 27 日第十三届全国人民代表大会常务委员会第二次会议通过），中国人大网，http：//www. npc. gov. cn/npc/c30834/201804/699ae712c00249edb6afc8d82a17627b. shtml。

《中华人民共和国刑法》，刑法网，http：//xingfa. org/。

《中华人民共和国网络安全法》（2016 年 11 月 7 日第十二届全国人民代表大会常务委员会第二十四次会议通过），中国人大网，http：//www. npc. gov. cn/npc/c30834/201611/270b43e8b35e4f7ea98502b6f0e26f8a. shtml。

《信息网络传播权保护条例》（根据 2013 年 1 月 30 日《国务院关于修改〈信息网络传播权保护条例〉的决定》修订），国家网信办网站，http：//

www. cac. gov. cn/2013－02/08/c_126468776. htm。

《江苏省广播电视管理条例》（2018 年 1 月 24 日江苏省第十二届人民代表大会常务委员会第三十四次会议通过），江苏省人大常委会网站，http：//www. jsrd. gov. cn/zyfb/sjfg/201802/t20180205_490052. shtml。

《上海市禁毒条例》（2015 年 12 月 30 日上海市第十四届人民代表大会常务委员会第二十六次会议通过），东方网，http：//shzw. eastday. com/shzw/G/20160107/u1ai9170753. html。

《最高人民法院、最高人民检察院关于办理利用互联网、移动通讯终端、声讯台制作、复制、出版、贩卖、传播淫秽电子信息刑事案件具体应用法律若干问题的解释（二）》（法释〔2010〕3 号），最高人民法院网站，http：//courtapp. chinacourt. org/fabu-xiangqing－302. html。

WIPO：《成立世界知识产权组织公约》，中国保护知识产权网，http：//www. ipr. gov. cn/zhuanti/law/conventions/wipo/wipo_convention/wipo_convention_right. html。

《中华人民共和国著作权法实施条例》（根据 2013 年 1 月 30 日《国务院关于修改〈中华人民共和国著作权法实施条例〉的决定》第二次修订），国家知识产权局网站，http：//www. sipo. gov. cn/zcfg/zcfgflfg/flfgbq/xzfg_bq/1063543. htm。

《最高人民法院、最高人民检察院关于办理侵犯公民个人信息刑事案件适用法律若干问题的解释》（法释〔2017〕10 号），中国法院网，https：//www. chinacourt. org/law/detail/2017/05/id/149396. shtml。

《国家电影事业发展专项资金征收使用管理办法》（财税〔2015〕91 号），中国中央人民政府网站，http：//www. gov. cn/xinwen/2015－09/09/content_2927425. htm。

二　英文文献

ADVERTISING ADMINISTRATION RULES. https：//www. filmratings. com/Content/Downloads/Advertising handbook.

About Ofcom. https：//www. ofcom. org. uk/about-ofcom/what-is-ofcom.

Baldwin, Robert., Scott, Colin & Hood, Christopher (1998). *A Reader* on Regulation. Oxford: Oxford University Press.

Balkin, J. Mark (2016). *Information Fiduciaries and the First Amendment.* Social Science Electronic Publishing.

Bathaee, Yavar (2018). *The Artificial Intelligence Black Box and the Failure of Intent and Causation. Harvard Journal of Law & Technology*, 31.

BBB Accreditation Standards. https://www.bbb.org/bbb-accreditation-standards.

Black, Julia (2002). *Critical Reflections on Regulation. Australian Journal of Legal Philosophy*, 27, 5-21.

BMG Rights Management v. Cox Communications (2015).

https://digitalcommons.law.scu.edu/historical/1103/.

Braithwaite, John., Coglianese, Cary & Levi-Faur, David (2007). Can regulation and governance make a difference? *Regulation & Governance.*

Broadcasting Code. https://www.ofcom.org.uk/__data/assets/pdf_file/0016/132073/Broadcast-Code-Full.

Broadcasting Services Act 1992. https://www.legislation.gov.au/Details/C2005C00400.

Bruce Gordon breached media control and diversity rules. Retrieved October 29, 2019, from https://www.acma.gov.au/articles/2019-10/bruce-gordon-breached-media-control-and-diversity-rules.

Chen Gong (2015). 'Google tax' can be used to curb Chinese Internet monopolies. Retrieved December 14, 2015, from http://www.globaltimes.cn/content/958400.shtml.

Children's Educational Television. https://www.fcc.gov/consumers/guides/childrens-educational-television.

Citron, K. Danielle (2014). The Scored Society: Due Process for Automated Predictions. *Social Science Electronic Publishing.*

Classification and Ratings rules. https://www.filmratings.com/Content/Downloads/rating_rules.

Communications Act 2003. http://www.legislation.gov.uk/ukpga/2003/21/

contents.

COPPA-Children's Online Privacy Protection Act. http：//www. coppa. org/coppa. htm.

Copyright, Designs and Patents Act 1988. http：//www. legislation. gov. uk/ukpga/1988/48/Contents.

Data Protection Act 2018. http：//www. legislation. gov. uk/ukpga/2018/12/contents/enacted/data. htm.

Digital Economy Act 2017. http：//www. legislation. gov. uk/ukpga/2017/30/contents/enacted.

Digital Millennium Copyright Act（1998）. https：//www. govinfo. gov/content/pkg/PLAW-105publ304/pdf/PLAW-105publ304.

EU Code of Practice on Disinformation（2018）. https：//ec. europa. eu/digital-single-market/en/news/code-practice-disinformation.

EUROPEAN CIVIL LAW RULES IN ROBOTICS. http：//www. europarl. europa. eu/RegData/etudes/STUD/2016/571379/IPOL_STU（2016）571379_EN.

Films on TV：Origin, Age and Circulation（2017）. www. obs. coe. int.

Foggan, Laura（2019）. *Algorithmic Accountability Act Reflects Growing Interest in Regulation of AI.* Retrieved April 22, 2019, from https：//www. lexology. com/library/detail. aspx? g=6712cc8a-1cb8-403c-8f3c-8296748cede0.

Gardiner-Garden, John & Chowns, Jonathan（2006）. *Media Ownership Regulation in Australia.* Retrieved May 30, 2006, from https：//www. aph. gov. au/about _ parliament/parliamentary _ depart-ments/parliamentary _ library/publications_archive/archive/mediaregulation.

GRid Standard. https：//www. ifpi. org/GRid.

Guidelines for Online Privacy Policies. http：//www. privacyalliance. org/resources/ppguide-lines/.

Heffron, A. Florence（1983）. *The Administrative Regulatory Process.* New York：Longman.

ICC Advertising and Marketing Communications Code. https：//iccwbo. org/publication/icc-advertising-and-marketing-communications-code/.

International Film Festivals. http：//www. fiapf. org/intfilmfestivals.

Koop, Christel & Lodge, Martin（2015）. *What is regulation? An interdisciplinary concept analysis*. Regulation & Governance, 11（1）.

Law enforcement. https：//bbfc. co. uk/industry-services/law-enforcement.

Lawrence, L. Lad & Caldwell, B. Craig（2009）. Collaborative Standards, Voluntary Codes and Industry Self-regulation. *The Journal of Corporate Citizenship*, 2009（35）, 67.

Mason, O. Richard（1986）. *Four Ethical Issue of the Information Age. MIS Quarterly*, 10（1）, 5-12.

Mayson, G. Sandra（2019）. Bias In, Bias Out. *The Yale Law Journal*, 128.

Media Projects：Production. https：//www. neh. gov/grants/public/media-projects-production-grants.

Miller, Rohan（2006）. *The Need for Self Regulation and Alternative Dispute Resolution to Moderate Consumer Perceptions of Perceived Risk with Internet Gambling. Review Journal*, 2（8）.

MOTION FOR A EUROPEAN PARLIAMENT RESOLUTION：with recommendations to the Com-mission on Civil Law Rules on Robotics（2015）. http：//www. europarl. europa. eu/doceo/document/A－8－2017－0005＿EN. html? redirect.

MPEG－21 Media Contract Ontology in RAI：a new way to manage audiovisual rights（2016）. http：//fiatifta. org/index. php/mpeg－21－media-contract-ontology-in-rai-a-new-way-to-manage-audiovisual-rights/.

Natascha et al（2017）. Governance by algorithms：reality construction by algorithmic selection on the internet. *Media, Culture & Society*, 39（2）, 238-258.

NATIONAL INITIATIVES. https：//www. arts. gov/national-initiatives.

New ￡250 million Culture Investment Fund launched. https：//www. gov. uk/government/news/new－250－million-culture-investment-fund-launched.

North, c. Douglass（1990）. *Institution, institutional change and economic* performance. Cambridge University Press.

NUJ code of conduct （2011）. https：//www. nuj. org. uk/about/nuj-code/.

OECD （2003）. Regulatory issues and Doha Development Agenda: an explanatory issues paper.

Oxford University Press （1995）. Our global neighborhood: the report of the commission on global governance. *George Washington Journal of International Law & Economics* （3）, 754-756.

PAL STANDARDS. https：//www. riaa. com/resources-learning/pal-standards/.

Petley & Julian （2011）. *Film and Video Censorship in Contemporary Britain.* Edinburgh University Press.

Phillips, Keri & Carson, Andrea （2015）. Media ownership in Australia. Retrieved October 7, 2015, from https：//apo. org. au/node/57777.

Porter, M. E （1998）. Clusters and New Economics of Competition. *Harvard business review*, 76 （6）, 77-90.

Quek Li Fei & Chiam, Mike （2019）. Protection from Online Falsehoods and Manipulation *Act— An Overview.* https：//www. lexology. com/library/detail. aspx？g=179abf47-7de7-43a9-b4cd-1ac8fdf28aff.

Rating Categories. https：//www. esrb. org/ratings-guide/.

Sieber, Alexander （2019）. Does Facebook Violate Its Users' Basic Human Rights？. *NanoEthics*, 13 （2）, 139-145.

Telecommunications Act of 1996. https：//transition. fcc. gov/Reports/tcom 1996.

The BBFC's Classification Guidelines. https：//bbfc. co. uk/about-classification/classification-guidelines.

The Council formally launched the National Commission on Innovation and Competitiveness Frontiers. https：//www. compete. org/.

The Ofcom Broadcasting Code （2019）. https：//www. ofcom. org. uk/tv-radio--and-on-demand/broadcast-codes/broadcast-code.

The Role of the ACMA, Definition of Control. https：//www. aph.

gov. au/about_parliament/

parliamentary _ departments/parliamentary _ library/publications _ archive/ archive/mediaregulation.

The Video Recordings Act 1984 (Exempted Video Works) Regulations 2014. http：//www. legis-lation. gov. uk/uksi/2014/2097/regulation/2/made.

Trouillard, Pauline (2016). Financing the public service broadcasting under European Union law. https：//revistacomsoc. pt/article/view/829/809.

Turnbull, Malcolm (2011). Centre for advanced journalism：politics, Journalism and the 24 /7 news cycle.

UK code of practice for the self-regulation of new forms of content on mobiles (2008, August 11). https：//www. ofcom. org. uk/research-and-data/media-literacy- research/childrens/ukcode.

Vogel, K. Steven (1996). Freer Markets, More Rules：Regulatory Reform in Advanced Countries. Cornell University Press.

Certain activities relating to material involving the sexual exploitation of minors. https：//www. law. cornell. edu/uscode/text/18/2252.

后　记

　　在南昌大学百年校庆之际，此书获得南昌大学新闻与传播学院的学术出版资助，十分感谢学院对社会科学学术研究的高度重视与鼎力支持。本书写作发缘于纵向科研项目，感谢项目团队成员多年来的互助、沟通、调研、采访与深入研究，团队成员包括中国社会科学院大学王凯山，南昌工程学院余欢欢，南昌大学新闻与传播学院王卫明、王芳，南昌大学经管学院许水平，南昌大学公管学院张明锋等，对各位研究者的辛勤付出表示钦佩和感激。

　　过去五年来，我国新媒体视频传播领域技术更迭，发展迅速，从长视频到短视频，从视频网站、移动直播到"两微一端"，视频应用日益渗透到社会数字生活的各个领域，监管体系在回应挑战中从应急到建立长效机制，再过渡到法律规范和管理体制调整，政府监管也在发生质的飞跃。然而智能算法范式下移动视频传播再次出现重大变化，研究聚集不断迁移，整个理论研究依然方兴未艾。对于新媒体视频监管体制创新这样一个发展中的挑战性课题，本书的研究仅仅是起步阶段的一个分子，以供专家学者之批评，激发有志之士深入研究之兴趣。

　　科研唯艰，勠力于成。在此出版之际，特别感谢社会科学文献出版社王绯女士、张建中先生等的支持与帮助。在成书过程中，还得到诸位领导、专家、恩师、同事、同门兄弟姐妹的点拨点评，如南昌大学新闻与传播学院院长陈信凌教授，南昌大学新闻与传播学院王娟、蔡海波、李云豪、廖曼郁等。在资料搜集和初稿写作中，南昌大学新闻与传播学院研究生李宝华、李奥、袁林艳、崔云花、吕艳志、杨思璐、胡媛媛、张茗睿、江慧、易前敏等亦有贡献，在此一并致谢。

2020 年 12 月于南昌前湖

图书在版编目（CIP）数据

新媒体视频监管体制创新／邓年生著. -- 北京：
社会科学文献出版社，2021.12
ISBN 978-7-5201-9537-9

Ⅰ.①新… Ⅱ.①邓… Ⅲ.①互联网络-管理-研究
-中国 Ⅳ.①TP393.4

中国版本图书馆 CIP 数据核字（2021）第 271736 号

新媒体视频监管体制创新

著　　者／邓年生

出 版 人／王利民
责任编辑／张建中
责任印制／王京美

出　　版／社会科学文献出版社·政法传媒分社（010）59367156
　　　　　　地址：北京市北三环中路甲 29 号院华龙大厦　邮编：100029
　　　　　　网址：www.ssap.com.cn
发　　行／市场营销中心（010）59367081　59367083
印　　装／三河市尚艺印装有限公司

规　　格／开 本：787mm×1092mm　1/16
　　　　　　印 张：21.25　字 数：335 千字
版　　次／2021 年 12 月第 1 版　2021 年 12 月第 1 次印刷
书　　号／ISBN 978-7-5201-9537-9
定　　价／128.00 元

本书如有印装质量问题，请与读者服务中心（010-59367028）联系